肉饗宴

頂級主廚的
「火候」掌控與「調味」秘訣

柴田書店 編著

瑞昇文化

Est-il vrai que l'on naît rôtisseur?

布莉莎瓦蘭（Brillat-Savarin）在 1825 年出版了《美味的饗宴》，書中記載著這樣一段內容。

「人人都能成為廚師。不過，煎烤肉類的才能則是天賦。」

這段話的意思是，透過修練無法掌控肉類煎烤的訣竅。因為要講求天分。

不過，真的是那樣嗎？
煎烤肉類——這項乍看之下很簡單的工作，事實上，在這幾百年來，持續地讓廚師們感到入迷，同時也讓他們不斷地煩惱。
不過，生活在現代的我們，擁有經過科學驗證的技術，並累積了以前的廚師們所奠定的知識，廚房內也備齊了 19 世紀所不存在的調理設備。

當然，即使時代改變了，肉類的煎烤與燉煮依然不是簡單的事。
從食材挑選開始，保存方式、切法、加熱方式與設備的挑選、加熱溫度與時間的調整……
這是因為，需要考慮的事項非常多，在營業中的廚房內，必須順利地完成這些事。

不過，即使沒有天賦才能，還是可以透過經驗和學習來學會煎烤肉類。
那種時代的確已經到來了對吧。

現在，人們所追求的是，透過料理成品來反推出來的精確火候，
以及可以依照情況來選擇調味風格的靈活想法、豐富的提味方式。
也就是，肉類料理的高完成度。

本書收錄了 31 位經驗豐富的廚師們經過反覆嘗試而研究出來的「煎烤法」、「燉煮法」，以及運用這些方法製作而成的 55 道料理。
本書的撰寫目的就是為了滿足「想要製作出更好的肉類料理」讀者們的這種想法。
書中滿滿地紀錄了掌廚時所需的基本技術與應用方法，以及人氣肉類料理的製作訣竅。

如果布莉莎瓦蘭在現代復活的話，肯定會這樣說。
「人人都能學會煎烤肉類。這與能夠成為廚師的道理完全相同。」

本書摘錄了《月刊專門料理》2013 年 7 月號、2014 年 8 月號、2015 年 9 月號、2016 年 9 月號、2017 年 7 月號特集的內容，並經過重新編輯。內容為當時的情況，有些料理現在已不販售。

第一章

何謂基本的肉類煎烤方法？

煎烤牛肉

法國產 夏洛來牛

主廚／**三國清三**（オテル・ドゥ・ミクニ）

夏洛來牛是法國當地的食用牛品種。原產地是以勃艮第南部的沙羅勒村為中心的夏洛來地區。這種牛以法國最好的高級牛肉而為人所知。現在，此品種雖然在國內外已被廣泛地飼養，但其中夏洛來地區產的肉質非常優良，所以很有名。三國清三主廚在法國修業時，就對夏洛來牛很熟悉。他著重的是，其紅肉的細緻肉質。他使用的是，在法國當地的熟成庫經過 3 週的乾式熟成後才被進口到日本來的夏洛來牛菲力牛排。使用加熱成慕斯狀的奶油來進行油淋法（arroser），煎出外層煎香，內部柔嫩多汁的肉。

肉的資料

產地：法國夏洛來地區
品種：夏洛來牛
月齡：月齡 30 個月以內
肥育方法：春天到夏天進行放牧，冬天餵食乾草和混合飼料。屠宰後，在熟成庫內進行 3 週的乾式熟成。

慕斯狀的奶油是「天然的烤箱」。能夠穩定地將肉質細緻的紅肉加熱

夏洛來牛是法國引以為傲的優秀牛肉品種，脂肪非常少，可以直接品嚐到肉本身的美味。任何一位廚師應該都會想要試試看這種食材。尤其是菲力牛排，全都是瘦肉，與入口即化的黑毛和種不同，可以說是具備「讓人想要仔細咀嚼品嚐的魅力」的肉。

脂肪含量少代表肉質很細緻，必須去思考，怎樣做才不會使肉縮成一團，煎烤出柔嫩多汁的肉。我的作法為，先在已恢復到常溫的菲力牛排上撒上鹽和粗粒黑胡椒，再使用鍋中有融化奶油的平底鍋來煎。煎到上色後，就翻面。此時，若突然用高溫加熱的話，肉會變得堅硬緊實，所以重點在於，要加入冰涼的奶油來降低溫度。然後，使用油淋法，一邊將奶油淋在牛排上，一邊逐漸加熱。

與高度精煉的油不同，隨著溫度上升，奶油會從白色變成褐色、黑色，氣味與狀態也會改變。此特性能引導我們得知理想的溫度範圍。溫度太低的話，奶油就不會起泡，也不會散發香氣。另外，由於溫度過高時，泡沫會消失並變黑，產生燒焦味，所以立刻就能得知。要注意的是，調整平底鍋與火之間的距離，讓奶油維持「焦化奶油（beurre noisette）」的狀態，顏色為榛果般的淺褐色。

由於慕斯狀奶油含有大量空氣，所以熱能會緩慢地傳遞。藉由使用這種奶油來包覆肉塊，就能產生宛如「將肉放入天然烤箱」般的效果，將肉煎得柔嫩多汁。我們也許可以說，能自動產生這種效果的設備，就是蒸氣烤箱。雖然機器也很方便，不過由於使用平底鍋可以細微地調整溫度，所以如果學會此技術的話，就能掌控超越烤箱的完美火候。

香烤夏洛來牛菲力牛排　佐三種甜椒生菜拼盤　Albufera 醬汁

製作這道夏洛來牛菲力牛排時，會透過慕斯狀奶油來進行油淋法，讓肉變得柔嫩多汁，外側則會煎到很香。搭配的醬汁是，以鵝肝醬和鮮奶油為基底的濃郁醬汁。目的在於，藉由醬汁來補足肉中沒有的脂肪，讓醬汁與肉中滿滿的美味擦出火花。「現代的清爽醬汁與這塊肉的美味不搭。正是因為這樣的紅肉，才適合搭配傳統的醬汁。」（三國主廚）

Albufera 醬汁

❶將切絲的火蔥與奶油放入鍋中炒出水分。加入馬德拉酒，收汁，倒入褐色高湯（省略解說），再次收汁。
❷將鮮奶油加入步驟①中，稍微沸騰後，加入濾細後的鵝肝醬。使用已溶解的玉米澱粉來調整醬汁濃度
❸將鹽和胡椒加入步驟②中，進行調味，加入紅甜椒泥，用手持式攪拌器來攪拌。

配菜

❶製作三種甜椒生菜拼盤。準備紅．黃．綠 3 種顏色的甜椒，用削皮器去皮。分別切成薄片後，泡入冷水中，然後瀝乾。皮放在一旁備用。
❷使用甜椒皮來製作炸物。將步驟①中所準備好的 3 色甜椒皮直接放入 180°C 的沙拉油中炸。

盛盤

將「香烤夏洛來牛菲力牛排」盛盤，放上三種甜椒生菜拼盤。淋上 Albufera 醬汁、附上炸甜椒皮。

1

首先放入奶油和沙拉油來加熱

將等量的沙拉油和奶油放入鐵製平底鍋中加熱。奶油起泡成慕斯狀後，以切面朝下的方式，放入撒上了鹽和胡椒的菲力牛排（法國產夏洛來牛，約 200g）。

2

煎烤側面

將其中一面煎到上色後，讓肉在平底鍋邊緣立起來，慢慢地逐步轉動，將整個側面煎到變硬。火力維持在中火～大火。

3

放入冰涼的奶油

將另一面朝下，加入冰涼的奶油，讓溫度下降（如圖）。一邊讓奶油保持淺褐色的慕斯狀，一邊逐漸地將肉的內部加熱。

4

反覆進行油淋法

反覆進行油淋法，均勻地淋上奶油，感覺像是用帶有細緻泡沫的奶油來將肉包覆住。此時，要仔細地調整平底鍋和爐火的距離，以避免奶油燒焦。

5

靜置

當肉達到耳垂般的硬度後，就將肉移到網架上。到目前為止的煎烤約為 10 分鐘。為了防止肉變乾，所以會放上冰涼奶油，並蓋上鋁箔紙，靜置 5～10 分鐘。

6

煎烤完成

剛煎好的肉的切面。雖然中心為三分熟，帶有深粉紅色，但觸摸後，確實是熱的。藉由將肉靜置一會兒，深粉紅色就會向周圍滲透，使熟度變成五分熟。

POINT

運用蓄熱性較高的鐵製平底鍋

細緻的紅肉容易遇熱而縮成一團，或是烤得不均勻。
為了防止溫度產生急遽變化，所以要使用蓄熱性高，不易冷卻的鐵製平底鍋。

煎烤牛肉

鹿兒島縣產 鹿兒島黑牛

主廚／**濱崎龍一**（リストランテ濱崎）

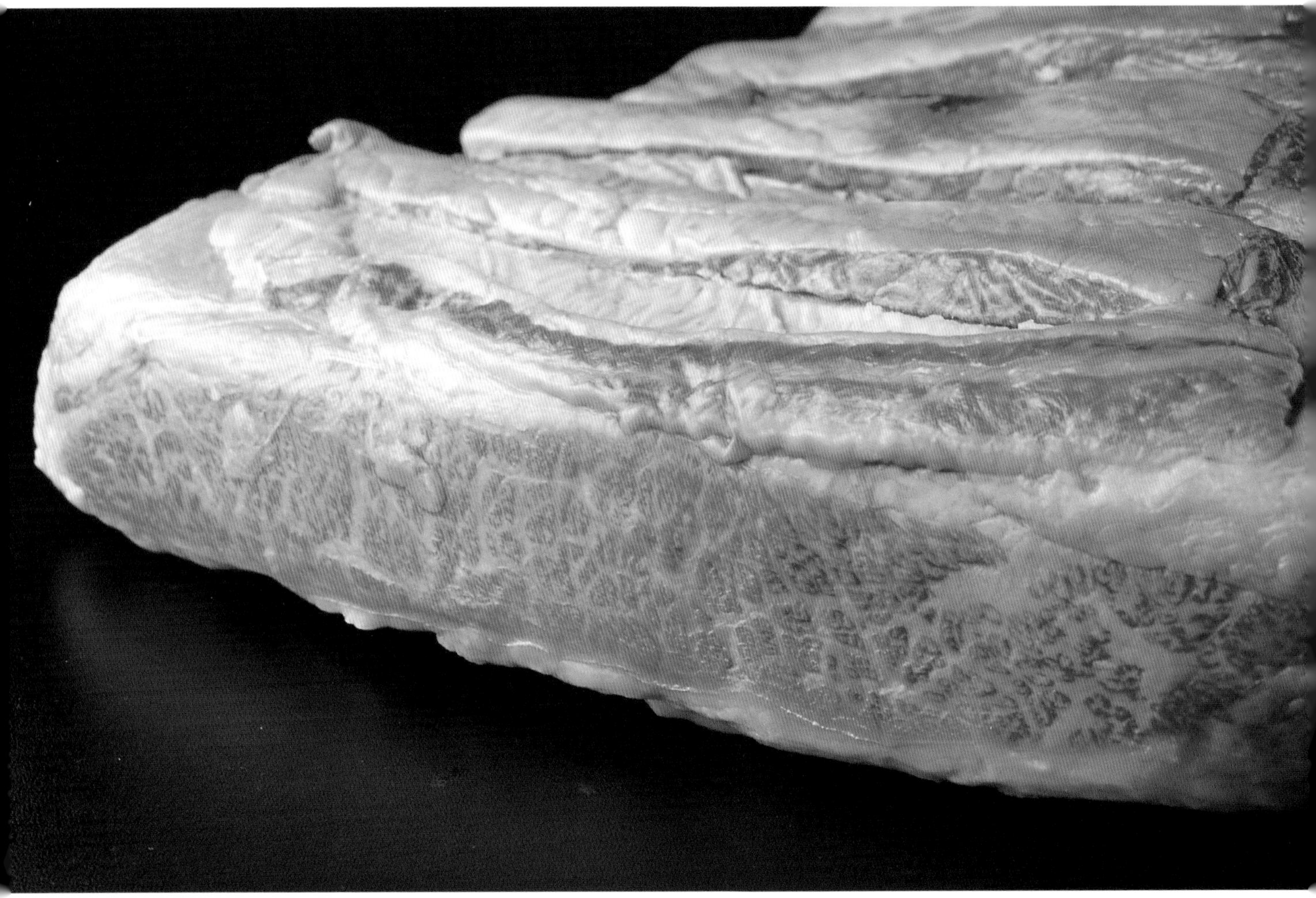

這是在國內最大的黑毛和種產地鹿兒島縣飼養的「鹿兒島黑牛」。出貨時的月齡為 28～29 個月，特徵為帶有適度的大理石紋脂肪，肉質均勻，可以感受到瘦肉的美味。濱崎主廚使用的是 A5 等級的肉。主廚主要採購了「帶有細微大理石紋脂肪的三角形五花肉、芯玉部位的瘦肉、菲力牛排」等部位，用於炭烤、牛排、燉煮料理等。這次使用的三角形五花肉是將第 1～第 6 肋骨的部分切成三角形後所得到的部位。一加熱，大理石紋脂肪就會融化，可以煎烤出「軟綿綿的口感」（濱崎主廚）。

肉的資料

產地：鹿兒島縣
品種：黑毛和種
品牌：鹿兒島黑牛
月齡：28～29 個月
肥育方法：使用以玉米、大豆、麥麩等為原料製成的飼料來飼養。

透過清爽的沙拉料理來呈現
帶有大理石紋脂肪的黑毛和種的美味

我的出生地鹿兒島縣的黑毛和種產量為全國第一。我自己從小就是吃黑毛牛肉長大的。由於我還記得那種滋味，所以在我的店內，會堅持使用國產的黑毛和種。

這次使用的鹿兒島黑牛的月齡為 28～29 個月。菲力牛排周圍有很厚的脂肪，脂肪在肉塊中散開，形成霜降。由於這塊肉是在較早的階段出貨的，所以就算有大理石紋脂肪，也不會過於濃郁。再加上肉質很細緻，味道也確實很美味。和牛原本就和義大利契安尼娜牛那種讓人吃得很飽的牛排專用肉不同，帶有適量大理石紋脂肪的和牛即使份量不多，也很有存在感，所以用於全餐中的話，效果會更好。

常見的烹調方式為炭烤。透過遠紅外線的作用，就能在短時間內將肉塊加熱，而且炭烤牛肉的香氣也能勾起食慾。只要仔細地烤，光是這樣，肉就會很好吃，讓人不禁開始挑選炭火（笑）。熟度為五分熟。我認為，黑毛和種要烤得熟一點，肉的美味與脂肪的甜味才會更加顯著。一開始，先用大火來加熱，一邊翻面，一邊將整塊肉烤到上色。接著，將肉拿到炭床（裝設在焚火台內，用來放置木炭的器具）的火力較弱處，穩定地加熱，然後再度使用大火來烤——大致上的概念為，等到被加熱的肉汁變得穩定後，再移回到大火處。

這次，我將約 320g 的三角形五花肉烤了約 15 分鐘，然後用鋁箔紙將肉和香草一起包起來，靜置約 7 分鐘。與其說是靜置時透過餘熱來讓肉受熱，倒不如說是，讓肉休息，避免肉汁在切肉時流出。如果肉較薄的話，就不需靜置，也能品嚐到剛烤好的香氣。這樣烤出來的肉帶有軟嫩口感，大理石紋脂肪宛如要融化一般。表面焦香酥脆，這種對比也是魅力所在。肉的美味加上脂肪的濃郁滋味，光是使用鹽和胡椒來調味就夠好吃了，所以在其他調味方面，像是芥末醬等，只需附上少許就夠了。當瘦肉較多時，則會使用濃縮肉高湯（sugo di carne）來製作醬汁。

鹿兒島產黑毛和牛
切片牛排（Tagliata）

由於可以直接品嚐到霜降牛肉的美味與強烈炭火烤出來的香氣，所以不附上醬汁，只使用鹽、胡椒、香草油來簡單調味。搭配上番茄、炭烤綠蘆筍、帶有苦味的野生芝麻菜等沙拉，就能給人清爽的印象。

配菜

❶剝除綠蘆筍根部的硬皮後，用鹽水汆燙。
❷將①放在炭火上烤，然後斜切，撒上岩鹽。
❸將番茄切成梳子狀後，撒上岩鹽。

盛盤

將「鹿兒島產黑毛和牛切片牛排」切片，附上配菜，放上野生芝麻菜、蒲公英葉來作為點綴。淋上香草油*，撒上現磨黑胡椒。

*香草油
將平葉巴西里和特級初榨橄欖油放入攪拌機中攪拌後，用紙過濾而成。

1 切出肉塊

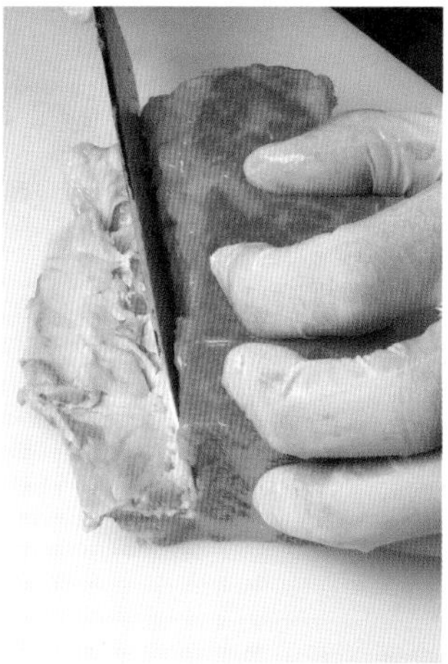

沿著肋骨切出三角形的牛五花肉（鹿兒島縣產鹿兒島黑牛），去筋。將附著在周圍的脂肪切除，只留下很薄的脂肪。調整肉塊形狀，將肉塊切成大約 5cm 見方×15cm 的長方體（約 320g）。

2 讓肉塊恢復常溫

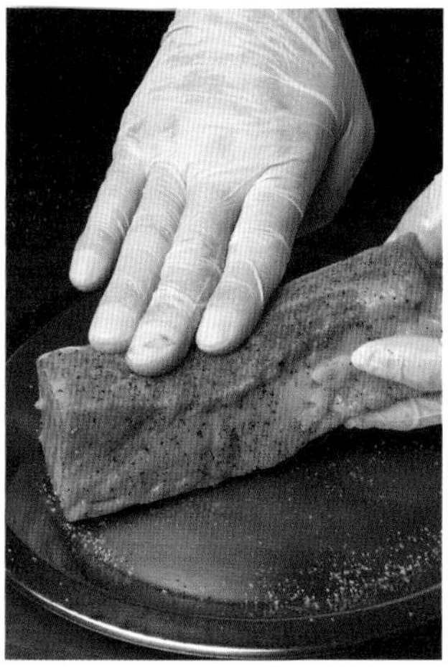

靜置約 20 分鐘，讓肉恢復常溫，將岩鹽和黑胡椒撒在肉塊表面。用手按壓，使其融入表面，靜置約 30 分鐘，讓肉入味。

3 用炭火烤

將生好火的木炭放置在炭床深處，前方擺放較少的木炭。透過深處的大火，從脂肪面先烤。中途，如果油脂滴到炭火上而使火焰竄起來的話，由於會沾附煤灰，所以要將火焰弄熄，或是讓肉遠離火焰。

4 翻面

當面向炭火的那面烤到焦香上色後，就翻面，同樣地烤有留下脂肪那面。剩餘的面積較大那兩面也依序使用火力很大的炭火來烤。

5

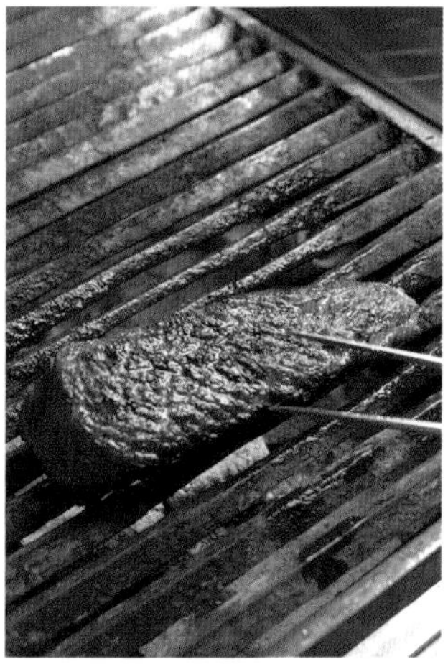

等到四個面都烤到上色後，就將肉移到前方（火力較弱處），讓肉靜置一會兒。透過觸碰來確認肉的硬度，讓肉在大火與文火之間移動數次，調整火候。

6 取下炭火上的肉

當肉的表面產生彈性，形成「雖然沒有芯，但卻有彈性的狀態」後，就停止加熱。燒烤時間約為 15 分鐘。烤好前，在肉上面撒上烤過的迷迭香和鼠尾草。

POINT

透過香草來讓肉沾附清爽的香氣

將與黑毛和種的油脂很搭的香草，和肉一起放在炭火上烤，就能讓肉沾附豐富的香氣。
這次的做法為，在讓肉靜置時，用鋁箔將肉和香草包在一起。當肉塊較小時，也可省略這道步驟。

7 讓肉和香草一起靜置

用鋁箔將步驟 **6** 的肉和迷迭香、鼠尾草包起來。放在溫暖的場所，一邊鎖住肉汁，一邊讓肉沾上香草的風味。這次的靜置時間約為 7 分鐘。

8 燒烤完成

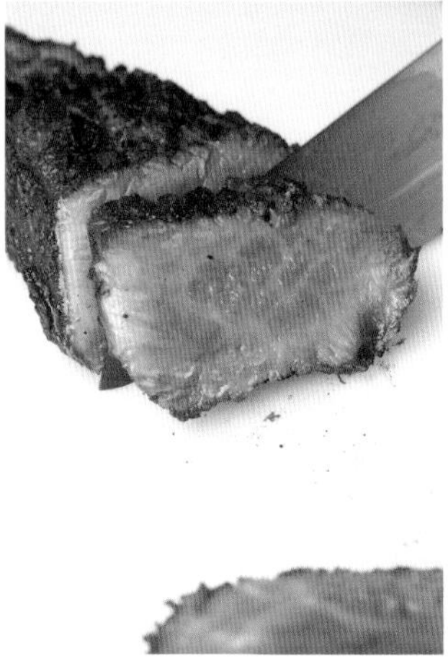

表面烤成深褐色，內部為五分熟的狀態。上菜時，會將這塊大理石紋脂肪已適度融化，且充滿大量肉汁的牛排切成約 1 公分厚。

煎烤豬肉

西班牙產 伊比利亞豬

主廚 ／ **磯谷卓**（クレッセント）

伊比利亞豬是產於西班牙伊比利亞半島西南部的黑豬品種。只有 100%的純種伊比利亞品種，或是在與杜洛克豬等品種之間的混種當中，獲得西班牙政府認證的品種，才能稱作伊比利亞豬。公認的特色為，脂肪形成能力很高，肥肉的口感入口即化，雖然在傳統上，被當成生火腿的原料，但近年來，也很盛行將其當成食用肉來運用。會依照飼養方法、肉質、體重等來劃分等級，在放牧時，只吃橡實與牧草的最高等級叫做「Bellota」。由於肉的柔軟度與味道之間的平衡很好，所以磯谷主廚使用了混種。

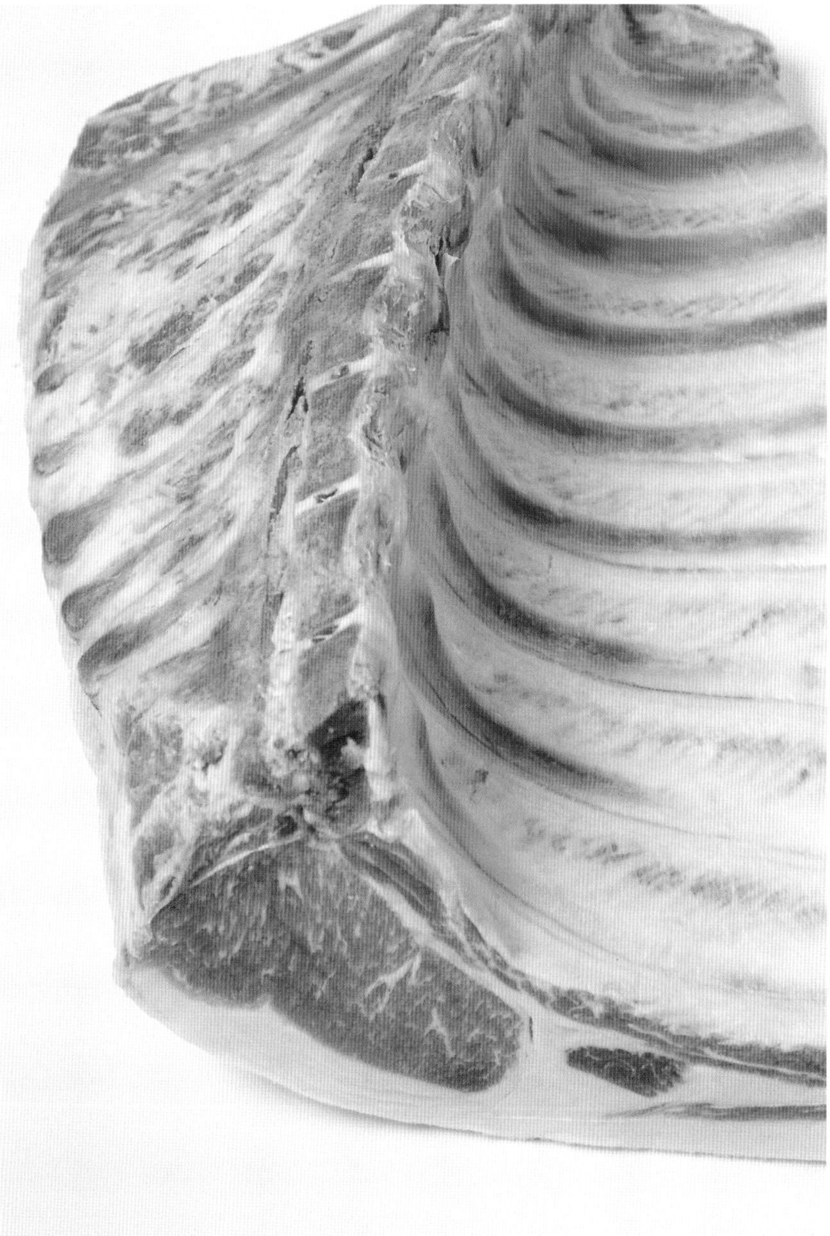

肉的資料

產地：西班牙
品種：蘭皮紐種等。或是蘭皮紐種與杜洛克豬之間的混種。
品牌：伊比利亞豬
月齡：21～26 個月左右
肥育方法：當出生於初春的小豬體重達到 25 公斤後，就會帶到室外，一邊餵食飼料，一邊飼養。到了第二年的秋天，會把豬隻帶到放牧場（橡木林），放牧 4～5 個月（這段期間叫做「增肥階段（Montanera）」），讓豬吃橡實和樹根。體重到達 160～180 公斤後，就會進行屠宰。

先透過平底鍋來去除油脂後，再用炭火加熱。在同一時間將肉和油脂烤熟

不管怎麼說，西班牙伊比利亞豬的一大魅力就是既清爽又帶有高雅甜味的肥肉。不過，依照情況，有時候也會買到背部油脂很厚的肉，如果直接烤的話，不但味道過於濃郁，想要將性質不同的肉和脂肪同時烤到最佳狀態，也不是件簡單的事。

因此，我會事先將背部油脂切掉約 1 公分的厚度，並且在正式加熱前，只把這面放在平底鍋上煎，去除油脂，讓厚度剩下約 2 公分。藉由事先讓肉和脂肪的烤熟時間變得一致，就隨時都能烤出最佳狀態。

這次，我使用炭火來烤以這種方式去除了油脂的豬里肌肉。炭火的特色為，火力很強，可以透過所謂的「強烈的遠火」，在短時間內很有效率地加熱，連肉的中心都能烤得很均勻。不過，由於豬肉如果一下子處於高溫之中，就容易變得乾柴，所以使用炭火來烤其中一面時，要好好掌控火候，讓肉塊的其他面休息。將肉切成約 4 公分厚也是這個緣故。

與瓦斯爐不同，由於炭火在燃燒時不會產生水分，所以能將肉的表面烤至焦香也是炭火的另一項特色。再加上，油脂會掉落在炭火上，使煙竄起，所以肉會帶有能勾起食慾的煙燻香味。這是透過其他烹調方式無法獲得的優點。此外，從美味層面與安全層面來看，將豬肉內部確實烤熟是很重要的。這次，我也讓肉的側面朝著炭火，慢慢地烤了 15～16 分鐘。

豬里肌肉搭配上用炭火烤到酥脆的肥肉，在這道料理中，能同時享受到伊比利亞豬的肉和油脂。順便一提，若將里肌肉的厚度減少，並讓肉的面積變得大一些的話，也可以不使用炭火，而是用平底鍋來煎。如此一來，雖然外觀上的魅力會降低，但更能品嚐到肉的柔嫩滋味，所以依照想要呈現的肉質來分別使用不同烹調方式，應該也不錯吧！

炭烤伊比利亞豬

將烤到多汁的里肌肉與烤到焦香酥脆的肥肉裝盛在同一盤中，呈現出伊比利亞豬的魅力。用來搭配這種簡約風格的是，使用芥末醬與伊比利亞豬的肉汁製成的醬汁，清爽的辣味與芳醇，和強烈的豬肉滋味很搭。透過蒸烤蔬菜與番茄燉菜薊，來增添蔬菜的甜味與口感的變化。

醬汁

❶將奶油放入平底鍋中加熱，加入顆粒芥末醬拌炒。
❷將切碎的火蔥加進步驟①中，再加入伊比利亞豬的肉汁*，煮到收汁。

*伊比利亞豬的肉汁
用平底鍋將伊比利亞豬的骨頭煎到出現焦痕後，放入雞高湯來使鍋底精華融化（déglacer），然後再次加熱，使煮汁焦糖化（carameliser），反覆進行總計 3 次 déglacer 和 carameliser 後，加入雞高湯，煮約 15 分鐘，最後進行過濾、收汁。

配菜

❶在鍋中塗上一層奶油後，加熱，放入公主胡蘿蔔（一種迷你胡蘿蔔），撒上鹽。蓋上蓋子，進行蒸烤。加入切碎的火蔥，再次蓋上鍋蓋。等到胡蘿蔔煮到變軟後，加入用鹽水汆燙過的豇豆、預先煮過且去除了豆莢和薄膜的毛豆，用鹽來調味。
❷將番茄、紅甜椒、洋蔥切碎，用橄欖油拌炒後，進行燉煮，然後濾細。加入切碎的紅．黃甜椒，用鹽、白胡椒來調味。
❸去除菜薊的莖，剝掉菜萼，去掉芒和細毛，切成圓滑狀。加進步驟②中，煮到變軟。

盛盤

❶將作為配菜的公主胡蘿蔔、豇豆、毛豆、菜薊（中央放上紅．黃甜椒）盛盤，擺上野莧菜當作裝飾。將醬汁淋在旁邊，撒上切碎的蝦夷蔥。
❷將「炭烤伊比利亞豬」切成兩半，放在步驟①的醬汁上。附上肥肉。

1 切出肉塊

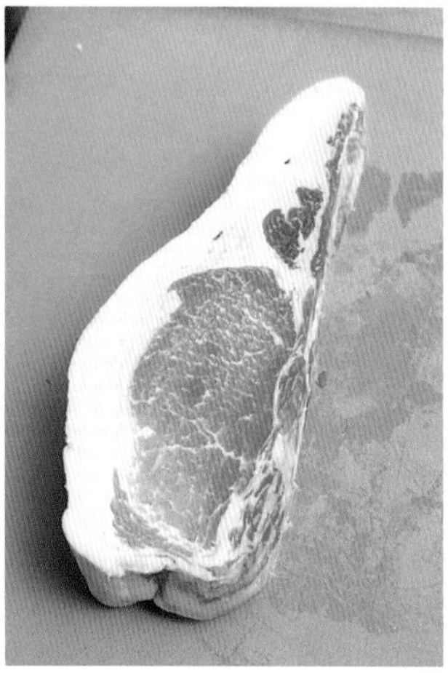

將豬里肌肉（西班牙產伊比利亞豬）切成約 4 公分厚，讓肉恢復常溫。將肉分成里肌心與邊緣脂肪較多的部分，各自切成兩等分。將厚度約 1 公分的背部脂肪切除。

2 撒上鹽和胡椒

將鹽和胡椒撒在肉和肥肉上。由於加熱時，或多或少會和脂肪一起流到下方，所以要稍微撒多一點，並用手按壓，使其融入肉中。由於經過一段時間後就會產生水分，所以要立刻烤。

3 用平底鍋煎背部油脂

以背部脂肪朝下的方式，將肉放入平底鍋，用文火煎到背部脂肪剩下約 2 公分。如此一來，就能在同一時間將肉和背部脂肪一起烤好，而且用炭火烤時，也不會產生太多煙。

4 製作肉串

為了避免肉在加熱時散開，所以要用風箏線將周圍綁起來，讓肉變得有厚度，用金屬籤將肉和肥肉串在一起。當肉的厚度在 4 公分以上時，比較容易烤出多汁的肉。

5 用炭火烤

將擺放成井字形的熾熱備長炭擺放在烤肉架中央。該店的烤肉架有上下六種高度可以調整，每個高度之間的間隔為 4 公分。藉由改變肉的擺放高度與位置來調整出最佳火候。

6

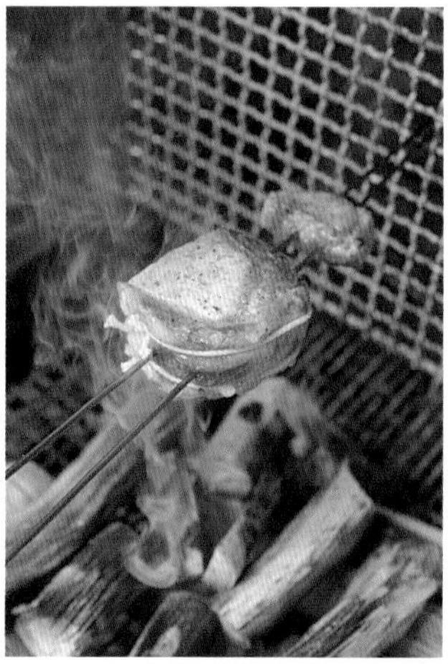

準備盛盤時，將要當作正面的那面朝下，串上金屬籤，放在距離炭火 12 公分的高度來烤，烤了約 5 分鐘，讓肉的表面變得飽滿有彈性，且一部分微焦後，再翻面。

POINT

使用火力強又耐燒的木炭

木炭使用的是紀州備長炭（直徑 3～5 公分）。原料烏岡櫟是一種堅硬的高密度木材，將這種木材放入 1000°C 以上的窯中所烤出來的備長炭，火力特別強，也很耐燒。
生火時，為了讓空氣流通，使木炭容易燃燒，所以要先在烤網上將木炭擺放成井字形，然後放在火爐上，等到所有木炭都燒紅後，再連同烤網一起裝設在烤架上。

7

搧風調整火力

當火力較弱時，要在通風口用團扇搧風，將空氣送入，增強火勢。當油脂滴落而使太多煙竄起時，要用團扇將煙吹走，防止肉沾上強烈的煙燻香味與煤灰。

8

側面也要烤

翻面，烤約 5 分鐘。這段期間，先靜置一開始烤的那面。側面也要各烤約 2 分鐘，以既多汁又確實熟透的狀態為目標。

9

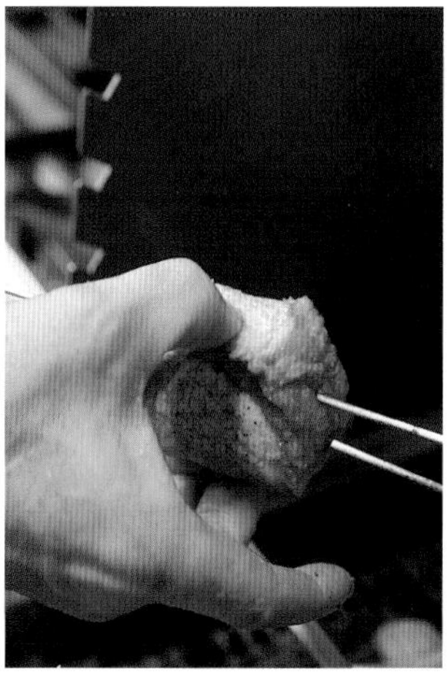

當肉太早出現烤焦顏色時，要改變高度，調整肉與炭火之間的距離。當肥肉烤到焦香酥脆後，就拔出金屬籤。當整塊肉都烤好後，就取下風箏線，確認肉的彈性。

10

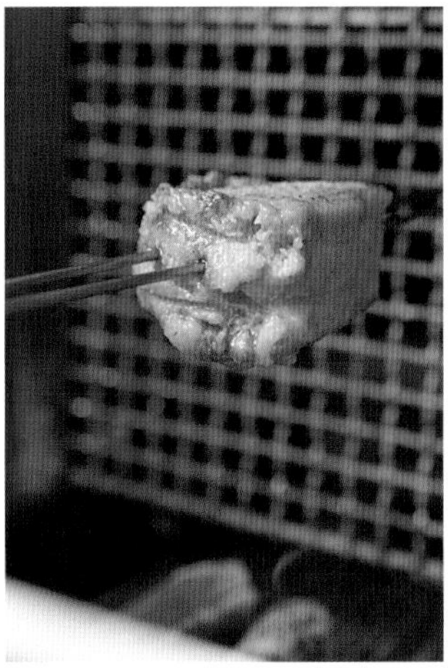

慢慢地逐步翻面，烤到肉具備「用手指按壓後會反彈回來」的彈性。用炭火燒烤的時間約為 15 分鐘。放在炭火上時，因油脂滴落而竄起的煙，會讓肉沾上煙燻香味。

11

燒烤完成

透過遠火慢慢地烤到連中央部分的熟度都很均勻，表面較乾且酥脆，內部多汁。肥肉的表面烤得很香，一咬下，油脂就會一口氣擴散開來。

煎烤豬肉

熊本縣產 天草豬

主廚／**橫崎哲（オーグルマン）**

這是食用肉大廠 Starzen 公司所經營的品牌。生產於熊本縣天草地區，每月產量約為 4000 頭。讓具備「長白豬、大約克夏豬、杜洛克豬」這些血統的三元豬，與海波爾豬（Hypor）、坎柏豬（Camborough）交配。橫崎哲主廚很中意「來自坎柏豬的柔軟肉質，以及清爽的脂肪口感」這一點，主要使用肩胛里肌肉。這種肉的味道很有深度，會藉由脂肪交雜來呈現出更加柔軟的肉質。「雖然似乎也有純種坎柏豬，但那種珍貴品種的進貨量不穩定，而且價格大多很昂貴。我認為，從為數眾多的混種豬當中挑選自己喜愛的品種，也是一種行家應有的態度。」

肉的資料

產地：熊本縣 · 天草地區
品種：海波爾豬（Hypor）、三元豬（LWD）、坎柏豬（Camborough）

透過上火式燒烤爐（GRILLER）來慢慢加熱。可以烤出讓人吃得很愉快的多汁肉質

燒烤豬肉時，要留意的是，一邊適度地保留脂肪，一邊讓人能充分地品嚐到肉汁的滋味。為了達到此目標，火候最好要控制在，盡量不會對肉造成負擔的溫度範圍。在這種時候，該店內能大顯身手的就是上火式燒烤爐。

上火式燒烤爐是一種很受歡迎的加熱設備，能夠一邊用大火來烤較靠近熱源的那面，一邊讓肉的另一面休息，並同時透過爐內的對流熱來逐漸地加熱。當我自立門戶時，之前的店家留下了上火式燒烤爐，我心想「如果能取代上火式烤箱就好了」，便繼承了這項設備。如今，此烤爐已成為烤肉時不可或缺的設備了。

這次，我使用了約 400g 的天草豬肩胛里肌肉，花了約 40 分鐘來烤，讓中心溫度達到 60～62°C。首先，將肉放在靠近熱源的位置，去除多餘脂肪，接著，讓肉遠離熱源，透過爐內的滿滿熱能來穩定地加熱，最後再用炭火來烤出香氣。加熱時，由於從肉中溶出的脂肪會和鹽一起流出，所以要分成幾次來撒鹽，調整味道。讓鹽分滲透到肉的內側。

透過上火式燒烤爐來加熱時，應注意的事項為，朝向上火的那面會容易烤焦，也容易因受熱而縮成一團。與烤箱不同的是，沒有門，能夠立刻察覺肉的細微變化，所以請一邊烤，一邊勤奮地確認肉的狀態吧！另外，由於豬肉最好要烤到確實熟透，所以進行最終確認時，不要仰賴直覺，而是要使用食物溫度計來測量中心溫度。

順便一提，最近，透過相同方式來烤豬大腿肉的人也變多了。由於大腿肉不像肩胛里肌肉與里肌肉那樣，脂肪沒有交雜，所以火力只要稍微大一點，就會流出汁液，使肉變得乾柴。不過，當火候恰到好處時，可以烤出特別多汁的肉。我希望大家務必要嘗試這種進階應用方式。

燒烤豬肩胛里肌肉

一邊留意「強烈的遠火」，去除多餘油脂，一邊慢慢地將天草豬肩胛里肌肉加熱。仔細撒上的鹽會滲透到肉中，讓人可以充分品嚐到肉汁的美味。以雞高湯為基底，加入烤過的豬肉油脂與顆粒芥末醬，做成帶有酸味的醬汁。淋上此醬汁來提味，附上以大蒜火蔥油涼拌而成的當季蔬菜。

醬汁

❶把雞高湯（省略解說）、顆粒芥末醬、一瓣大蒜放入鍋中。
❷將使用上火式燒烤爐來製作「燒烤豬肩胛里肌肉」時所滴落的油脂加入步驟①中，煮沸。去掉大蒜。

配菜

❶將高麗菜切成容易入口的大小，放入已加熱到 85～90° C，鹽分濃度 2%的鹽水中汆燙。煮熟後，將菜撈起。把切成適當大小的摩洛哥四季豆、胡蘿蔔、西葫蘆、牛蒡、青花菜放到剩餘的鹽水中。將各蔬菜的內部煮熟後，就撈起，瀝乾水分。
❷將步驟①擺放在調理盤上，讓菜吹風，去除熱氣後，放入冰箱冰涼。
❸在上菜前撒上鹽，淋上大蒜火蔥油*。

*大蒜火蔥油
將切碎的大蒜和火蔥與橄欖油混合而成。

盛盤

❶將配菜盛盤。將醬汁淋在靠近自己這邊。
❷把「燒烤豬肩胛里肌肉」分切成大塊狀後，盛盤，在肉的切面上稍微撒上一點粗鹽。

1 切出肉塊

切出約 400g 的豬肩胛里肌肉（熊本縣產天草豬）。採用斜切是為了讓肉產生厚度，看起來較有份量。依照客人喜好來調整脂肪量。這次切除了較多的背部脂肪。

2 撒上鹽

將薄薄一層鹽均勻地撒在整塊肉上。加熱時，由於從肉中溶出的油脂會和鹽一起流出，所以要一邊烤，一邊確認味道，補充鹽的量。讓鹽滲透到肉的內部。

3 用上火式燒烤爐來烤

將肉放到已架上了烤網的調理盤內，然後把調理盤擺放在上火式燒烤爐的烤網上。上火的 3 個燃燒器都是大火，首先，將肉的表面確實加熱，使溫度上升。

4

花了約 3 分鐘，將上表面烤到上色。等到肉發出茲拉茲拉聲後，就翻面。留意朝著火的那面，將肉移到深處或前方，然後改變方向，讓肉均勻地上色。

5

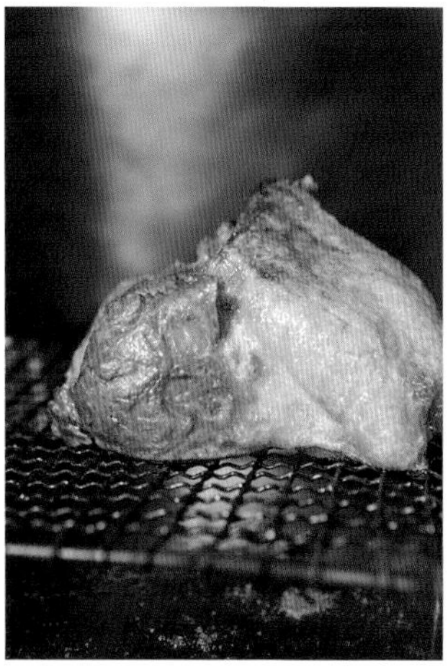

發出茲拉茲拉聲的間隔會逐漸變短，滴落在調理盤上的油脂累積了很多。直到烤好前，要分成 4～5 次來撒上少許鹽巴，讓鹽滲透到肉的內部。

6 將肉移到上火式燒烤爐的最下面

烤了約 9 分鐘，等到肉的整個表面都上色後，就移除烤網，將肉連同調理盤一起移到最下面，讓肉遠離熱源。透過「強烈的遠火」來慢慢地加熱。

POINT

靈活運用上火式燒烤爐與上火式烤箱

從上火熱源這點來看，兩者是相同的，一般來說，上火式烤箱的火力較強，上下幅度較窄。一般的用途為，「最後的加熱步驟」，像是迅速地將表面烤出焦痕，或是將食材加熱。另一方面，上火式燒烤爐的功能較多，用途也較廣，可依照產品款式來挑選上下的幅度、烤爐內的寬敞度、火力。

7 降低火力

烤了約 25 分鐘後，確認中心溫度。當不易烤熟的厚實部分達到約 50°C 後，就將上火的 3 個燃燒器當中最靠近手邊的那個關掉，降低火力。

8

當火力很強時，將肉連同調理盤拉到跟前，讓肉遠離上火，且要頻頻地翻面，進行調整，以避免烤得不均勻。容易烤熟的細薄部分，則要盡量遠離熱源。

9 確認中心溫度

加熱結束後，在判斷肉的熟度時，一定要使用溫度計來測量。從開始烤經過約 45 分鐘後，肉的厚實部分的中心溫度會達到 60～62°C。從上火式燒烤爐中取出肉，若不夠鹹的話，就稍微撒一點鹽。

10 將滴落的油脂做成醬汁

在將肉翻面時，含有鹽分的美味油脂會滴到調理盤內。累積到某種程度後，就將油倒入裝有雞高湯、顆粒芥末醬、大蒜的醬汁調製鍋中。

11 用炭火烤

最後，用燒得火紅的炭火來烤表面。目標為，將表面烤到產生芳香的氣味與酥脆的口感。此時，也要確認鹹味，若不夠鹹，就撒上鹽。

左圖／橫崎主廚所使用的林內製上火式燒烤爐。右圖／上火式烤箱，特徵同樣為上火加熱。不過，此產品大多用於最後的加熱步驟。

煎烤羔羊

澳洲產 美麗諾羊（混種）

主廚／**荒井昇**（オマージュ）

澳洲和紐西蘭是南半球主要的羔羊產地。出生後未滿一年的羊會被當成羔羊肉，出口到國外，澳洲的主要品種為，出生後 6～10 個月的無角陶賽特羊（Poll Dorset）與美麗諾羊，紐西蘭的主要品種則是出生後 4～6 個月的羅姆尼羊。兩國在飼料上也有差異，在澳洲除了牧草與乾草以外，還會餵食穀物飼料。在紐西蘭，大多採用以牧草為主的牧草肥育。荒井主廚這次使用的是由無角陶賽特羊與美麗諾羊混種而成的澳洲產羔羊。出生後經過約 10 個月，據說主廚很中意「風味不會過於溫和」這一點。

肉的資料

產地：澳洲‧西澳洲
品種：美麗諾羊（50%）
無角陶賽特羊、薩福克羊（Suffolk）、特克塞爾羊（Texel）等
月齡：約 10 個月
肥育方法：不使用生長激素、抗生素，採用放牧，透過牧草來肥育。

不用進行準備工作，直接煎烤帶骨的肉塊
切出帶有均勻玫瑰色的「中心部位」

我覺得羔羊是一種容易透過優質香氣與柔軟肉質來呈現法式料理的食材。除了這次所使用的澳洲產羊肉以外，最近也開放了法國產羊肉，選項變多了，讓人覺得很開心。我愛用的是，斷奶後開始吃草，開始出現羊肉風味的羔羊。我已決定要採購接近「小型羊（pocket，出生後 1～2 年的羊）」的肉。

在烹調時，為了保護細緻的肉，基本上會連同骨頭一起加熱。骨頭會宛如牆壁一般，減緩熱能，也能防止肉因受熱而縮成一團。不過，骨頭邊緣與肉塊前端的細薄部分所需的火候不同，所以很難處理。骨頭邊緣還很生，但肉的細薄部分卻烤過頭了，大家應該都有過這種經驗吧！因此，我選擇了「完全不進行準備工作就直接烤，最後只將烤到帶有玫瑰色的部分切出來」的作法。一般來說，煎烤帶骨肉時，「將部分骨頭或油脂切除」之類的清理工作是不可或缺的，不過在煎烤時故意保留這些部分，就能如同製作「鋁箔紙料理」那樣，對里肌心進行間接加熱。

首先，完全不處理帶骨的背部肉塊，也不撒鹽、不放油，直接用平底鍋煎。然後，放入蒸氣烤箱，要注意的是，背部側與肩膀側的火候會有微妙的差異。背部側的中心部位較小，容易熟，肩膀側的中心部位較大，會比較慢熟。因此，首先在將蒸氣烤箱附贈的食物溫度計插在背部側，設定為 51°C。之後，在肩膀側也插上溫度計，確認溫度也同樣達到了 51°C。

51°C 指的並非燒烤完畢時的中心溫度，而是烤箱停止加熱時的目標溫度。之後，讓肉休息，並想出一個，即使進行最後加熱，「也不會烤過頭的數值」。事實上，我認為，讓用蒸氣烤箱烤出來的肉休息後，只要切出中心部位，就能得到帶有均勻玫瑰色的肉。

烤羔羊背肉

充滿肉汁的烤羔羊里肌心，搭配上脂肪較厚，且很有咬勁的五花肉附近部位的肉，透過不同角度來呈現羔羊的魅力。鋪上大量由波倫塔（義式玉米粥）與馬斯卡彭起司混合而成的泡沫（espuma，一種分子料理），增添牛奶的芳醇滋味。

醬汁

❶將切段的大蒜、火蔥放入已鋪上一層橄欖油的鍋中拌炒。炒出香氣後，加入用菜刀拍打過的羔羊骨，炒到上色。
❷將水、雞高湯（fond de volaille，省略解說）倒入①中，加入百里香、月桂葉，熬煮約 1 小時。
❸將②過濾，再次將湯汁煮到收汁。
❹當③的量變成原本的 1/10 後，就關火，進行過濾。

配菜

❶用平底鍋將橄欖油加熱。嫩煎迷你韭蔥與玉棋（省略解說），煎出香味，並讓表面上色。放入從「烤羔羊背肉」中取下的邊角肉，煎到表面上色，撒上鹽與磨碎的白胡椒粒。
❷將水和波倫塔粉放入鍋中，用文火煮約 10 分鐘。加入鮮奶油、馬斯卡彭起司、鹽，進行攪拌，然後放入攪拌機中再次攪拌。過濾後，倒入用來製作泡沫的容器（Syphon，虹吸瓶）中。

盛盤

❶在撒上了鹽之花與白胡椒粒的「烤羔羊背肉」的表面，用料理刷塗上加熱過的醬汁，撒上百里香。裝盛在盤子右側。
❷在盤子左側擺上作為配菜的迷你韭蔥、玉棋、五花肉，放上獨活草（livèche）*。
❸將作為配菜的波倫塔泡沫擠在中央，滴上獨活草油（省略解說）。撒上磨碎的黑胡椒粒。

*獨活草（livèche）
繖形科的多年生植物。氣味比西洋芹強數倍，帶有很鮮明的強烈辣味。

1 不清理就直接開始烤

將澳洲產羔羊的背肉（帶骨，約800g）的脂肪朝下，放入平底鍋中，用大火煎。肉完全不用清理，也不撒鹽。一邊加熱，一邊讓肉沾附溶出的油脂。

2 降低火力

確認肥肉是否有被均勻地煎成淡褐色。合計加熱時間大約為 4 分鐘。此時，要將火力從大火轉到中火、文火，慢慢地降低火力，避免表面焦掉。

3 變更燒烤面

讓背骨側朝下，將肉立起來，以同樣方式煎。另外，由於肋骨內側的骨頭是彎曲的，不好煎，所以此時先不要煎，之後再用烤箱來烤。

4 使用蒸氣烤箱來加熱

讓還沒上色的肋骨內側朝上，放在已架上烤網的調理盤上，放入蒸氣烤箱中，將烤箱內溫度設為110°C，中心溫度設定為 51°C。將食物溫度計插在容易熟的背肉側。

5 變更食物溫度計的位置

當背肉側的中心溫度達到 51°C後，接著再測量肉較厚，且不易熟的肩膀側的中心溫度。要讓整體的中心溫度都達到 51°C。

6

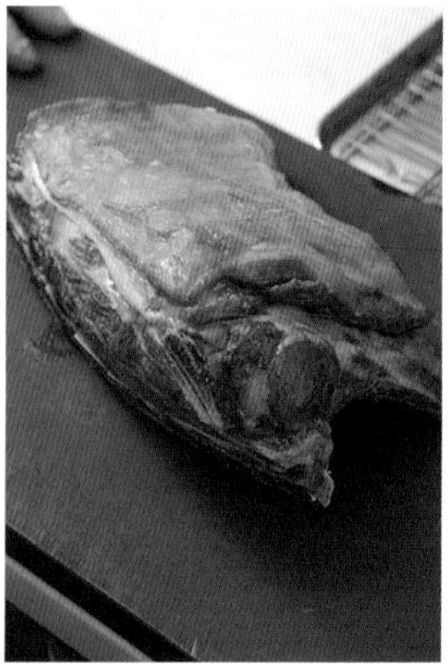

當肩膀側的中心溫度達到 51°C後，就將肉取出。確認整塊肉的香氣與成色。雖然肉汁會稍微滲出到表面，但不會流出，也很少出現縮成一團的情況。

POINT

確認背肉側與肩膀側兩者的溫度

使用蒸氣烤箱來加熱時，首先將食物溫度計插在比較容易熟的背肉側。
等到這邊的溫度達到 51°C 後，接著再將食物溫度計插在不易熟的肩膀側，確認溫度。
若溫度較低的話，就再次加熱，仔細地讓整塊肉都達到目標溫度。

7 靜置

將肉放在鋪上了烤網的調理盤內，然後將其放在鋼板瓦斯爐上方的架子上靜置 10～15 分鐘。在此過程中，來自表面的熱能會傳遞到內部，使原本為 51°C 的中心溫度慢慢上升 5～6°C。

8 切出肉塊

從肋骨與肉的交界切下去，滑動刀子，讓肉與骨頭分離。從此處切出圓柱狀的里肌心。取下五花肉附近脂肪較多的部分來製作配菜。

0

理想的煎烤狀態為，用刀子切下時，肉汁會稍微地滲出。將烤到上色的表面、多餘脂肪、筋切除。縱向切成兩半後，將肉塊切成工整的箱形。

10 製作配菜

用橄欖油來嫩煎迷你韭蔥和玉棋。此時，也將在步驟 **8** 取下備用的五花肉附近的肉一起煎到表皮焦香。

11 肉的調味

在所有步驟中，只需在此時對肉進行調味。將鹽之花與磨碎的白胡椒粒撒在肉上，從上方用料理刷塗上加熱過的羔羊醬汁（Jus d'agneau）。

煎烤羔羊

北海道產 南丘綿羊

主廚／**岡本英樹**（ルメルシマン・オカモト）

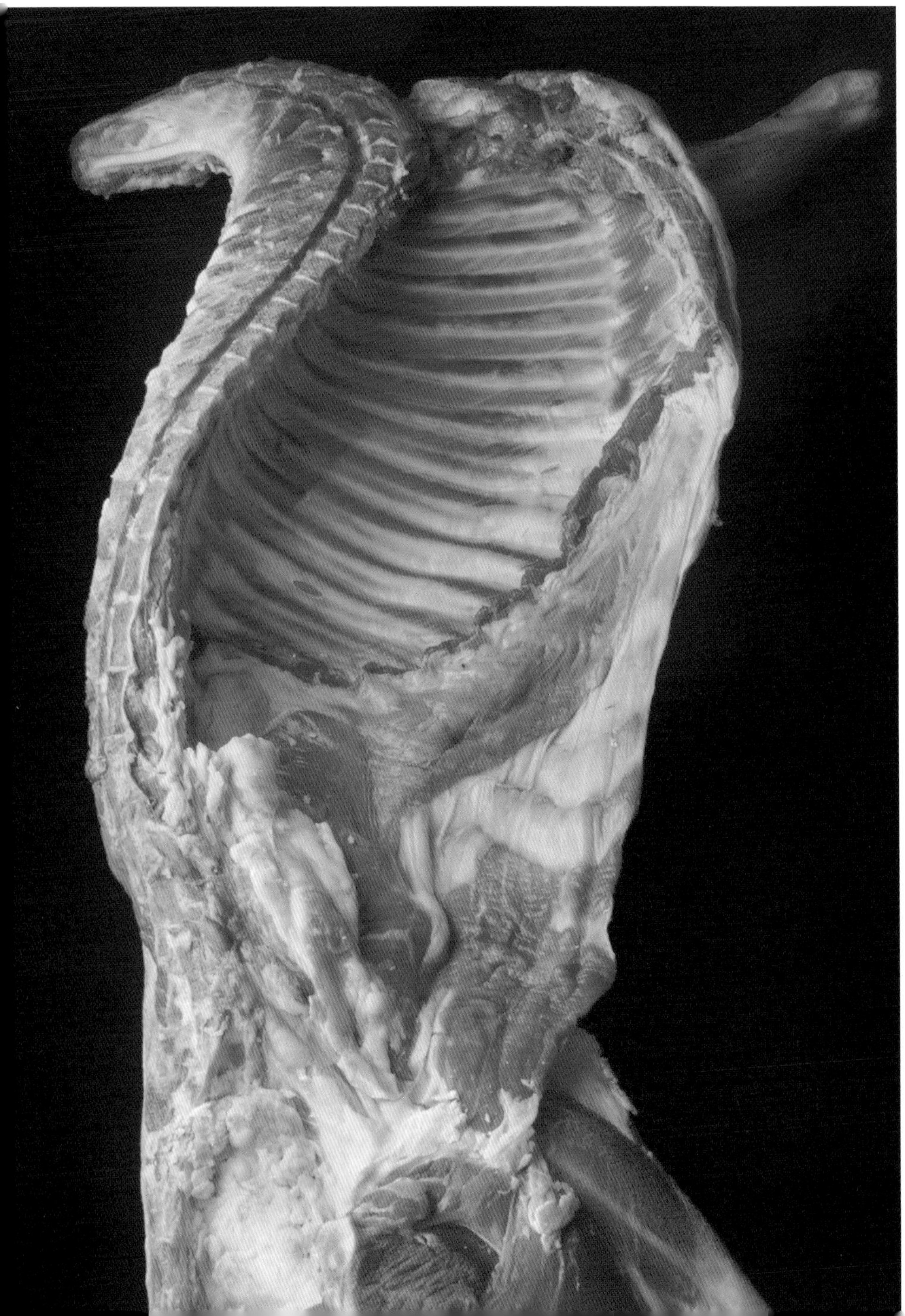

這是近年才開始大量上市的高品質國產羔羊肉。北海道是國內最大的產地。岡本主廚從北海道・足寄的石田綿羊牧場買了一頭具有 3/4 以上南丘綿羊血統，出生後約 14 個月的羊（小型羊）。由於飼養期間比一般羔羊來得長，所以其特色為，明顯地呈現出了以細緻的肌肉纖維與優質味道而著稱的南丘綿羊的性質。使用前，要先在牧場的熟成庫熟成至少 1 週後，用熟成布巾包起來，然後再放在店內的冰箱中熟成 1～3 週。

肉的資料

產地：北海道・十勝地區
品種：南丘綿羊
月齡：約 14 個月（小型）
肥育方法：在「石田綿羊牧場」這個約 20 公頃大的牧場內放牧，進行交配，使其擁有 75%以上的南丘綿羊血統。

用脂肪將小塊背肉捲起來，一邊避免肉直接受熱，一邊將肉烤得柔嫩多汁

我所使用的北海道產南丘綿羊，雖然是出生後經過一年以上的小型羊，但沒有特殊騷味，肉質也非常細緻。我覺得，比起將表面烤到焦香，這種能發揮細緻肉質的煎烤方式更加合適。雖然也有「用帶骨的大塊肉來烤」的方法，但在這裡，我要介紹的是，煎烤小份量羊肉的做法。

之所以會這樣說，是因為本店的午餐可以從兩種肉中挑選一種。如果肉只有一種的話，就可以依照預約時間來推算，用低溫來烘烤整塊肉。但此方法在本店內難以實行。因此，從開店以來，我時常在研究「當客人點餐後，如何在短時間內將 1 人份的小份量肉烤得美味」這項課題。

如果小份量的羔羊肉沒有特別處理，就直接煎烤的話，熱能會從與平底鍋接觸的那面進入肉中，當熱能進入內部時，肉就會因失去水分而變得乾柴。因此，我採用了「先用脂肪將肉捲起來後，再開始烤」的方法。首先，用脂肪將背肉捲起來，然後和奶油、大蒜一起放入平底鍋中煎烤，接著再放入 230°C 的烤箱內烤 3 分鐘。感覺就像是，在脂肪中蒸烤那塊肉。此時，雖然也可以選擇使用豬的背部脂肪，由於我不需要豬肉的香味，所以一定會選擇羔羊本身的油脂。

接著，從烤箱中取出，讓肉靜置約 3 分鐘。重複進行「加熱」與「靜置」的步驟 3～4 次後，中途試著用手指觸摸肉，如果發現有些部分還很軟，不夠熟的話，就將肉放在平底鍋的底部或邊緣，使其容易受熱。由於我認為，將羔羊肉煎烤得稍微紮實一點，比較能呈現出其魅力，所以最後會讓中心溫度達到約 65°C 左右。

正是因為買了一整頭羔羊，並自己肢解，才能實現這種煎烤方法。除了脂肪以外，五花肉可用於燉煮，骨頭和筋可用於製作肉汁。像這樣，用心地善用珍貴的北海道產羔羊的所有部位。

用來自石田綿羊牧場的南丘綿羊羔羊做成的一羊多吃

在這道料理中，會依照肉質，使用各種方式來烹調北海道產羔羊的各個部位。用來搭配烤背肉的是，發揮了紅酒醋酸味的火蔥醬汁。五花肉做成了口感柔軟的燉肉與酥脆的烤培根。頸部與小腿較硬的部位則做成了香腸。將菊苣等蔬菜做成配菜。

火蔥醬汁

❶將奶油放入鍋中加熱，放入切碎的火蔥、鹽，稍微拌炒。加入浸泡過橄欖油的切碎大蒜，炒到香氣出來。

❷將紅酒醋加進步驟①中，使食材融化，煮到稍微收汁。加入干邑白蘭地，煮到讓酒精成分揮發後，再次收汁。

❸將羔羊醬汁（省略解說）放入步驟②中，煮到湯汁剩下原本的 1/3。加入切碎的巴西里和醃漬小黃瓜，用鹽、胡椒來調味。

香腸

❶將羔羊的頸肉與小腿肉等切成大塊，放入攪拌機中打成略粗的絞肉。

❷將皮曼德斯佩雷特辣椒、鹽、胡椒加入步驟①中，攪拌均勻，做成香腸。

❸將②放入 78°C 的蒸氣烤箱中烤約 18 分。

燉煮五花肉

❶將羔羊的五花肉塊均勻地撒上鹽、胡椒。放入已將橄欖油加熱的平底鍋中，用大火將肉的表面煎烤到上色，鎖住美味

❷將橄欖油放入另一個平底鍋中，放入橫向切成兩半的帶皮大蒜，進行煎烤。

❸將橄欖油、切成薄片的洋蔥、胡蘿蔔、西洋芹、切成大塊的帶皮新鮮番茄放入鍋中拌炒。

❹將瀝去油分的①和②放入③當中，倒入剛好能蓋過食材的白酒，煮到讓酒精成分揮發。

❺將雞高湯（省略解說）、切成大塊的洋蔥、胡蘿蔔、西洋芹、法國香草束放入④當中。蓋上鍋蓋，放入 200°C 的烤箱中燉煮 3 小時。

❻從步驟⑤的鍋中取出五花肉，用錐形濾網來過濾湯汁。

❼將步驟⑥的湯汁放入鍋中加熱，一邊去除浮沫，一邊煮到收汁。過濾後，用鹽調味，即可當作醬汁。

培根

❶在羔羊的五花肉上塗滿鹽（份量約為肉重量的 30%）和細白砂糖，放入冰箱，以鹽醃的方式保存 1 週。

❷將①放在流動的水中約 13 小時，去除鹽分。去除水分後，放入冰箱，放置 2 天。

❸將煙燻櫻花木屑放在鍋底，架上烤網，放上②，蓋上鍋蓋。一邊用大火燻，一邊加熱約 1 小時。

盛盤

❶將火蔥醬汁淋在盤上。放上切成兩等份的「烤背肉」，撒上鹽之花。

❷擺上切成適當大小的燉煮五花肉、用平底鍋煎過且切成適當大小的香腸、切成薄片的烤培根，附上事先準備好的烤蔬菜（菊苣、馬鈴薯、塊根芹菜等）

1 切出肉塊

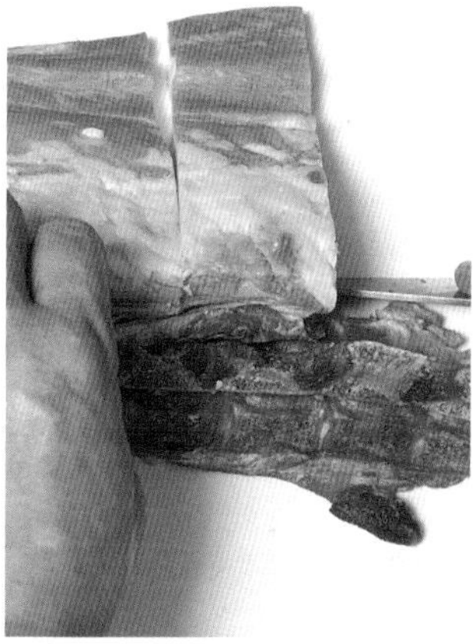

羔羊（北海道產南丘綿羊）經過屠宰後，要先在牧場熟成 1 週，然後再放在店內熟成 1～3 週，提升美味度。切出 7～8 公分寬的背肉，將 1 人份的肉從骨頭上取下。

2 清理

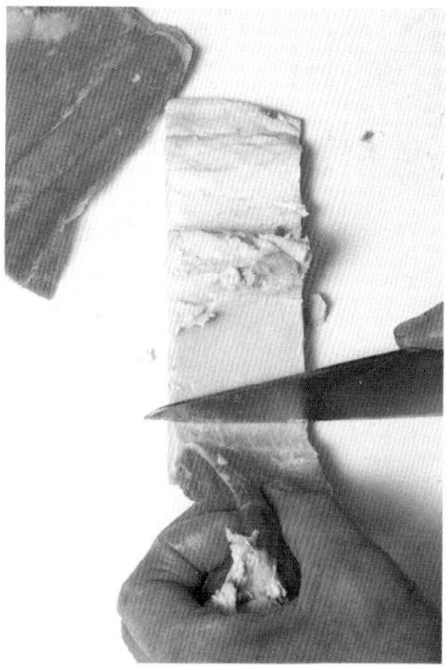

去除背肉周圍的肥肉。也要仔細地去除多餘的筋等，將肉清理乾淨。之後將用來包肉的脂肪先取出備用。

3

去除脂肪後，將羔羊背肉切成圓柱形塊狀（1 人份，約 50g）。將鹽和胡椒撒在整塊肉上，預先調味。

4 用脂肪將肉捲起來

為了避免讓肉直接接觸到平底鍋，急遽地加熱，所以要將在步驟 **2** 中取下的脂肪切成厚度 5mm，用脂肪將肉捲起來。為了避免脂肪在加熱途中脫落，所以要用風箏線緊緊地綁住。

5 用平底鍋加熱

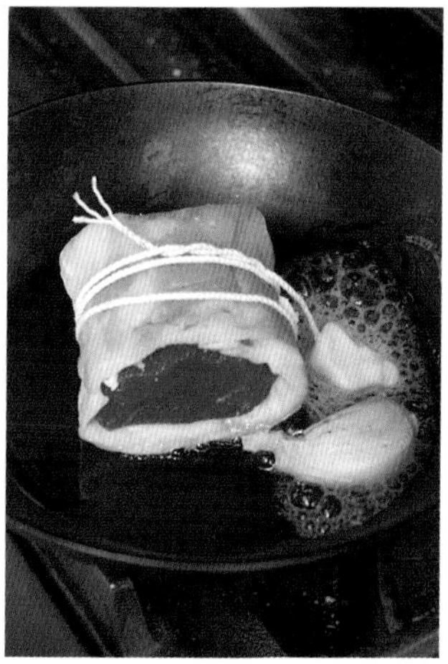

將奶油和帶皮大蒜放入平底鍋中，用大火煎。當奶油開始融化後，將步驟 **4** 放入平底鍋中，讓被脂肪包住的那面朝下。

6 用烤箱烤

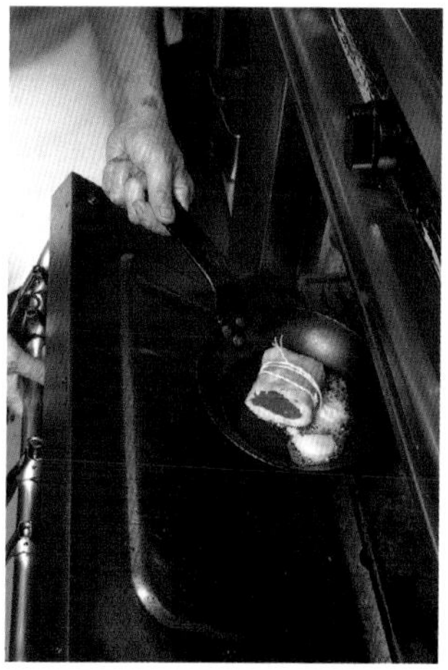

在奶油還沒完全融化前，將肉連同平底鍋放入 230°C 的烤箱中加熱。一開始，先將肉放在平底鍋中央烤。

POINT

先將肉捲進脂肪中後，再烤

用脂肪將肉包起來，煎烤時，肉就不會直接接觸到平底鍋。
沒有被脂肪包住的側面，絕對不要與平底鍋接觸，這樣就能烤出柔嫩多汁的肉。

7 靜置

烤了約 3 分鐘後，從烤箱中取出平底鍋，將其放在烤箱上方的溫暖場所，靜置約 3 分鐘，讓表面與中心的溫度變得均一。

8

用手指輕輕按壓肉的側面，確認是否有柔軟到會產生明顯凹陷的地方（不易熟的部分）。在此時間點，加熱進度約為 30～40%。

9 改變方向，再次放入烤箱

試著觸摸看看，如果有柔軟的部分，就讓該部分靠近容易加熱的平底鍋邊緣，再次用烤箱烤 3 分鐘。

10 煎烤完成

一邊改變肉的方向，一邊重覆進行 **7～9** 的步驟 3～4 次。用手指按壓，若肉的側面硬度均一的話，就完成了。此時中心溫度的基準為 65°C。成品的熟度為五分熟（á point）。

煎烤小牛

北海道產 橡木小牛

主廚／**小島景**（ベージュ アラン・デュカス 東京）

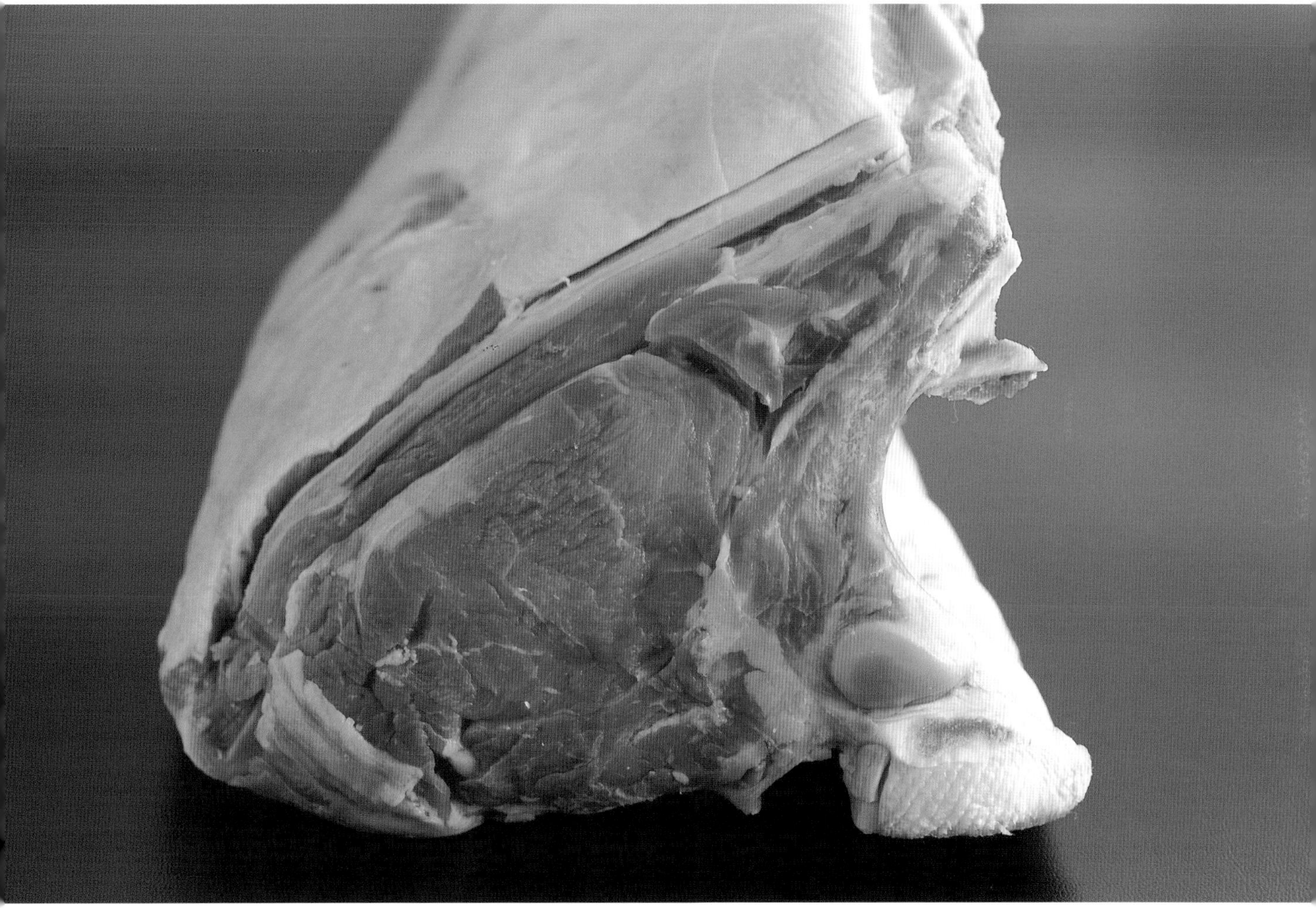

橡木小牛是北海道・芽室町的橡木葉牧場所飼養的小牛，月齡為 4 個月。該牧場會向當地十勝地區的農家採購剛出生的小牛，只使用無添加抗生素的奶粉來飼養。因此，雖然同樣都是國產，但小島景主廚說「吃牧草與穀物的小牛，肉的風味與顏色都不同」。當小島主廚在尋找「脂肪風味類似歐洲產小牛，香味會讓人聯想到牛奶，而且肉質柔嫩多汁」的小牛時，得知了這種小牛的存在，之後便持續使用這種小牛。依照情況，品種會有所不同，像是荷斯登牛、混種等，每周會採購 1～2 次從背部到腰部的新鮮半身肉。

肉的資料

產地：北海道
品種：荷斯登牛、混種
品牌：橡木小牛
月齡：約 4 個月
肥育方法：在牛舍中，只使用無添加抗生素的奶粉來飼養

透過國產食材來追求媲美歐洲產
白色小牛（white veal）的味道
透過鑄鐵鍋這種「傳統的加熱方式」來煎烤

由於我曾長期在歐洲工作，所以會用我熟悉的法國產小牛來當作評論的基準。理想小牛的條件為，肉質非常細緻，帶有獨特的牛奶風味與甘甜，也能感受到脂肪的美味。不過，由於我在日本做菜，所以我也想要使用優質的國產食材。

吃到北海道橡木小牛的瞬間，我驚訝地覺得「原來日本也有這種小牛肉啊」。肉質細緻且柔嫩多汁，這是只喝牛奶的白色小牛才有的牛奶風味，而且特別令人中意的是，脂肪的味道。這種小牛的脂肪很香，煎烤過後，溫和的甘甜與美味就會更加明顯。

正因為是這種肉質，所以要慢慢地加熱，最理想的方式為，整塊煎烤。而且，我認為，在烹調設備方面，鋼板瓦斯爐和鑄鐵鍋是很適合的選擇。舉例來說，將用平底鍋煎烤到上色的肉放入 200°C 的烤箱中加熱時，整塊肉會處於高溫之中。相較之下，只要將鑄鐵鍋放在鋼板瓦斯爐上加熱，溫和的熱氣就會積存在鑄鐵鍋中，該熱氣會將肉包住。結果，烤出來的肉就不會太緊實，而且柔嫩多汁。我認為，這種方法與「用暖爐來烤肉」、「用文火來將裝有蔬菜的鍋子慢慢加熱」這類法式家庭料理的做法是相同的。在這次的烤牛肉中，會透過餐廳風格的周詳工作流程來執行這種烹調法。

應注意的事項為加熱溫度。一開始，為了將表面烤到上色，所以會放在火力較強的鋼板瓦斯爐中央。之後，淋上慕斯狀奶油來加熱時，要移到火力較弱的邊緣。像這樣藉由改變鍋子的位置來調整溫度。另外一項重點為，將切肉時所取下的骨頭、邊角肉、筋也一起放入鑄鐵鍋中加熱，讓肉凝聚其美味。而且，還要利用附著在鍋底的精華（Suc）來製作醬汁，並塗在肉上。感覺就像是，將小牛的美味都匯集到一個鑄鐵鍋中。

烤小牛肉　佐菠菜和胡蘿蔔

這道烤小牛肉有效地運用了「只喝牛奶的小牛才有的牛奶風味與肥肉的美味」。透過鑄鐵鍋來將帶骨里肌肉慢慢地加熱，並將附著在鍋底的精華做成醬汁，塗抹在肉上。附上用鑄鐵鍋煎烤過的胡蘿蔔和菠菜，配菜上會淋上奶油醬汁。

配菜

❶在「切掉一部分莖的帶葉洋蔥（一種靜岡縣生產的洋蔥）、切成適當大小的去皮胡蘿蔔、帶皮的火蔥」上撒上鹽，並讓所有食材都沾上橄欖油。放入鑄鐵鍋中，在鋼板瓦斯爐邊緣火力較小處加熱，為了避免蔬菜燒焦，所以要時常攪拌鍋內食材。

❷將①的蔬菜加熱到某種程度後，就蓋上鍋蓋，進行蒸烤。要注意的是，中途要打開鍋子，攪拌食材，避免食材燒焦。

❸當步驟②的蔬菜變軟後，就倒掉裡面的油，加入小牛肉汁（JUS DE VEAU，省略解說），搖晃鑄鐵鍋，讓所有蔬菜都沾上醬汁。

❹將橄欖油倒入平底鍋中，放入菠菜，一邊用插著大蒜的叉子攪拌，一邊將菠菜炒軟。

奶油醬汁

將等量的鮮奶油和濃稠發酵奶油（Creme Epaisse）混合，煮到收汁，然後加入檸檬汁，攪拌均勻。

盛盤

將分切好的「烤小牛肉」盛盤。附上作為配菜的蔬菜。將小牛肉汁淋在肉上，蔬菜上則淋上小牛肉汁和奶油醬汁。

1 切出里肌肉

沿著肋骨，切出小牛（北海道產橡木小牛）的里肌肉。去除背骨、筋、血管。這種狀態的肉約為 400g。為了能均勻地受熱，要用風箏線將肉綁住，調整形狀，在兩面撒上鹽。

2 用鑄鐵鍋加熱

將加入了橄欖油的鑄鐵鍋放在鋼板瓦斯爐上，把肉放入鍋中。將在步驟 **1** 中去除的背骨、邊角肉、筋等食材切成大塊，和帶皮大蒜一起放入鍋中煎烤。

3

用中火～大火來煎烤肉的兩面，以及側面。等到整塊肉都上色後，暫時將以肉為首的所有食材取出，把剩下的油倒掉。

4 用慕斯狀奶油來加熱

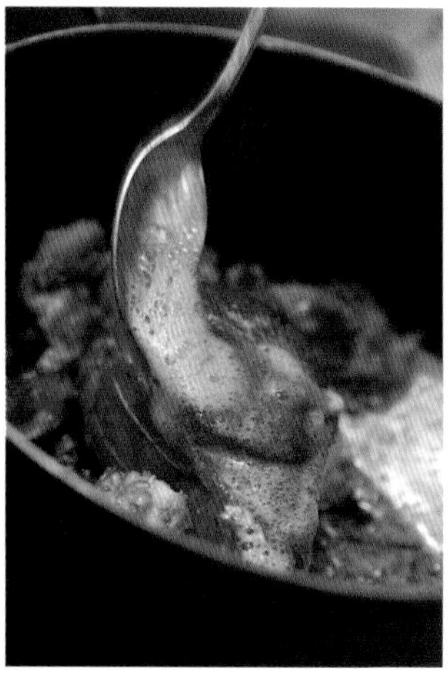

將奶油放入步驟 **3** 的鑄鐵鍋中加熱。等到奶油變成慕斯狀，就將剛才取出的肉和其他食材放回去。一邊將奶油淋在肉上，一邊慢慢地加熱。

5 靜置

當肉充分上色，並沾附奶油風味後（從開始烤算起，經過約 20 分鐘），將食材拿到網架上，在溫暖的場所靜置約 10 分鐘。途中，過了約 5 分鐘後，要將肉翻面。

6 製作醬汁

倒掉鑄鐵鍋中的油後，把里肌肉以外的食材放回鍋中。一邊在鋼板瓦斯爐邊緣加熱，一邊加入數次雞高湯（省略解說），使鍋底的精華融化。當湯汁煮到收汁後，進行過濾。

POINT

慢慢地煎烤較大塊的肉

小島主廚說「我認為小牛肉的美味關鍵在於脂肪」。
藉由慢慢地煎烤較大塊的肉，不僅能烤出美味的肉，也能帶出脂肪的美味與甘甜。
這次使用的是約 400g 的肉，據說，主廚在法國工作時，會煎烤 2 人份 600g 的肉塊，並在客人的座位旁分切肉塊。

7 將肉放回鍋中

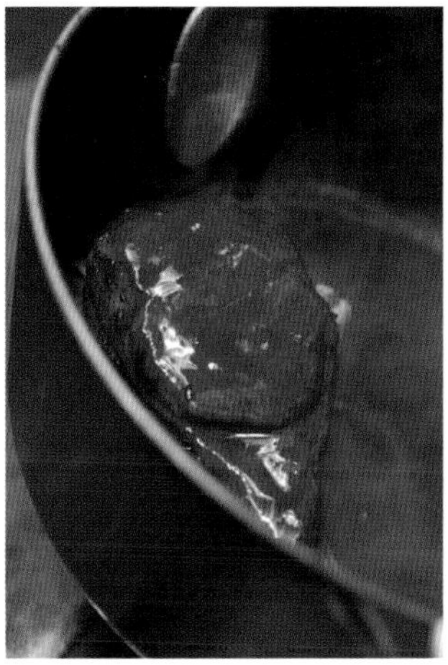

將過濾後的液體放入鑄鐵鍋中，用鋼板瓦斯爐加熱，加入小牛肉汁（JUS DE VEAU），做成醬汁。將已拿掉風箏線的里肌肉放回鍋中，讓肉充分沾附醬汁。

8 煎烤完成

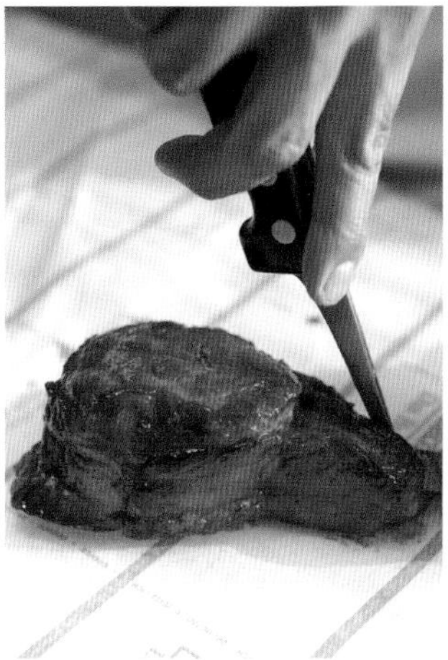

肉烤好後，去骨（如圖），將肉切成約 1.5 公分的厚度，盛盤。肉的表面會裹上醬汁，帶有光澤，切面會呈現粉紅色。

使用小牛的胸腺肉「ris de veau」

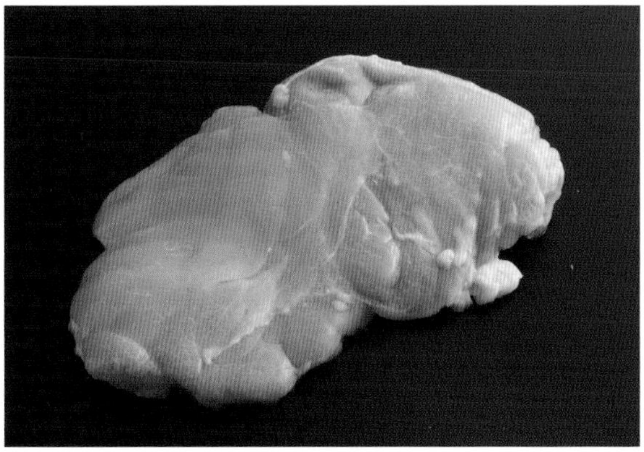

這是出生後約 1 年的小牛特有的內臟，胸腺肉（ris de veau）會隨著小牛的成長而變小。可分成兩個部位，靠近心臟的塊狀部位叫做「noix」，靠近喉部的管狀部位則叫做「gorge」。用水汆燙去除薄膜後，做成麥年煎肉排（meunière）或奶油燉肉（fricassée），是很具代表性的烹調方式。由於具備獨特的牛奶香氣與柔嫩口感，所以這種高級食材很受歡迎。順便一提，羔羊也同樣具有胸腺肉，被稱作「ris d'agneau」。

左圖／小島景主廚的「香酥小牛胸腺肉與春季蔬菜」。讓蓋著香草與生火腿的小牛胸腺肉裹上麵衣，用奶油煎成麥年煎肉排。
右圖／岸田周三主廚將油炸過的熱騰騰小牛胸腺肉搭配上芝麻菜風味的古斯米（semoule），做成一道沙拉。

煎烤小牛

法國產 小牛

主廚／**岸田周三**（カンテサンス）

2014 年，睽違了 12 年後，法國產小牛終於開放進口。這是一種很貴重的高級食材，具備細緻柔嫩的肉質與牛奶風味。岸田周三主廚使用的是，味道公認很好的奧貝克牛（Aubrac）與夏洛來牛交配而生的白色小牛。在隆格多克魯西雍（Languedoc-Roussillon）地區的山區，會餵母牛吃香草，只讓小牛喝母牛的牛乳，將小牛肥育到月齡 4 個半月。據說，主廚每週會採購一次一大塊里肌肉和大腿肉相連的肉（約 3 公斤），基於「最能感受到肉的纖維的細緻度與細膩風味」這項理由，所以主廚喜歡使用大腿肉。

肉的資料

產地：法國．洛澤爾省
品種：奧貝克牛（母牛）與夏洛來牛（公牛）的混種
月齡：約 4 個半月
肥育方法：在山區，餵小牛喝吃香草植物長大的母牛的牛乳。

小牛肉帶有牛奶風味，肉質柔嫩且細緻
不要將肉的表面煎烤到變硬
讓內部的肉柔嫩多汁

我在法國修業時，接觸到了小牛與白色小牛，對其滑順柔嫩的肉質與牛奶風味感到很驚訝。現在，我使用的是，隆格多克魯西雍產的小牛。肥育方法為，透過母牛的牛乳，將小牛養到約 4 個半月大。其中，我特別喜愛大腿肉（Quasi）。一般來說，雖然帶骨里肌肉（cote）很受歡迎，但我認為，肉質細緻的大腿肉更能夠直接地呈現小牛的風味。

小牛的肉幾乎沒有脂肪，相對地，含有很多水分，柔嫩多汁的原味是最棒的特色。因此，首先要思考的是，如何煎烤出能保留水分的肉。若用大火將表面煎烤到變硬，整塊肉就會失去水分，變得乾柴，破壞了難得的口感，所以不能使用 rissoler（將表面煎烤到上色，鎖住美味）這種手法。如同這次使用炭火來烤的重點在於，不要將表面烤到深褐色，而是要一邊烤，一邊流暢地翻面。感覺就像是，一邊讓沒有朝著熱源的那面休息，一邊緩慢地將肉的內部加熱。另外，在煎烤時，要將無鹽奶油塗在肉的表面上，防止肉變得乾燥，盡量減少水分流失。

不過，透過這種加熱方式，無論如何都無法呈現出的要素有一個。那就是「香氣」。我心想，是否有方法既能夠呈現柔嫩多汁的口感，同時也能呈現出勾起食慾的香氣。我得到的結論為，在燒紅的炭火中加入泥炭（peat），會使人聯想到蘇格蘭威士忌的煙燻香氣將肉包覆起來的手法。小牛原本就是風味較中性的食材。正因如此，我認為，在這種「增添香氣」的呈現手法中，蘊藏著各種可能性。

在小牛的儲藏方面，如果肉在沒有受到脂肪或筋的保護狀態下進行冷藏的話，就容易受損，所以要特別注意。分切肉塊時，在表面留下筋，等到要烹調前，再進行最後的清理步驟。若 2～3 天都不會使用時，可以將整塊肉吊掛在冰箱內，藉此方法，就能將損傷降到最少。

隆格多克產小牛　泥炭風味烤肉　艾拉島產蘇格蘭威士忌醬汁

使用備長炭和蘇格蘭產泥炭來烤沒有騷味且容易沾附香氣的小牛大腿肉。將擁有泥炭香味的艾拉島蘇格蘭威士忌和小牛清湯（consommé）混合，做成爽口的醬汁。
透過此醬汁，能讓喝牛奶長大的小牛肉獨特的奶香甘甜味變得更加突出。

艾拉島產蘇格蘭威士忌醬汁
將小牛清湯*煮到收汁，帶有濃稠感，加入少許蘇格蘭威士忌*，攪拌均勻，用鹽調味。由於蘇格蘭威士忌的香氣會消失，所以不用讓酒精成分揮發。

*小牛清湯（consommé）
將白色小牛（法國產）的骨頭、筋、邊角肉和芳香蔬菜、辛香料一起放入水中熬煮約 3 小時，做成肉汁清湯（bouillon）。在這裡，我加入了白色小牛絞肉和蛋白，去除雜質（clarifier）後，進行過濾。

*蘇格蘭威士忌
使用英國艾拉島產的波摩（Bowmore）威士忌（1968 年生產）。

沙拉
❶將西洋芹、菊苣、茴香切成適當大小。
❷將特級初榨橄欖油和香檳醋加進①、蝦夷蔥的花、烤過且切開的日本胡桃（Juglans ailantifolia），做成涼拌菜，用鹽調味。

盛盤
❶橫向地將「隆格多克產小牛　泥炭風味烤肉」切成 3 等分，撒上鹽。
❷將①盛盤，配上沙拉。淋上艾拉島產蘇格蘭威士忌醬汁。

POINT

仔細研究肉的品質

雖然是評價很高的法國產小牛，但是在進口過程中，還是可能會受損，像是因真空包裝的擠壓所導致的損傷等。
岸田主廚說「不要輕易地深信『法國產＝最高品質』這一點，我認為，採取確實地研究態度也是必要的」。

1 將泥炭撒在燒紅的炭上

將燒紅的備長炭移到烤肉架的前側，從上方撒上泥炭（蘇格蘭產），讓煙竄起。架上烤網，充分地加熱。

2 開始烤大腿肉

將整塊切成 3 人份（約 340g）的小牛（法國產）大腿肉都塗抹上特級初榨橄欖油，放在已加熱的烤網上。為了避免水分從肉中流出，鹽要在烤好之後再撒。

3 不要烤到上色

脂肪含量很少的小牛肉只要一失去水分，就會立刻變得乾柴。為了避免這種情況發生，所以要頻繁地翻面，平穩地加熱，讓表面的顏色不要烤到太深。

4

在烤其中一面時，讓剩下的五面休息。按照這種方式，依序燒烤六個面。反覆地進行這項步驟，慢慢地將肉加熱。

5 將無鹽奶油塗在表面

當肉的表面變乾時，就要塗上融化的無鹽奶油，保護肉塊。有鹽奶油會促使水分流出，味道的平衡也會遭到破壞，所以不使用有鹽奶油。

6 靜置

從開始烤算起，經過約 10 分鐘後，當肉的表面膨脹起來時（如圖），就將肉移到距離炭火約 30 公分的烤肉架上層，讓肉休息約 5 分鐘，使熱能傳到肉的內部。

7 煎烤完成

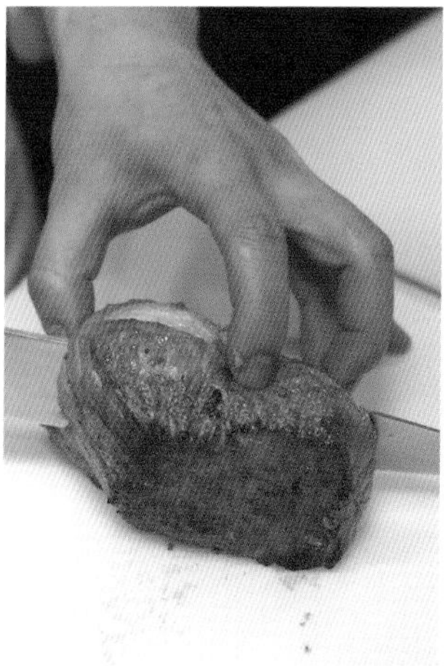

將肉放回烤肉架下層，將表面加熱，這樣就烤好了。沿著肌肉纖維，水平地將烤好的肉切成三等分。在表面撒上鹽，盛盤。

法國產 布列斯雞

主廚／**高良康之**（銀座レカン）

法國中東部的布列斯地區以生產最高級的雞而聞名已久。餵食此地所生產的玉米等穀物與乳製品而培育出來的就是布列斯雞。肉色很白，整體來說脂肪肥美，肉質柔嫩。在飼養期間方面，一般的若雞（Poulet，出生後 3 到 5 個月的雞）為 16 週。肥育雞（poularde）為 20 週。閹雞（chapon）則要確實養到 32 週。以若雞的情況來說，會從出生後第 35 天開始進行放養，最後放入籠子內約 1 週後，便會進行屠宰（照片為 2015 年 6 月時所拍攝。從同年 11 月開始，受到禽流感的影響，停止進口到日本）。

肉的資料

產地：法國‧布列斯地區
品種：布列斯雞（Bresse Gauloise）
月齡：4 個月以上
肥育方法：在小屋內飼養（餵食玉米、小麥、乳製品等）與放養。最後會放入籠子內進行肥育。

有效地運用鋁箔紙
讓整隻雞平均地受熱
烤出風味絕佳的柔嫩肉質

法國・布列斯地區生產的若雞擁有濃郁的滋味和柔嫩多汁的肉質，這種魅力是其他品種難以取代的。我認為很適合用來當作餐廳的主菜，而且應該也有很多廚師都希望能再次開放進口吧！

雖然想要發揮雞肉的原味，烤出風味絕佳的肉質，但由於全雞的形狀凹凸不平，所以很難均勻地加熱。再加上，肉質不同的大腿肉與胸肉的易熟程度也不同。因此，在加熱前，要用線將雞肉綁成「箱型」，盡量製造出平坦的表面。藉由此做法，就能一邊換面，一邊均勻地將整隻雞加熱。

另外，由於全雞的厚度很厚，需要花時間才能使內部熟透。在長時間的加熱過程中，表面會慢慢地變乾。這次，我將平常會丟棄的頸部與內臟周圍的黃色油脂取下，放入鍋中加熱，運用從中萃取出的油脂。一開始，一邊使用該油脂來進行油淋法（arroser），一邊煎烤，藉此來讓雞肉沾附上油脂的香氣，進行保濕。在放入蒸氣烤箱前，使用料理刷將此油脂塗在整隻雞上，讓風味更進一步地提升，烤出柔嫩多汁的肉質。

主要加熱方式為蒸氣烤箱，會將爐內溫度設定為 180°C，蒸氣量設定為 100%。藉由一邊烤，一邊讓雞肉接觸蒸氣，就能防止表面變得乾燥，也能防止「整體因受熱而縮成一團」的情況發生。反覆地進行加熱與靜置後，要確認大腿肉與胸肉等各部位的中心溫度。基準約為 63°C，若溫度不夠高的話，就先用鋁箔紙將容易受熱的胸肉包住以避免過度加熱，然後再加熱約 3 分鐘。

當每個部位的中心溫度都達到 65°C 後，就用鋁箔紙將整隻雞蓋住，進行保溫。最後，在已將橄欖油和奶油加熱的平底鍋中，一邊使用油淋法（arroser），將雞皮烤到酥脆，一邊烤出香氣，突顯「與肉的柔嫩多汁口感之間的對比」。

烤法國布列斯產若雞
塊根芹菜泥與
芥末醬汁

在客人面前展示烤好的全雞後，在廚房內切出大腿肉和胸肉，盛盤。附上塞入雞肉腹部內烤，吸收了其精華的法式長棍麵包，徹底地展現了整隻雞的美味。附上白芹菜的葉子、透過高效能油脂轉換粉（MALTOSEC）製成的迷迭香油粉末，增添清涼感。

塊根芹菜泥

❶去皮，將切成滾刀狀的塊根芹菜放入鍋中，倒入剛好能蓋過食材的牛奶，加鹽，煮到食材變軟。
❷將①和少量的湯汁一起放入攪拌機中打成泥，並進行過濾。
❸將②再次放回鍋中加熱，加入鮮奶油和鹽來調味。

芥末醬汁

❶拍打雞骨和雞脖子後，放入平底鍋中炒，放入切成薄片的大蒜和火蔥，再次拌炒。
❷將白酒醋、白酒加入①中，煮到收汁。
❸將雞的肉汁清湯、雞高湯（解說都省略）、番茄糊加到②中，煮約 30 分鐘後，用錐形濾網來過濾。
❹將③放入鍋中加熱，用鹽和胡椒來調味。加入顆粒芥末醬和迷迭香油（省略解說），便完成。

盛盤

❶將橄欖油倒入平底鍋中，將切成兩半的法式長棍麵包（從雞腹部中取出）、大蒜、迷迭香煎到上色。將法式長棍麵包放在廚房紙巾上，去除油分，撒上黑胡椒，刨一些孔泰奶酪撒在麵包上。撒上切碎的巴西里。
❷將塊根芹菜泥鋪在盤子上。上面放上步驟①的法式長棍麵包，擺上分切好的「烤法國布列斯產若雞」的大腿肉和胸肉。從上方淋上芥末醬汁，放上煮過且去膜的毛豆、白芹菜的葉子。撒上迷迭香粉末（省略解說）。

1 事先將雞肉處理好

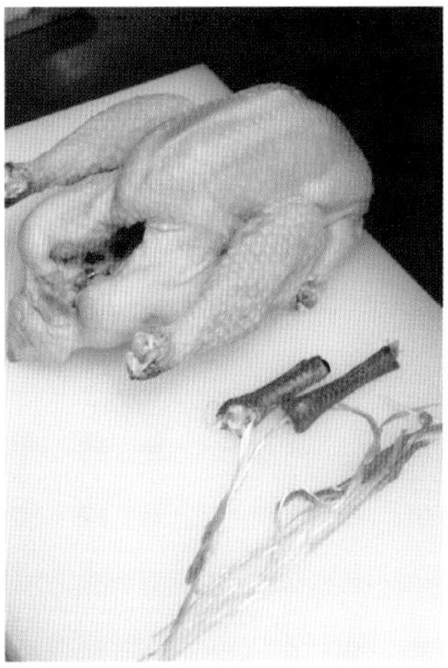

準備一隻去除了脖子、雞腳的雞（法國產布列斯雞），切除雞翅。從腿部和腳尖的交界切開，一邊將腿部上的肌腱也一起拉出來，一邊將腳尖切斷。

2

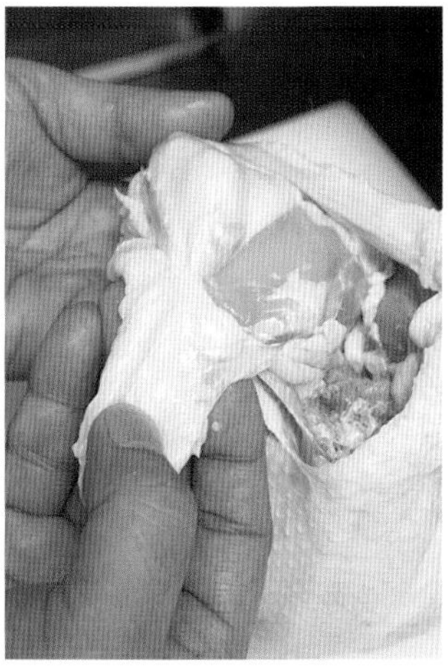

一邊將鎖骨附近的肉削掉，一邊取下。用料理噴槍來炙燒整個表面，將汗毛燒掉。用手取下頸部與內臟周圍的黃色油脂。

3 萃取出油脂

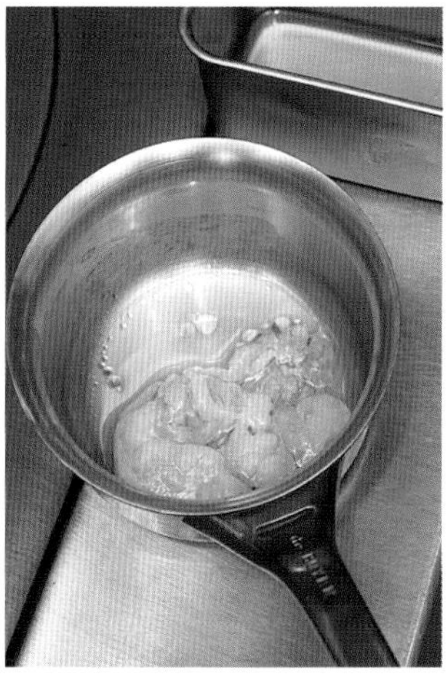

將在步驟 **2** 取下的黃色油脂和少量的水放入鍋中，用文火加熱。由於不久後會產生透明油脂，所以要進行過濾，放入其他容器，然後放入冰箱備用。

4 抹上鹽

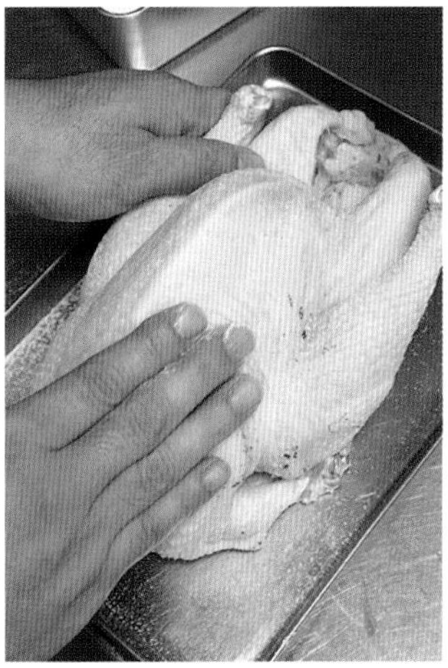

抹上份量為雞重量 1.2%的鹽。讓鹽充分滲透到腹部內側。由於烤好時，會有燒焦味，所以不撒上胡椒。

5 塞入法式長棍麵包

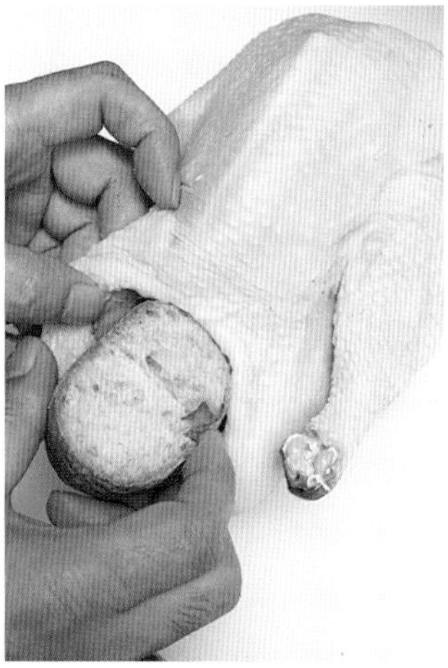

為了增添風味，將大蒜、迷迭香塞進步驟 **4** 的雞腹部內。也同樣塞入用來當作配菜，且切成薄片的法式長棍麵包。

6 調整形狀

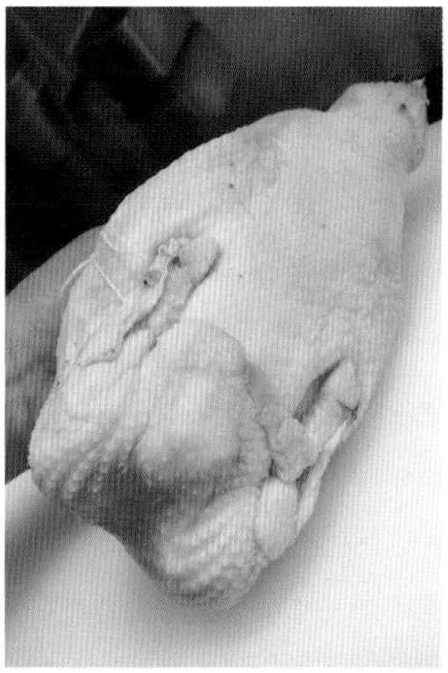

用風箏線將雞綁住，調整形狀。為了盡量讓雞翅和腿部的凹凸處變成平的，所以要一邊拉住腿部，一邊綁。由於想要煎烤整個面，所以會將形狀調整成箱形。

7 用平底鍋煎

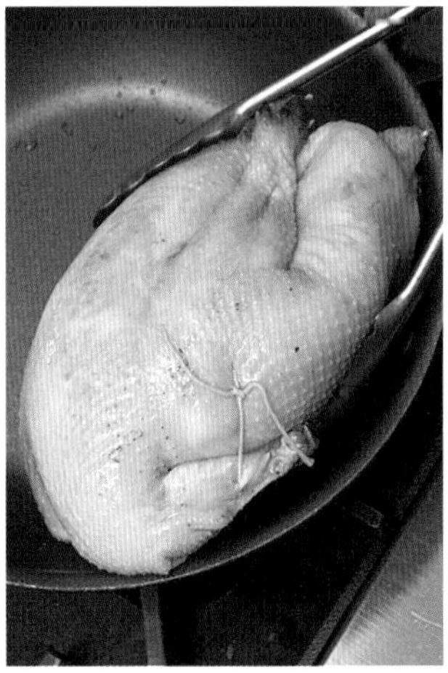

將在步驟 **3** 中所儲藏的油脂上層的清澈部分舀起，放入平底鍋中，用中火加熱，煎烤雞肉表面。煎到「整體都稍微上色，並帶有油脂的香氣」即可。

8

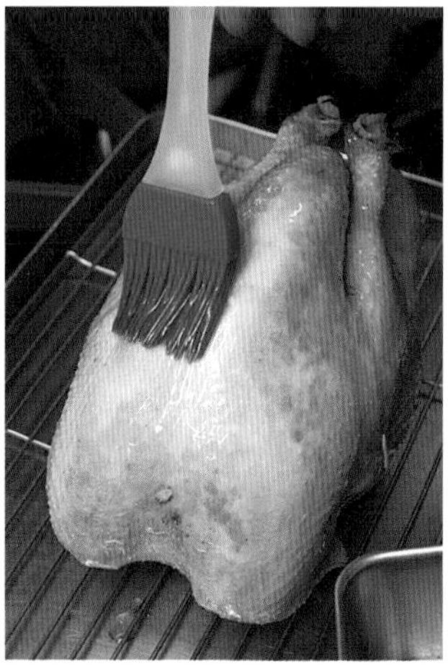

從平底鍋中取出雞肉，放在已架上烤網的調理盤上，用料理刷在整隻雞表面塗上步驟 **3** 的油脂。高良主廚說「目的在於，讓外皮裹上一層雞的油脂香氣，提升風味」。

9 用蒸氣烤箱烤

將雞肉連同架上烤網的調理盤一起放入蒸氣烤箱中烤約 10 分鐘，爐內溫度設定為 180°C，濕度設定為 100%。一邊用蒸氣來包覆雞肉，一邊加熱，藉此就能烤出柔嫩多汁的肉質。

10 反覆加熱與靜置

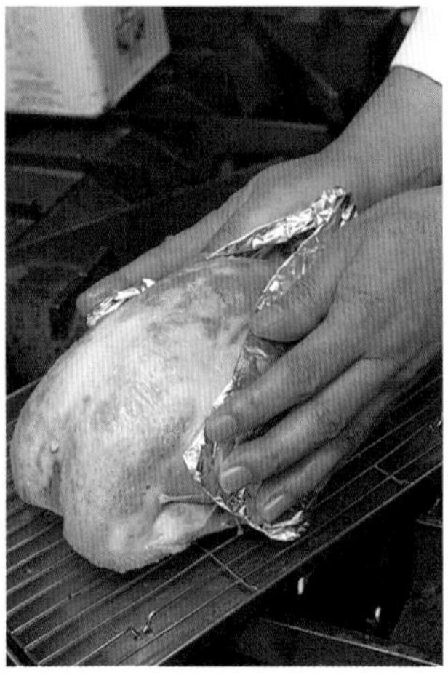

只在不易熟的大腿肉側包上鋁箔紙，放在溫暖的場所靜置 10 分鐘。讓雞肉休息過後，兩邊側面也要透過蒸氣烤箱來加熱，並讓肉靜置，這兩道步驟各進行 3 分鐘。

11 確認中心溫度

插入金屬籤，確認溫度。確認「容易熟的部分、不易熟的部分」這兩者的溫度，當兩者達到相同溫度（約 63°C）後，就能完成「使用蒸氣烤箱來加熱」的步驟。

12

如果某些部分不夠熟的話，就先用鋁箔紙包住容易熟的胸肉，再放進蒸氣烤箱中加熱 3 分鐘。

POINT

在雞的體內塞入食材，使其吸收雞肉美味

關於「將法式長棍麵包等食材塞進雞的腹部內」這項手法，
高良主廚說「我在法國修業時，看到主廚用此方法來製作自己的員工餐，便學了起來」。
讓法式長棍麵包大量吸收加熱時容易流出的雞肉汁，
並在上菜前，將麵包烤到酥脆。

13 靜置

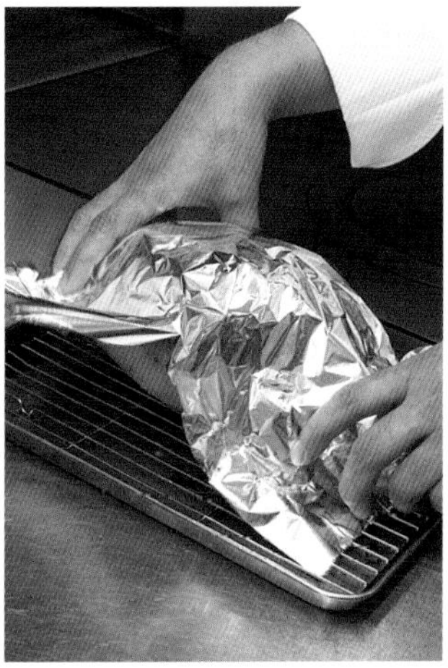

用鋁箔紙輕輕地將整隻雞蓋住，防止雞肉變乾，然後放在鋼板瓦斯爐旁邊比常溫高的位置，靜置約 5 分鐘。

14 用平底鍋進行最後加熱

在平底鍋中放入橄欖油和奶油，用中火加熱，煎烤雞的表面。一邊進行油淋法，一邊讓整隻雞沾附香氣。將表面烤成酥脆的金黃色。

15 取出法式長棍麵包

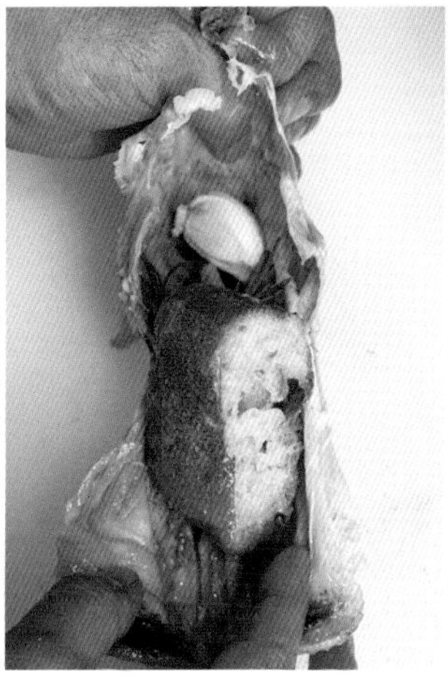

剪斷風箏線，從腹部取出法式長棍麵包、大蒜、迷迭香。依照用途來進行最後的烹調（參閱 48 頁）。

16 煎烤完成

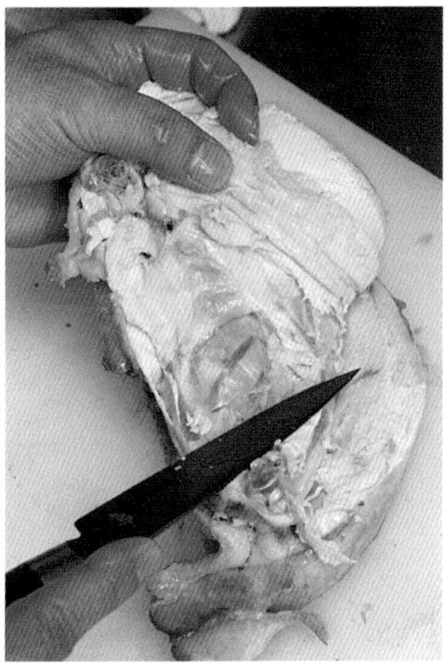

用刀子在烤好的雞肉背部劃出十字。確認大腿根部等不易熟的部位是否也有均勻地加熱。煎烤完成時的中心溫度大致上為 65°C。

煎烤雞肉

福島縣產 伊達雞

主廚／**岸本直人**（ランベリー　Naoto Kishimoto）

伊達雞是福島縣福島市與附近的簽約農場一起飼養的品牌雞。基本品種為羅德島紅雞，使用含有 50%以上穀類的無抗生素飼料來飼養。在地面上飼養，平均每坪飼養隻數在 50 隻以下，紅毛雞要符合「飼養日數在 40 日以上」這項基準才能出貨。肉質比肉雞來得有咬勁，比軍雞（Shamo）來得柔軟——岸本直人主廚說，這種「良好的平衡度」正是其特色。另外，主廚還說，供應量穩定，有不同尺寸可選擇，價格實惠到讓人能在午餐時段供應，這些也都是選擇使用這種雞的關鍵因素。

肉的資料

產地：福島縣福島市、其他
品種：Hubbard REDBRO（有 87.5%以上的羅德島紅雞血統）
日齡：40 天以上（伊達雞 20）、60 天以上（伊達雞 30、伊達雞 33）
肥育方法：在地面飼養，使用玉米、高粱、菜籽油粕、大豆油粕、動物性油脂來當作飼料。

皮要烤到很酥脆
肉要烤到均匀且柔嫩多汁
是一道細膩的「炭烤料理」

這次，我將福島縣產的「伊達雞」做成了炭烤料理。肉的味道輕盈爽口，外皮和脂肪層很薄。我的目的在於，透過炭火才有的香氣來引出伊達雞的原味。說到炭烤雞肉的話，大家的印象就是豪邁，但我卻想要將其作成「違背大家期待的料理」，我的目標為，將炭烤時間控制在很短，做出很有餐廳風格的細膩雞肉料理。

炭烤料理的特徵在於，熱能傳遞方式既有效率又迅速。一大優點為，由於只需很短的加熱時間，所以水分不易流失，且能均勻加熱食材，呈現多汁口感。再加上「燒烤過程很有趣」這項理由也很重要呢（笑）。一邊思考烤肉架火力的強弱，一邊隨時調整肉的位置，慢慢地達到理想的火候——這種既傳統又原始的過程，對於廚師來說，是一種在其他加熱方法中找不到的奢侈樂趣。

雖然也能直接將整隻雞拿去烤，不過由於胸肉與大腿肉的加熱速度不同，所以想要追求更細膩的熟度，就要分切成各個部位，分別加熱，這就是不會失敗的秘訣。這次，我將胸肉與大腿肉分開，並事先讓兩者的表皮風乾，去除水分，而且還將重物壓在肉上，一邊去除多餘油脂，一邊用炭火烤。話雖如此，表皮側與肉側放在烤肉架上的時間都僅有約 1 分鐘。之後，就將肉靜置在鋼板瓦斯爐上，讓熱能慢慢地滲透。藉由這樣的做法，除了能得到酥脆的外皮與飽滿多汁的肉之外，還能使其沾附煙燻香氣，讓人感受到炭烤料理的風味。

若要再舉出另一項重點的話，那就是，用炭火燒烤前，要先讓肉的中心與外側維持一定的溫度。這就是所謂「讓肉恢復常溫」的步驟，我會讓肉浸泡在 59°C 的油中，將整塊肉加熱。如此，就能烤出更加均勻且穩定的肉。

炭烤伊達雞
附上萬願寺辣椒醬汁
蕪菁醬汁

在這道料理中，會讓分別燒烤而成的碳烤雞胸肉與雞大腿肉，看起來彷彿在蕪菁醬汁中漂浮。將萬願寺辣椒風味的肉汁（jus de viande）煮到濃稠，做成醬汁。將此醬汁大量地塗抹在烤到酥脆的外皮上。與淺色調的果菜醬汁一起優雅地盛盤，呈現出細膩的風格。

萬願寺辣椒醬汁

❶將萬願寺辣椒直接放入 170°C 的橄欖油中炸，然後放入冰水中冷卻。
❷將切成小方塊狀的①放入肉汁（jus de viande，省略解說）中煮到收汁，將風味轉移到肉汁中。
❸將②過濾後，去掉萬願寺辣椒。再次放回鍋中加熱，煮到帶有濃稠感

蕪菁醬汁

❶蕪菁去皮後，用鹽水汆燙。切成適當大小後，放入攪拌機中打成泥狀。
❷將家禽高湯（Bouillon de volaille，省略解說）加到①中，進行稀釋。用鹽和胡椒來調味。

盛盤

❶在經過分切的「炭烤伊達雞」的胸肉與大腿肉塗上萬願寺辣椒醬汁，再將切碎的油封青色香橙果實*放在肉上。
❷將蕪菁醬汁倒入容器內，放上步驟①的胸肉與大腿肉。放上經過汆燙且沾附了特級初榨橄欖油的野蘆筍（Asperge Sauvage），用切成細絲的青色香橙皮、白蘿蔔花、蒔蘿花來當作裝飾。滴上特級初榨橄欖油。

*油封青色香橙果實
把青色香橙果實煮成漿後所製成。

1 讓雞皮風乾

將雞（福島縣產伊達雞）肢解，切除胸肉和大腿肉。放入冰箱內靜置 1 小時，使其風乾。由於想要只讓皮的部分變乾，所以要事先用保鮮膜將肉的部分整個包住（照片下方）。

2 用油浴法來加熱

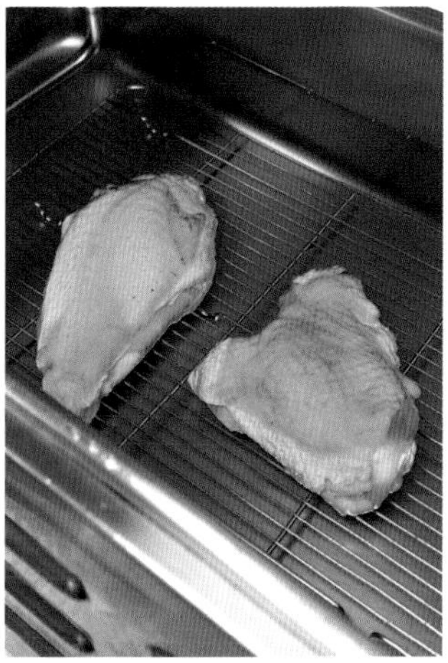

拿掉雞肉的保鮮膜後，沿著骨頭切，讓大腿肉變得容易受熱。放入 59°C 的油中 15 分鐘，提升整體的溫度後，用廚房紙巾充分地去除油分。

3

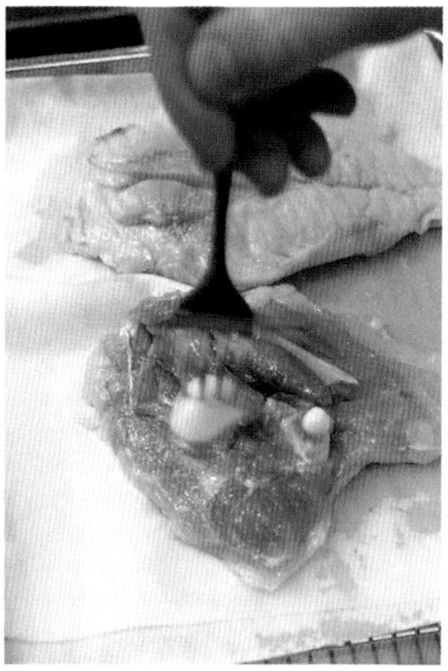

從步驟 **2** 的胸肉中切出下脯肉（這次只使用胸肉和大腿肉）。在胸肉與大腿肉撒上鹽和胡椒，使用切成兩半的大蒜來摩擦肉和皮，使其沾附香氣。

4 將炭火點燃

調整炭床。將耐燒的「持久性較高的炭」放在烤肉架下層，上層則擺放能呈現較強火力的「具有爆發力的炭」，然後點火。

5 開始烤

在烤肉架上裝上烤網，首先以皮朝下的方式，將步驟 **3** 的雞胸肉放在燒熱的炭火正上方。

6

用碗將烤網上的肉蓋住，烤約 1 分鐘。將肉翻面，移到距離炭火較遠的文火處來烤有肉的這面，烤約 1 分鐘。為了避免肉較薄的部分變乾，所以要經常移動肉的位置。

POINT

將炭火加熱的時間控制在極短的時間內

為了透過炭烤來呈現「細膩」，而非「豪邁」，
所以兩面加起來的燒烤時間不到 2 分鐘。
正因為有事先讓表皮風乾，並使用油浴法來提升中心溫度，才能實現這種加熱方式。

7 烤大腿肉

依照與烤胸肉相同的訣竅，從大腿肉的外皮先烤。不過，由於要將骨頭周圍烤熟，所以燒烤時間會比胸肉略長（兩面各烤約 1 分半）。只要使用略重的重物，就能去除多餘的油脂。

8 透過鋼板瓦斯爐來加熱

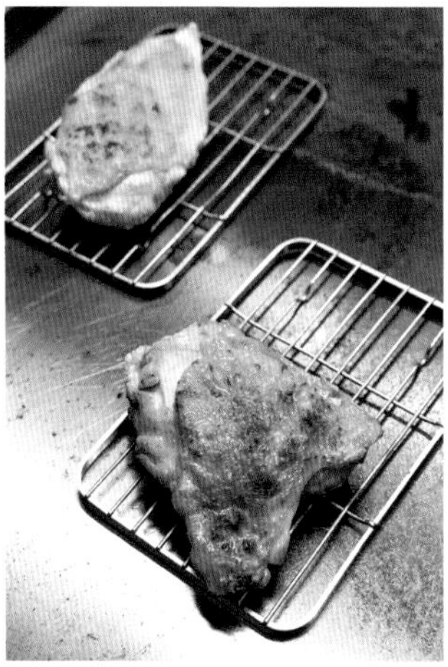

在鋼板瓦斯爐的文火處放上烤網，再放上胸肉和大腿肉，一邊靜置約 5 分鐘，一邊轉移熱能。此時，若用鋁箔紙等物將肉包住的話，外皮就會失去酥脆感，所以不用包。

9 迅速地用炭火來烤

讓肉休息的期間，加熱進度會達到 80～90%。最後，用火力很大的炭火，迅速地烤兩面，提升已下降的表面溫度。

10 燒烤完成

將烤好的胸肉與大腿肉切成 2 公分寬。烤出來的肉不乾柴，熟度均勻且多汁。烤到「大腿肉的骨頭周圍稍微留下一點紅色」的狀態即可。

11 將醬汁塗在表皮上

將油炸過的萬願寺辣椒的香氣轉移到肉汁（jus de viande）中，煮到收汁後，即可作為醬汁（參閱 54 頁）。使用料理刷，將此醬汁塗抹在胸肉與大腿肉的表皮上。

煎烤鴿肉

法國・布列斯產 乳鴿

主廚／**飯塚隆太**（レストラン リューズ）

2017 年停止進口法國產的雞鴨，鴿子肉因為餐廳的訂購而導致需求變高。鴿子的情況與雞不同，可以採取「由鳥爸媽來撫養經由人工孵化的雛鳥」這種飼養方式，而且可飼養的隻數很有限，所以被當成高級食材來販售。法國西部的旺代省（Vendée）和拉坎（Racan）是主要產地。依照大小，可以分成鴿子、乳鴿，進口到日本的主要為後者。乳鴿的飼養天數約為 30 天。重量達到 500g 就會出貨。另外，依照屠宰方式，可以分成讓鴿子窒息的窒息式屠宰法（étouffée），以及會進行放血處理的放血式屠宰法。藉由放血，鴿子體內的血會流動，能夠突顯含有許多鐵質的風味。

肉的資料

產地：法國布列斯地區
日齡：約 28～32 天
肥育方法：一間小屋內會飼養 20 對鳥爸媽。鳥爸媽會用嘴巴來將以穀物為主的飼料餵給雛鳥。會餵食少量的蠶豆來補充養分。

為了不破壞乳鴿的柔滑口感，所以要運用鑄鐵製平底鍋。搭配使用烤箱，就能烤出柔嫩多汁的肉質

法國布列斯產的乳鴿採用窒息式屠宰法（étouffée），其魅力為，會讓人聯想到血的濃郁滋味，以及柔嫩多汁的紅肉。不過，由於整隻乳鴿僅有約 500g，所以在燒烤時，若急遽地加熱，肉質就會變得乾柴……許多人應該都有過這種經驗吧。

想要將乳鴿烤成玫瑰色的話，建議使用鑄鐵製平底鍋。由於要將平底鍋本身加熱就需要花一些時間，但透過內部的材質，熱能可以慢慢地傳遞，而且加熱後也不易冷卻，所以可以穩定地加熱。直徑 20 公分的鍋子，重量約為 1.5 公斤，雖然也有不易使用的一面，但正因為有這種重量與厚度，才能夠創造出「高保溫性、可以溫和地加熱」這些優點。

具體的加熱步驟為，先將已經用線綁住並調整好形狀的乳鴿放入鑄鐵製平底鍋內煎烤。當表面變熱後，就將乳鴿連同平底鍋一起放入烤箱內，反覆進行加熱與靜置，讓熟度達到八～九分熟。然後再將乳鴿肢解，只要用鐵板來煎烤，就能烤出酥脆的外皮與柔嫩多汁的肉質。

一開始使用鑄鐵製平底鍋的首要目的為，進行「溫和的加熱」。首先，盡量以固定的速度來慢慢提升溫度，藉此來減少對肉造成的負擔。在讓溫度保持穩定的狀態下將肉翻面，一邊進行油淋法，一邊加熱。

由於我的目的是將整體均勻地加熱，所以此時不需要焦香的金黃色。而放入烤箱的目的在於，一邊保持溫度，一邊以更有效的方式將整體慢慢地加熱。

另外，第一次放入烤箱加熱後，要將肉從平底鍋中移到派盤上，這是因為之後不需要保留很高的熱能。藉由使用較輕且好拿取的派盤，就能順利地進行之後的步驟。

布列斯產 烤乳鴿
附上馬鈴薯玉棋與
包了內臟的突尼西亞炸春捲
（Brick）

這道菜包含了乳鴿的胸肉與大腿肉，外皮很香，肉質柔嫩多汁。配菜是包入了油封乳鴿內臟，並烤得很酥脆的突尼西亞炸春捲、口感 Q 彈的馬鈴薯玉棋，以及爽脆的摩洛哥四季豆。使用以乳鴿的肉汁為基底所製作而成的清爽醬汁來整合這道菜的風格。

醬汁
將鴿子肉汁（省略解說）加熱，加入乳鴿煎烤油*。

*乳鴿煎烤油
製作肉汁時，取出將乳鴿骨頭煎烤到很香的油備用。

包了內臟的突尼西亞炸春捲（Brick）
❶將鹽撒在乳鴿的心臟、砂囊、肝臟上，塗上大蒜和百里香，醃漬一晚。
❷擦拭①的表面，用 80°C 的沙拉油加熱 30 分鐘，進行油封。
❸待②冷卻後，切成 5mm 大的塊狀，加入切碎的豬五花肉、蘑菇松露醬（省略解說）、切碎的巴西里，進行攪拌。
❹將③放在突尼西亞炸春捲上，包成三角形。
❺在已加熱的鐵板上鋪上一層沙拉油，放上④，一邊翻面，一邊將整體煎烤成淡褐色。

摩洛哥四季豆
用鹽水汆燙摩洛哥四季豆。切成適當大小，在鐵板上用奶油嫩煎。

盛盤
❶將「布列斯產　烤乳鴿」的胸肉和大腿肉盛盤，淋上醬汁。
❷附上包了內臟的突尼西亞炸春捲、馬鈴薯玉棋（省略解說）、摩洛哥四季豆，用拌過油醋醬（省略解說）的野生芝麻菜來裝飾。

1 在乳鴿上撒鹽並用風箏線綁起來

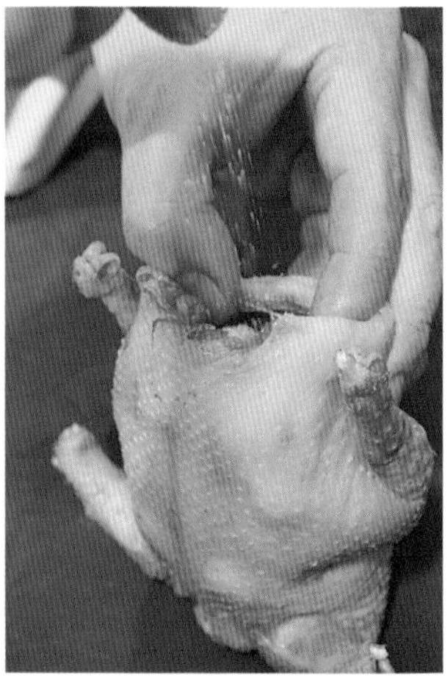

取出乳鴿（法國・布列斯產）的內臟（內臟要用來製作配菜），擦掉血和髒汙，在腹部內撒上鹽和胡椒，放入大蒜和百里香後，綁起來。在表面塗上沙拉油，撒上鹽。

2 用鑄鐵製平底鍋來煎烤

將略多的沙拉油鋪在鑄鐵製平底鍋內，用中火加熱，一邊按住乳鴿的頸部附近，一邊煎烤，不要讓頸部的表皮變得捲曲。當整個平底鍋變燙後，就將火轉弱。

3

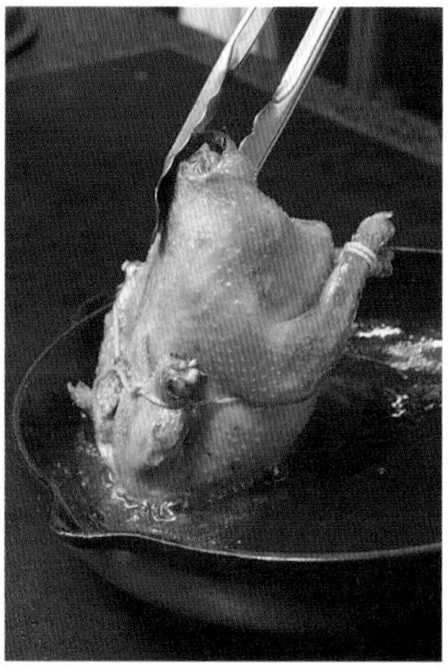

中途，一邊使用油淋法，一邊依序地煎烤「胸部的上側與下側的左右兩面，以及背面」這五個面。此時，要利用平底鍋側面的鍋緣等，將整隻乳鴿均勻地加熱。

4 將熱油倒入乳鴿腹部

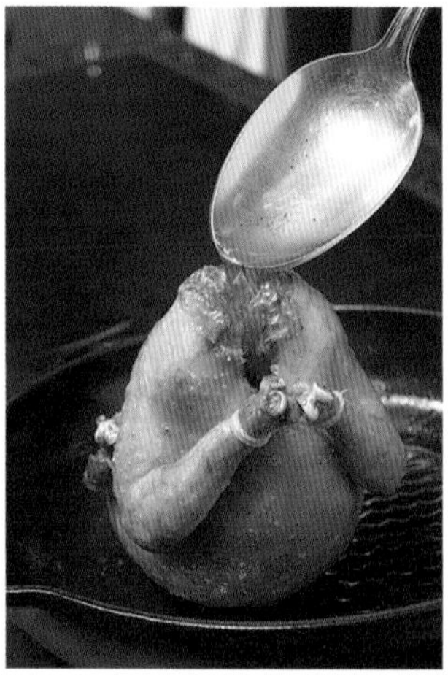

要重點式地對大腿與翅膀等不易熟的部分使用油淋法。將整體加熱到某種程度後，將熱油倒入腹部內，讓熱能也能從內側傳遞。使用平底鍋的加熱時間約為 4 分鐘。

5 連同平底鍋一起放入烤箱

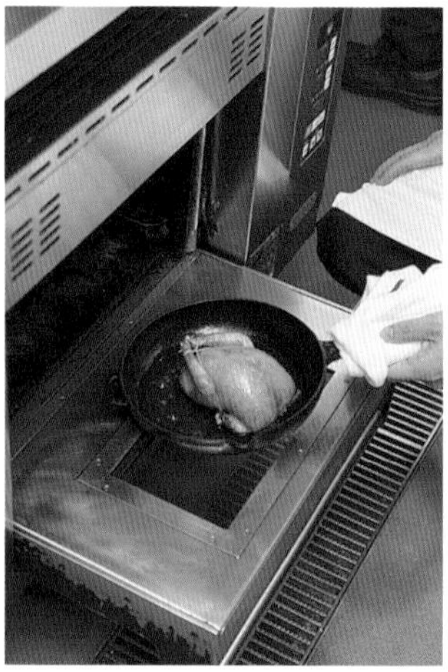

將整體都煎烤到上色後，就連同平底鍋一起放入 185°C 的烤箱內，加熱 3～4 分鐘。以被設定為目標的玫瑰色成品來說，目前的進度為 50～60%。

6 在溫暖的場所靜置

從烤箱中取出，放在溫暖的場所靜置 4～5 分鐘。此時，要在派盤內擺放一個鋁箔紙底座，然後再將乳鴿放在底座上。要讓胸部朝下，使肉汁能集中於胸部。

POINT

使用鑄鐵製平底鍋

將融化的鐵倒入模具中而製成的鑄鐵製平底鍋。
其鍋身很厚，蓄熱性高。因此，熱能的傳導方式較為溫和，
一旦溫度上升後，也不易冷卻，
不會使食材產生急遽的溫度變化，能夠穩定地加熱。

7 再次放入烤箱

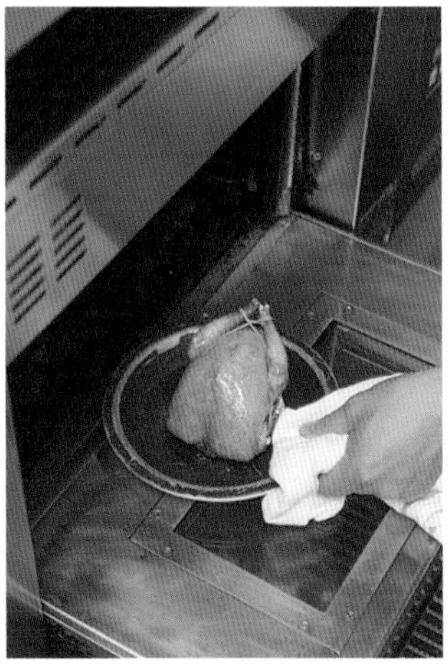

讓胸部朝上，連同派盤一起放入 185℃ 的烤箱，加熱 2～3 分鐘。接著，讓胸部朝下，放在溫暖的場所靜置 3～4 分鐘，讓加熱進度達到約 80%。不過，腿部還處於有點生的狀態。

8 去除腿部

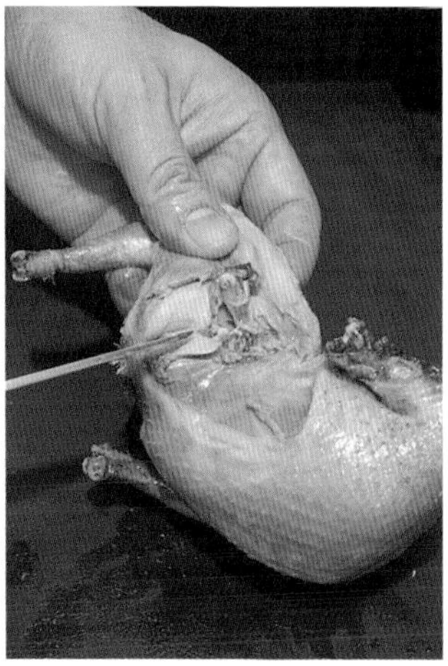

拆掉風箏線，將大腿肉切出來，用鐵板煎烤表皮，讓大腿肉的加熱程度也達到約 80%。用刮刀將往上翹的部分壓在鐵板上烤。清理腳尖部分，拔除腳跟的骨頭。

9 將身體部分再次放入烤箱

只將身體部份放回烤箱烤。讓胸部朝上，連同派盤一起放入 185℃ 的烤箱，加熱 2～3 分鐘。在此階段，要讓加熱進度達到約 90%。

10 進行分切

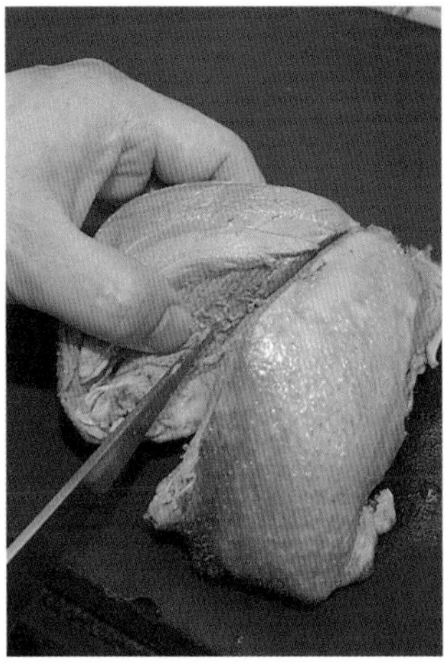

沿著胸骨的突起部分切下去，從切口將胸肉取下。柔嫩多汁的肉帶有鮮明的粉紅色，由於經過穩定的加熱，所以肉汁處於不會滲出的穩定狀態。

11 撒上鹽和胡椒

將鹽和胡椒撒在胸肉和大腿肉，大腿肉的表皮也撒上鹽。由於胡椒容易燒焦，所以在之後要用奶油香煎的表皮上，先不撒胡椒。

12 煎烤外皮進行最後加工

在已加熱的鐵板上鋪上一層沙拉油，以外皮朝下的方式，煎烤大腿肉和胸肉。加入奶油，用刮刀輕輕地按壓，將整個外皮烤到焦香酥脆。在表皮撒上胡椒。

飯塚主廚所使用的 20 公分平底鍋為法國 STAUB 公司的產品。

煎烤鴿肉

法國・都蘭產 乳鴿

主廚／**中原文隆**（レーヌ デ プレ）

以鴿子產地而聞名的拉坎（Racan）村位於法國西部的羅亞爾省。這隻經過窒息式屠宰法（étouffée）處理的乳鴿便是來自該處。包含內臟在內，重量約為 500g，肉質軟嫩、柔滑。「雖然是人工飼養的鴿子，但其血液的濃郁風味卻會讓人聯想到野生味道」中原文隆主廚如此說道。一到貨後，中原主廚便用料理噴槍將羽毛燒掉，並將乳鴿分切成帶骨的胸肉（bateau）和大腿肉，去除心臟、肝臟、砂囊、肺部。據說，由於這些內臟和血液容易受損，所以要當場打成糊，以冷凍方式保存。

肉的資料

產地：法國・都蘭
日齡：平均 28 天
肥育方法：在小屋內，鳥爸媽主要會用嘴巴來餵食玉米等穀物，將雛鳥養肥。

透過低溫烹調，將胸肉煎烤到柔嫩多汁，處理大腿肉時，要運用肌肉纖維的粗細度，做成非常美味的油封料理

在家禽中，我有較多機會能夠烹調整隻鴿子。選擇鴿子的理由除了「能夠將味道各有差異的胸肉、大腿肉、內臟來呈現各種烹調手法」外，一隻鴿子的份量適合 2 人食用，也是理由之一。

這次我使用了法國．都蘭產的乳鴿，採用窒息式屠宰法（étouffée）來處理。為了充分發揮這種鴿子特有的濃郁風味與柔嫩多汁的肉質，我將胸肉做成帶骨的胸肉料理，使用平底鍋來進行長時間的低溫加熱（參閱 198 頁），慢慢地煎烤。

加熱時每隔約 10 分鐘就要翻面，主要是不要讓肉直接碰到平底鍋，而是要隔著皮或骨頭慢慢地煎烤。請避免為了縮短加熱時間而將肉放在平底鍋中溫度較高處。那樣的話，就不能烤出漂亮的玫瑰色。包含靜置時間在內，加熱時間約為 2 小時。由於越接近煎烤完成，加熱速度就會變得愈快，所以在後半階段要提升翻面的頻率，並仔細地觀察煎烤情況。

用平底鍋煎烤乳鴿時，如果帶有腿肉的話，形狀會過於複雜，很難均勻地加熱。因此，在加熱前要將大腿肉切斷，做成油封料理，讓人能品嚐到濃郁美味和粗肌肉纖維的口感。我認為，製作油封料理時，最後大多會使用上火式烤箱或一般烤箱來加熱，不過，這次我選擇使用略多的油來進行淺炸。目的在於，藉由讓外皮呈現酥脆口感，來更進一步地提升其存在感，並與柔嫩的胸肉形成對比。

與其搭配的是，使用乳鴿心臟和肺部做成的醬汁。基於衛生的考量，乳鴿一到貨後，我就會取出內臟，將其打成糊狀，以冷凍方式來保存。最後，我會直接將冷凍的內臟糊放入鍋中加熱，盡量縮短容易孳生細菌的溫度範圍的時間，提高安全性。

低溫烤都蘭產乳鴿　飄揚農園的甜菜根與菠菜

用低溫烤到柔嫩多汁的法國產乳鴿的胸肉與下脯肉，來搭配上淺炸到酥脆的大腿肉，以及油封砂囊。在這道料理中，可以享受口感的對比。將心臟與肺部做成醬汁，可以在這道料理中，品嚐到整隻乳鴿的風味。附上甜菜根與菠菜做成的菜泥。

醬汁

❶將鴿子肉汁（省略解說）、鮮奶油、鹽、胡椒放入鍋中加熱。
❷將雪利酒醋和白蘭地加到①中，煮到讓酒精成分揮發。
❸將冷凍狀態的乳鴿內臟泥*加入鍋中，煮到產生濃稠感後，進行過濾。
❹將松露油加到③中，增添香氣。

*乳鴿內臟泥
將乳鴿的心臟和肺部放入食物調理機中打成泥狀後，放入冷凍庫保存。

甜菜根泥

❶用鋁箔紙將甜菜根包起來，放入 180°C 的蒸氣烤箱中烤到變軟。
❷將①和雪利酒醋、鹽混合，使用攪拌機來攪拌。

菠菜泥

將用鹽水汆燙過的菠菜、鮮奶油、水、鹽、肉荳蔻混合，使用攪拌機來攪拌。

盛盤

❶將鹽和胡椒撒在「低溫烤都蘭產乳鴿」的胸肉與下脯肉上，盛盤。把醬汁淋在旁邊。
❷將大腿肉和油封砂囊當作①的配菜。在砂囊插上竹籤。
❸在②的周圍附上甜菜根泥和菠菜泥，使用經過鹽水汆燙的菠菜、醋醃甜菜根（省略解說）來點綴。
❹放上金蓮花的葉子、野莧菜、菠菜嫩芽，撒上甜菜根皮做成的粉末（省略解說）。

1 將乳鴿煎烤到上色

將鐵製平底鍋放在鋼板瓦斯爐上，開大火，充分地加熱。在平底鍋上，壓住已恢復常溫的乳鴿（法國．都蘭產）胸肉的頸部附近，讓油脂溶解。將整隻乳鴿煎烤到上色。

2 透過傾斜的平底鍋來加熱

轉成文火，利用鋼板與瓦斯爐之間的高低落差來擺放平底鍋，只讓平底鍋的一部分與鋼板接觸（參閱198頁）。以胸部朝下的方式，將乳鴿放在平底鍋當中火力較弱的位置。

3 每隔5～8分鐘翻面一次

一邊煎烤整隻乳鴿，一邊每隔 5～8 分鐘進行翻面。「印象中內側鍋緣的溫度約為 70°C」（中原主廚）。盡量不要讓肉的部分接觸到鍋緣，以間接的方式來傳遞熱能。

4 撒上鹽和胡椒

繼續煎烤大約 1 小時 20 分鐘後，整體就會上色，血液則會稍微滲出到表面。用手指按壓腹部後，若肉已經充分加熱，達到八分熟的話，就可以結束此加熱步驟。將鹽和胡椒撒在腹部內。

5 透過餘溫來加熱

將乳鴿連同平底鍋一起移動到鋼板瓦斯爐上方的架子等溫暖的場所（約 50°C），靜置約 30 分鐘，透過餘溫來加熱。

6 在常溫下靜置

從平底鍋中取出乳鴿，放在已架上烤網的調理盤內，在常溫下靜置約 10 分鐘。若用鋁箔紙蓋住的話，肉會被悶熟，所以不使用鋁箔紙。完成此加熱步驟後，加熱進度會達到 95%。

POINT

透過約 70°C 的低溫來慢慢地加熱

雖說受到骨頭和皮的保護，但乳鴿的胸肉還是非常細緻。
「加熱溫度的基準為，用手指觸摸平底鍋，看是否能忍受 3 秒。
如果胸肉發出劈哩啪啦的聲音，就證明火力太強了。
在那之前，就要先挪動平底鍋的位置，並調整溫度。」（中原主廚）

7

煎烤表面

將平底鍋放在鋼板瓦斯爐的大火處，加熱到冒煙。很短暫地將乳鴿的表皮壓在平底鍋上，使其產生香氣。當整面都煎好後，就可以結束加熱步驟。

8

煎烤完成

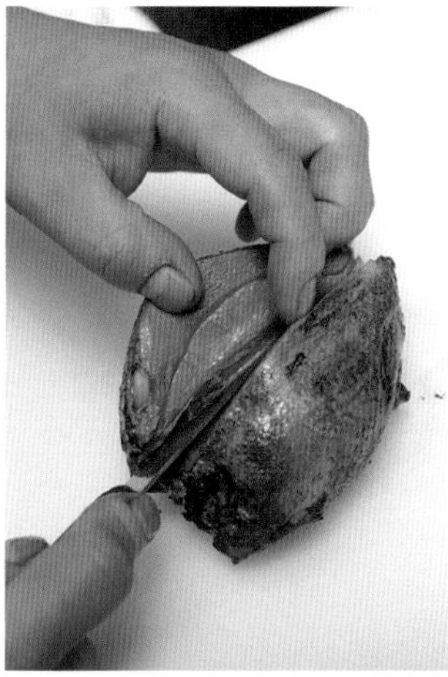

切出胸肉和下脯肉。外側煎得很香，內部則呈現玫瑰色。「為了呈現出胸肉和下脯肉的柔滑肉質，低溫加熱是最合適的烹調方式。」（中原主廚）

9

將大腿肉和砂囊做成油封料理

將 45g 的鹽加到 1 公升的水中，讓鹽溶解，然後加入切成薄片的百里香和大蒜。將乳鴿的大腿肉和處理好的砂囊放入水中浸泡 40 分鐘，讓鹽分滲透到食材中。

10

將步驟 **9** 的大腿肉和砂囊取出，瀝乾水分，然後和百里香、大蒜、橄欖油一起放入專用袋中，進行真空處理。放入 85℃ 的蒸氣烤箱中加熱 3 小時，做成油封料理。

11

進行淺炸

上菜前，將略多的橄欖油放入經過樹脂加工的平底鍋中加熱，然後從步驟 **10** 的袋子中取出大腿肉和砂囊，放入鍋中加熱。以淺炸的方式來呈現酥脆的口感，突顯與胸肉之間的對比。

第二章

依照加熱方式／設備種類來介紹不會失敗的火候掌控秘訣

炭火

炭火燒烤的特徵為「透過輻射熱來進行加熱」，
食材會吸收木炭燃燒時所散發的紅外線能量而變熱。
紅外線是一種電磁波。
當木炭的表面溫度達到 500°C 以上時，就會產生很多紅外線。
紅外線所產生的輻射熱不會被空氣等物遮斷，能夠直接傳送到遠處。
另外，炭火的熱能很強，可以透過所謂的「強烈的遠火」來進行加熱。
在短時間內，連中心部分都能烤得很均勻。
如此一來，食材的水分就不會流失，可以呈現出多汁的口感。

用炭火烤①

主廚／**橋本直樹**（イタリア料理 フィオレンツァ）

安格斯牛排

「想要品嚐紅肉的美味與豐富肉汁的話，有確實加熱到某種程度的五分熟會比三分熟好。」這道安格斯牛排呈現出了橋本主廚的這種想法。配菜只有生的芝麻菜和紅葉菊苣。也不附上橄欖油和醬汁，直接呈現肉的味道。

盛盤

將「安格斯牛排」分切成 1.5 公分寬的大小，擺在放了芝麻菜和紅葉菊苣的盤子上。

透過高溫的炭火來一口氣使肉的表面變乾，烤出外皮很香，內部柔嫩多汁的牛排

「要將肉的表面烤得又乾又香。」橋本主廚訴說著牛排的魅力。為了實現這一點，他採用炭烤來作為加熱方式。由於木炭在燃燒時，不會產生水分，而且可以創造出烤箱達不到的 500°C 高溫，所以能讓表面呈現乾香酥脆的狀態。這正是選擇使用炭烤的理由。

牛排使用的是美國產安格斯牛的腰脊肉（沙朗）。依照美國農業部所制定的肉質分級，選擇有標示最高等級的「極佳級（Prime）」或是「特選級（Choice）」的牛肉。「瘦肉與脂肪之間的平衡很好，肉汁豐富。口感也很紮實。」（橋本主廚）如果採購的是整塊肉的話，就先用漂白布包起來，放在店裡的冰箱內靜置 5～7 天。與其說是熟成，倒不如說是稍微去除水分。據說，這樣烤出來的表面就會更乾。

燒烤時，先將肉切成 3 公分厚讓肉恢復常溫後，再撒上略多的鹽和胡椒。加熱時，鹽和胡椒容易掉落，再加上主廚認為「加熱時，讓鹽融入肉當中，更能夠襯托出肉與脂肪的美味和甜味」。

將燒得很旺的木炭放到烤肉架上，然後放上肉，透過紅外線帶來的輻射熱，一口氣將肉加熱。當朝向炭火的那面烤到顏色變得很深後，就翻面，同樣地烤另一面。然後，再次翻面，將一開始那面稍微重新加熱。接著，就裝盛到加熱過的盤子內，讓肉稍微休息一下，使肉汁穩定下來後，再進行分切，端給客人。由於已透過炭火來將內部確實地加熱，所以不用仰賴餘溫，就可以將熱騰騰、香噴噴的牛排端到客人面前。

肉的熟度為五分熟。主廚認為，若火力較小的話，就無法呈現出瘦肉的美味與滲出的美味肉汁、紮實的口感等。

「只要使用炭火來烤，不僅能烤出很棒的表面，還能避免『內部不夠熟、烤太久而導致肉的水分流失』之類的失敗情況發生，這也是炭火的魅力之一。」

1 撒上鹽和胡椒

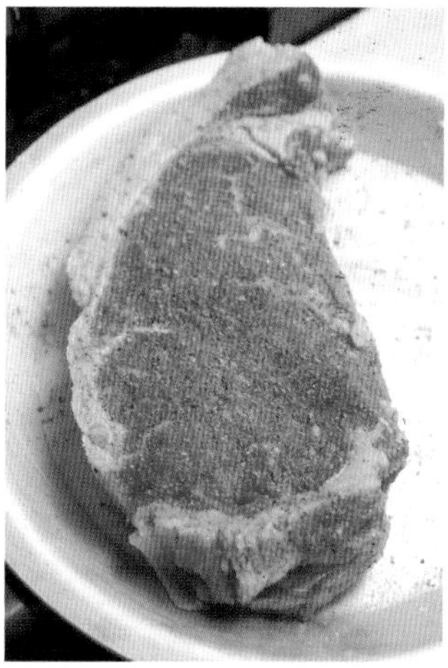

將牛（美國產安格斯牛）的腰脊肉（沙朗）切成厚度 3 公分（約 350g）後，讓肉恢復常溫。由於脂肪下方的筋「能讓人品嚐到黏稠的口感」，所以要保留。撒上鹽和胡椒。

2 用炭火烤

在整個炭床上放入燒得很旺的炭後，裝上烤網。將肉放在烤網上烤。由於火力會依照位置而產生差異，所以要一邊調整位置，一邊將肉的表面烤到均勻上色。

3

為了呈現脂肪的美味與香氣，脂肪也要確實地加熱。由於只要油脂滴到炭床上，火焰和煙就會竄起，所以要一邊消除火焰，一邊移動肉的位置，避免肉沾上煤灰。

4 翻面

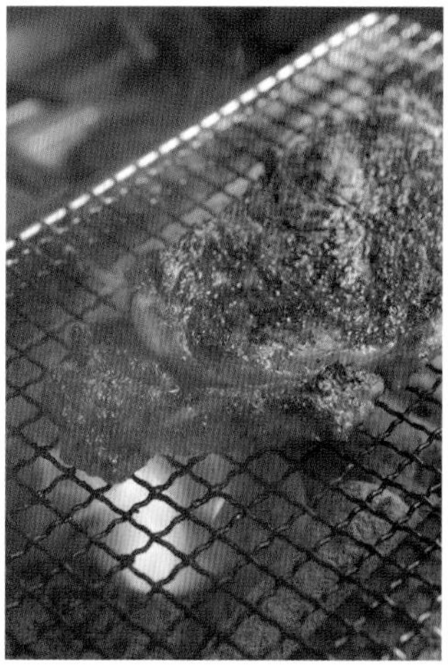

將朝向炭火那面烤到顏色變得很深後就翻面，以同樣的方式烤。將肉烤到「用手指按壓時會產生彈性，肉汁會稍微滲出到表面」的程度。

5 靜置

接著，側面也要烤。將溫度已下降的表面稍微加熱後，就能結束此步驟。燒烤時間約為 10 分鐘。之後，將肉移到派盤內，在溫暖的場所靜置。如果將肉蓋住的話，肉會被悶熟，所以不要蓋住。

6 燒烤完成

靜置 2～3 分鐘後，等到肉汁變得穩定後，再進行分切，供應給客人。熟度為，在肉類料理當中算是比較熟的五分熟，將表面烤到顏色較深，以勾起食慾。

POINT

事先去除肉的水分

經過真空包裝處理的肉送到店裡時，會處於有點濕熱的狀態。
立刻將包裝打開，用漂白布把肉包起來，放進冰箱中靜置 5～7 天，稍微去除水分後，即可使用。

用炭火烤②

主廚／**奧田透**（銀座 小十）

炭烤和牛腰脊肉（沙朗）
萬願寺辣椒　蘘荷　山葵

「由於經過長期肥育，所以肉質非常美味。」（奧田主廚）將宮崎縣產黑毛和種的尾崎牛腰脊肉做成鹽味炭烤料理。可以感受到美味與濃郁滋味，不過，為了不讓人感到負擔，所以會搭配上帶有苦味的烤浸（將蔬菜烤過後，放入浸汁中浸泡）萬願寺辣椒。透過山葵的辣味與甜醋醃蘘荷的酸味來呈現爽口的滋味。

烤浸萬願寺辣椒

❶用炭火來燒烤萬願寺辣椒的表面。
❷將二次高湯（省略解說）、濃口醬油、味醂混合，煮沸，做成浸泡汁。將①放入浸泡汁中浸泡，使其自然冷卻。
❸將已去除水分的②切成適當大小，拌入柴魚片、白芝麻。

甜醋醃蘘荷

❶將蘘荷快速氽燙一下後，放在瀝水盤上，使其自然冷卻。撒上鹽，去除水分。
❷將①放入由米醋、砂糖、少量的鹽、水混合而成的甜醋中醃漬。

盛盤

❶將「炭烤和牛腰脊肉」盛盤，兩邊放上烤浸萬願寺辣椒、山葵醬、切成細絲的甜醋醃蘘荷。

將烤肉架劃分成 3 個溫度不同的空間，精確且流暢地加熱

透過炭火，就能在短時間內很有效率地將食材均勻加熱。雖然必須累積經驗才能運用自如，但只要掌握重點的話，就會成為很強大的工具。

燒紅的木炭表面會達到 500～800°C，並散發出很多紅外線。使用紅外線帶來的輻射熱來加熱食材正是炭烤的特色。輻射熱不但能直接傳送到遠處，而且熱能很強，展现出「強烈的遠火」的特性。奧田主廚在煎烤食材時，全都使用炭火。他說，進行炭烤時，「加熱中的食材所沾附的燻烤香氣也是一種魅力，這種香氣會成為『調味料』，更進一步地提升食材的風味」。不過，在進行炭烤時，決不能讓火焰接觸到食材。那樣的話，會使食材沾上煤灰，留下苦味。

這次，奧田主廚烤的是「經過 32 個月以上的長期肥育，比起一般的黑毛和種，油脂和肉的美味都更加確實」的宮崎縣產尾崎牛的 A5 腰脊肉。步驟有 4 個。首先，用很強的炭火來烤肉的表面。目的在於，在將整塊肉加熱的同時，把肉烤到上色，產生香氣。由於繼續烤下去的話，肉會變得太熟，所以烤到上色後，就將肉移到沒有放炭火的烤肉架上靜置，「透過餘溫，讓熱能每次只移動數 mm，慢慢地將肉的中心加熱」（奧田主廚）。

接著，用文火烤。此時的重點為，要蓋上鋁箔紙。奧田主廚說「讓熱能悶在裡面，如同烤箱那樣，從四面八方來將肉加熱，進一步地提升中心部位的熟度」。如此一來，「對肉的中心部位加熱」的步驟大致上就結束了。最後，只要用大火來快速燒烤表面，更進一步地烤出肉的香氣，讓肉呈現滾燙狀態，就完成了。

關於各個階段的火力，若把最大火力當成 10 的話，一開始的大火為 6～7，接下來餘溫為 1，蓋上鋁箔紙時使用的文火為 2～3，最後的大火為 8～9。具體來說，火力的變化就是這樣。另外，在本店內，會將烤肉架劃分成三個溫度不同的空間，藉此，就能迅速、流暢地進行上述的加熱方式。穩定地實現「表面乾香酥脆，內部飽滿，一咬下，肉汁就會滲出」的料理成品。

烤肉架的尺寸為，寬度 120 公分×深度 36 公分×高度 28 公分，牆壁厚度為 5.5 公分。透過貼上了鋁箔紙的板子來劃分出最大火（照片左側）、文火～略大火（照片中央）、餘溫（照片右側）這 3 個空間。

1 分切肉塊並撒上鹽

這是黑毛和牛（宮崎縣產尾崎牛）的 A5 腰脊肉（沙朗），擁有甘甜的大理石紋脂肪和美味的瘦肉。如果太薄的話，在將表面烤出香氣前，內部的肉就已經熟了，所以要切成約 3 公分的厚度。

2

去除周圍的肥肉後，將肉質均勻的中央部分附近的肉切成寬度 4～5 公分，在所有區域都撒上鹽。鹽在燒烤的過程中會隨著脂肪流失，所以量可以多一點。放入冰箱約 1 小時使其入味。

3 準備木炭

依序在烤肉架上疊上燒到火紅的木炭、容易著火的木炭、新的木炭、燒到火紅的木炭，蓋上鋁箔紙，讓熱能在裡面循環。

4 串上金屬籤用炭火來烤

如果讓脂肪較多的肉恢復常溫的話，就會變得鬆軟，不易處理，而且內部會一口氣被烤熟，所以要直接使用冰涼且緊實的肉。在位於厚度一半的位置串上三根金屬籤。

5

用略強的大火來烤。直到熱能傳遞到整塊肉之前，都不要動。烤到上色後就翻面，接著再烤側面。油脂會滴落，使煙竄起。奧田主廚說「此煙會決定味道」。

6 用團扇搧風調整火力

觀察煙的升起方式來調整火力。從上方，或是烤肉架正面的通風口，用團扇搧風，增強火勢。當油脂滴到炭火上，使火焰竄起時，為了避免肉沾上煤灰，所以要用團扇將火搧熄。

POINT

透過煤灰來防止火焰竄起

起火後經過一段時間，炭的周圍會沾附上煤灰，即使油脂滴落，也不會冒出火焰。
使用剛點燃的炭火時，只要將煤灰撒在木炭表面，讓火焰不會冒出來即可。

7 遠離炭火，將肉靜置

將四面都烤到焦香上色後，把肉移到沒有放木炭的烤肉架上靜置。由於相鄰空間的炭火燒得很旺，所以會蓄熱，使肉處於「在溫暖的場所內靜置」的狀態。

8 減少木炭量並轉為文火

在讓肉休息時，也要翻面。讓肉靜置燒烤的時間進行一半後（這次為 4 分鐘），將肉放回烤肉架上，用文火加熱。由於木炭還留有熱能，所以要將木炭的量減到很少。

9 蓋上鋁箔紙來烤

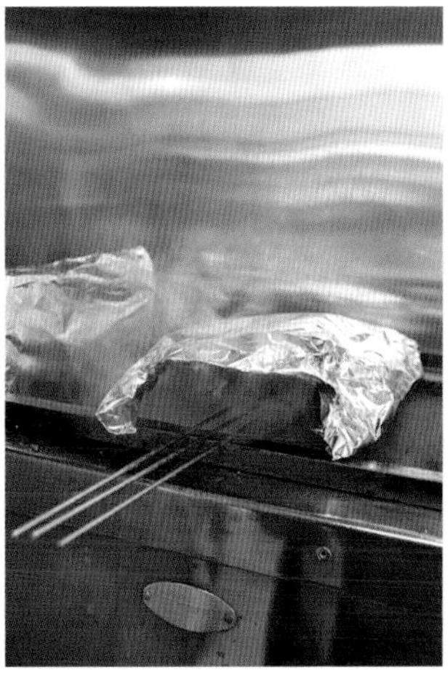

以將肉圍住的方式蓋上鋁箔紙，讓內部充滿熱氣，將整塊肉加熱。從炭火中升起的煙也會被關在裡面，慢慢地對肉進行「煙燻」。

10 用強烈的炭火一口氣加熱

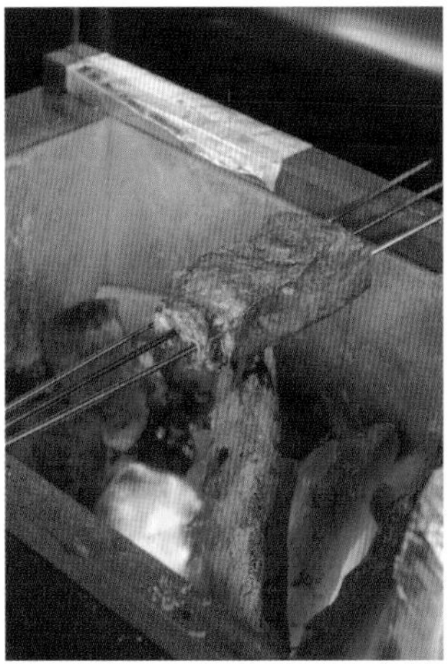

拿掉鋁箔紙，用強烈的炭火加熱約 1 分鐘。由於用文火加熱的期間，肉的溫度已下降，所以除了要將肉烤到熱騰騰的之外，還要再進一步地增添香氣。

11 分切撒上現磨胡椒

烤好後，立刻分切。為了讓人能充分咀嚼品嚐，所以厚切成約 2 公分。將現磨胡椒撒在其中一面，讓人不會覺得脂肪較多的肉的味道過於油膩。不撒鹽。

奧田主廚使用了可以長時間進行高溫加熱的烏岡櫟備長炭。右邊為剛點燃火的木炭，左邊為經過一段時間後，沾附煤灰的木炭。

木柴的熾火

木柴燒出火焰後，處處可以看到呈現紅色的部分，
當柴火處於穩定狀態，不會冒出火焰時，就叫做熾火。
在所謂的柴燒料理中，一般使用的就是這種熾火。
熾火的火力很穩定，能夠慢慢地將食材加熱，
也就是所謂的「溫和的直火」。雖然必須使用專用的暖爐，
但這種加熱方式能夠讓食材保留適度的空氣與水分，
烤出柔嫩多汁的料理，所以近年來很受矚目。

用木柴的熾火來烤①

主廚／**渡邊雅之**（ヴァッカロッサ）

柴火烤十勝若牛牛排

牛排烤得很均勻，表面與內部非常自然地連接在一起。表面烤到上色，會引起食慾。內部則烤到五分熟。這道料理追求的是月齡 14 個月的年輕牛隻才具備的「舒適口感」。只要將剛烤好的熱騰騰牛排放入口中，美味的肉汁就會一湧而出。

玉米

❶去除玉米的皮和鬚。以扇狀的方式串上三根金屬籤。
❷將稻草放進木柴的熾火中，讓火焰冒出，將①烤出香味。
❸待②冷卻後，拔掉金屬籤，用刀子刮下玉米粒。
❹將鹽、特級初榨橄欖油拌入③中。裝入杯中，附上湯匙。

紅酒泡生薑

❶生薑去皮，切成薄片。
❷將紅酒、紅酒醋、蜂蜜、胡椒、水加入鍋中煮沸，放入①後關火。等到冷卻後，放入冰箱。

盛盤

在「柴火烤十勝若牛牛排」旁附上玉米和紅酒泡生薑。

點燃柴火，創造出「暖呼呼的熾火」，烤出既不乾也不焦，而且充滿肉汁的細緻紅肉

「雖然是很原始的加熱方式，但人類至今仍尚未弄清楚其詳細原理。」（渡邊主廚）雖然柴燒的運用範圍很廣，但掌控難度也相對地高。渡邊主廚在義大利修業時，曾用木柴的熾火來烤牛排。

「只要將剛烤好的牛排放入口中，肉汁便一湧而出。我想要重現那種滋味，所以回國後，我一邊尋找肌肉纖維細緻且密度高的牛肉紅肉，一邊研究最適合這種肉的烹調方式。」

雖然當初使用炭火來烤，但缺點為，高溫的輻射熱會使肉的表面變乾，而且水分容易流失，所以重新思考其他方法。主廚最後找到的方法為木柴的熾火。在 2009 年製作了最初的烹調用暖爐，現在使用的是經過改良的第二代暖爐。

首先，要在距離烤肉架 30 公分的下掘式火爐內燃燒木柴製作熾火。要依照肉的種類來變更熾火，這次要烤的是脂肪較少、水分較多的十勝若牛，所以要花時間燃燒櫟木，創造出含有大量空氣的「暖呼呼的熾火」（渡邊主廚）。

熾火的表面溫度約為 350～600°C，比炭火來得低。據說，由於熱能會以擴散般的方式來慢慢傳遞，所以可以防止食材因受熱而縮成一團。由於這個熾火會移到隔壁的烤肉架上，所以要用不銹鋼的烤網來烤肉。為了避免肉變乾柴，所以下掘式火爐內燃燒的木材須採橫放的方式。比什麼都還重視「肉汁」的渡邊主廚，不事先撒鹽、不讓表面燒焦、以冰涼的狀態開始燒烤等，以獨自發明的理論來保持肉的水分。

以此方式燒烤的牛排，即使不靜置就直接分切，肉汁也不會流出，可以用非常多汁的狀態盛盤端出。「柴火比炭火或瓦斯爐更需要做細部的調整，花費也多。但帶來的樂趣無窮。」渡邊主廚如此說道。

暖爐使用了包含義大利產在內的五種不同磚頭和黏土，打造出兼具蓄熱性與散熱性的構造。右側是要用來燃燒柴火的火爐，需要往下挖掘 30 公分才能製作而成。

1

燃燒木柴製造出熾火

在開始烤肉的 1 個半小時前，在暖爐右半部的火爐內焚燒木柴，製造出熾火。首先，在火爐的右側深處點燃樹皮或小樹枝，在擺放木柴時，要讓木柴斜斜地立起來，使空氣容易通過。

2

紅色熾火的表面溫度約為「600°C」（渡邊主廚）。在焚燒木柴時，要慢慢地補充木柴，逐漸提升熾火的量。此時，使用的是 5、6 根長度 30 公分、直徑約 10 公分的櫟木。

3

將熾火移到烤肉架上

用鏟子舀起熾火，將熾火移到烤肉架上。首先，將細小的煤灰鋪滿整個區域，然後在其上方擺滿通紅的熾火。依照肉的種類來決定高度，調整到讓空氣容易進入的狀態。

4

切出肉塊

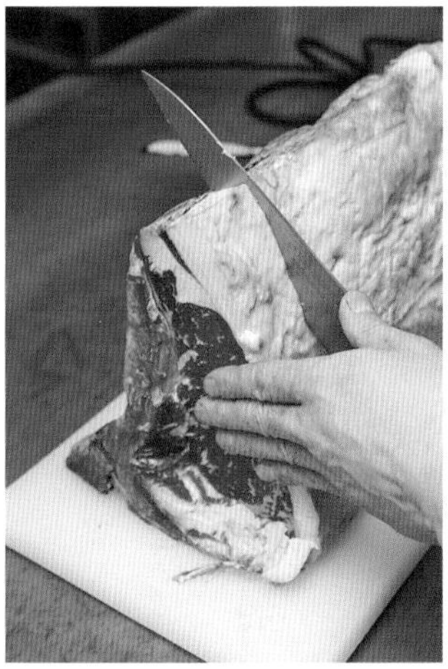

使用月齡 14 個月的牛（北海道產的荷斯登牛「十勝若牛」）的帶骨里肌肉。儲藏在濕度 80%的低溫冷藏櫃中，要使用前再取出。將肉清理乾淨，切成約 4 公分厚。

5

當刀子切到骨頭時，請使用料理用電鋸在骨頭上劃出切口。接著，再使用剝骨刀將骨頭切斷。為了盡量不對肉造成損傷，所以切肉時要迅速且仔細地進行。

6

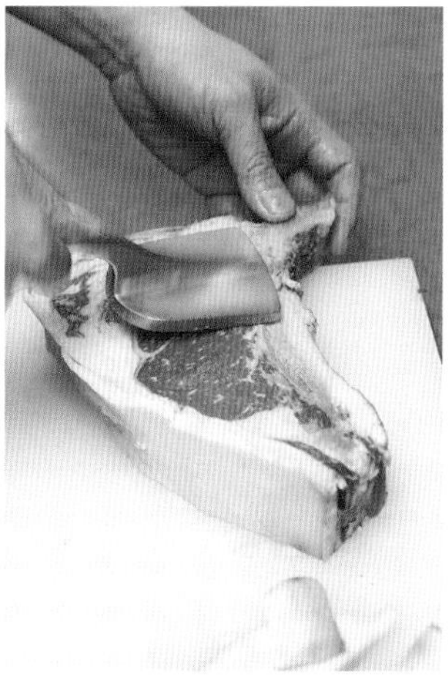

以充滿纖維的部分為中心，使用拍肉器輕輕拍打，讓整體的口感變得一致。在脂肪上劃出切口（要注意的是，不要讓切口達到筋的部分），使多餘的皮下脂肪變得容易掉落。

POINT 1

使用肥育期間較短的牛

適合用於牛排的是，「纖維非常細緻的紅肉」（渡邊主廚）。
這次使用的是，北海道產的荷斯登牛「十勝若牛」，
月齡為 14 個月，與一般肉牛相比，肥育期間約為一半。
在 0°C、濕度約 80%的環境下儲藏，每當有客人點餐時，再切出肉塊。

7

用熾火來烤

在加熱過的鐵網架上塗上牛油，放上塗了特級初榨橄欖油的肉。直接將冰涼狀態的肉放上去，為了防止水分流失與肉變得乾燥，所以不撒鹽。「熾火的溫度約為 450°C」（渡邊主廚）。

8

約 20 秒後，烤出淺褐色的烤痕就翻面。不要將表面烤到變硬，而是要以「逐漸地疊上淺淺的淡褐色」這種方式，一邊挪動烤痕的位置，一邊每隔約 20 秒翻一次面。

9

翻了 6 次面之後的狀態。只要用手指按壓表面，就會覺得柔軟且有彈性。之後，在烤的時候要留意強烈的近火。由於油脂一旦滴在熾火上，火焰就會竄起，產生燒焦味，所以要立刻噴水，將火弄熄。

10

從開始烤算起，經過約 15 分鐘後，加熱進度會達到約 80%。仔細地疊上淺淺的淡褐色，讓整體呈現深褐色，直到烤好為止，要翻 40～50 次面。

11

兩面都撒上鹽

將所有部位都均勻地烤到上色後，就能結束加熱步驟。觸摸表面，會覺得飽滿、柔軟、有彈性。兩面都撒上鹽，側面烤約 30 秒後，就完成了。這次的燒烤時間總計約為 20 多分鐘。

12

立刻分切

不用讓肉休息，直接分切，供應給客人。表面那層焦香的部分非常薄，內部為五分熟。一將肉切開，肉汁只會稍微滲出，不會流出。

POINT 2

依照肉的性質來變更柴火種類

依照要烤的肉的性質來變更木柴種類。
除了渡邊主廚這次使用的櫟木以外，烤日本短角牛會使用麻櫟，烤黑毛和牛則會使用青剛櫟。
主廚每天都會向石川縣訂購含水率約為 18%的木柴。

用木柴的熾火來烤②

主廚／**渡邊雅之**（ヴァッカロッサ）

暖爐蒸烤雛雞　薄荷風味

使用柴火與其熾火來慢慢蒸烤，將雛雞烤得很嬌嫩，肉中含有很多水分。使用薄荷、續隨子、巴西里等和橄欖油混合而成的醬汁帶有清爽風味，能夠高雅地襯托出雛雞的清淡美味。

薄荷油

❶將薄荷葉（生）切成粗末，和巴西里、續隨子（鹽漬）、特級初榨橄欖油混合，放入攪拌機中攪拌。

❷將①倒入碗中，加入切碎的薄荷葉（生），攪拌均勻。

盛盤

將「暖爐蒸烤雛雞」的大腿肉和胸肉盛盤，在周圍淋上薄荷油，撒上薄荷葉。

點燃木柴，使暖爐變熱
將食材放在暖爐角落，溫和地進行蒸烤
呈現出與過於濕潤和乾柴都無緣的
「烤完後就能直接品嚐到的柔嫩多汁口感」

柴火的使用方法不僅限於用熾火來燒烤。據說，渡邊主廚在義大利修業時，對於員工餐當中那道蒸烤雛雞留下很深的印象。「做法確實很簡單。點燃木材，將暖爐加熱後，只要將『用鋁箔紙包起來的雛雞』擺在暖爐角落即可。加熱到適當時機後，將鋁箔紙打開，就會發現烤出來的肉，柔嫩多汁到驚人的地步。」在本章節中，要介紹的就是，能重現出那種「烤完後就能直接品嚐到的美味」的料理。

想要將雞肉烤得柔嫩多汁，最大的重點就是不要讓肉汁流出。因此，必須盡量挑選肉質較肥美的種類。這次使用的是重量約 350g 的西班牙產雛雞。另外，渡邊主廚還說「總之，重點在於不要壓住雞肉。盡量地讓肉保持自然狀態，慢慢加熱」。如同他說的那樣，盡量不要在雞肉身上動刀，也不撒鹽，也不用細線來綁住。

將用來增添風味的大蒜和迷迭香塞進腹部，為了增添香氣、防止烤焦、保濕，所以要包上葡萄葉，接著再用鋁箔紙包住，進行密封，前置作業就完成了。剩下的就是，將肉擺放在柴燒暖爐的火爐上慢慢地烤。此時，在擺放時請讓不易熟的大腿肉靠近火側。在溫度方面，「火爐的前方為 160°C，深處火的附近，則約為 260°C」。如果溫度比這個低，就會烤不熟，如果溫度太高，水分就會流失，使肉容易因受熱而縮成一團。要注意木柴的火焰與熾火的變化，一邊將手舉到火爐上，確認溫度，並偶爾變更肉的位置，一邊烤約 40 分鐘。

從鋁箔紙上觸摸肉，如果覺得肉稍微鼓起，變得有彈性的話，就代表烤好了。一打開鋁箔紙，應該就能判斷出肉汁幾乎沒有流出。由於長時間溫和地進行加熱，所以不必讓肉休息。立刻分切，供應給客人，想要讓客人品嚐到雞肉的柔嫩口感與高雅的滋味，這是最好的方式。

1 使用肉質良好的雛雞

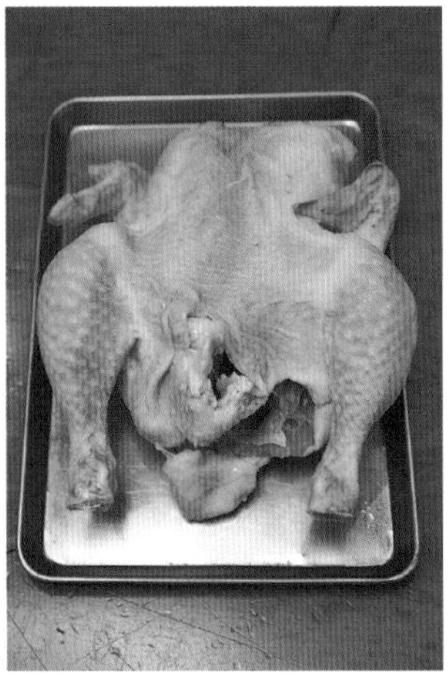

使用肉質細緻柔嫩，而且內部已清理完畢的雛雞（西班牙產雛雞，重量約 350g）。為了避免肉汁從切口中流出，所以在燒烤前不動刀。

2 塞入食材

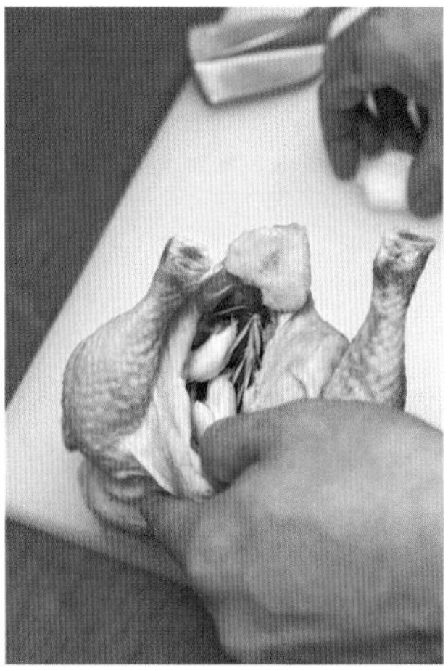

將稍微輕拍弄碎的大蒜和迷迭香塞入腹部內。為了避免雞肉受到擠壓，所以不綁上細線。為了防止水分流失，所以加熱前也不撒鹽。

3 用葡萄葉和鋁箔紙包起來

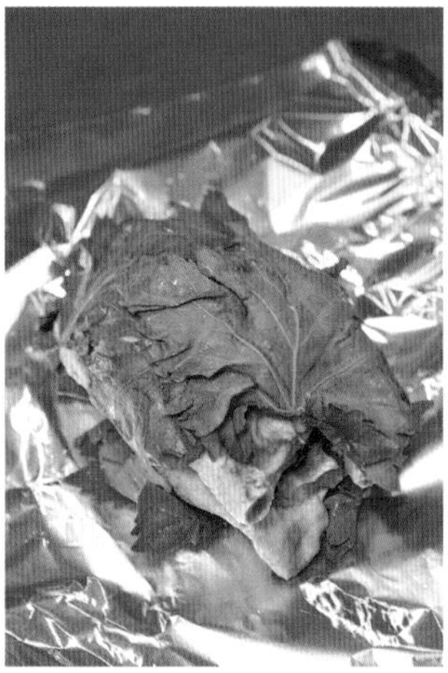

將兩張重疊的鋁箔紙攤開來，放上 3～4 片葡萄葉。將雛雞放在葉子上，疊上 3～4 片葡萄葉，用手按壓，讓葡萄葉緊貼雞肉。

4

拿起鋁箔紙，將雛雞連同葡萄葉一起包起來，將鋁箔紙的接縫處摺起來，使其成為密封狀態。只要事先改變摺痕的方向，讓人可以透過外觀來看出頭和腳的方向即可。

5 放在火爐上進行蒸烤

將背部朝下的雛雞擺放在已加熱的火爐上。在深處燃燒的柴火附近為 260°C，前方約為 160°C。為了讓不易熟的腿部朝向大火，所以要將腳轉向柴火旁邊。

6 移動肉的位置調整溫度

由於火爐的溫度不是固定的，所以為了讓肉均勻受熱，每隔幾分鐘就要變更肉的方向或位置。不要將背部與腹部翻面，而是以「讓熱能從背部朝胸肉擴散」的方式來烤。

POINT

讓胸肉朝上，直到烤好為止都不要翻面

為了不讓胸肉直接接觸到火爐，所以擺放雛雞時，要讓背側朝下，
讓不易熟的大腿肉朝向火的附近。
加熱時，雖然會變更擺放位置或方向，但不會翻面。
讓火爐的熱能慢慢地從背側傳遞到腹側，以這種方式溫和地持續加熱。

7

用熾火來加熱

加熱時間的基準約為 40 分鐘。由於經過了充分蓄熱，所以即使火焰熄滅，變成熾火後，火爐還是很溫暖，能夠溫和地加熱。觸摸雞肉，確認彈性，燒烤時要多留意，不要烤過頭。

8

燒烤完成

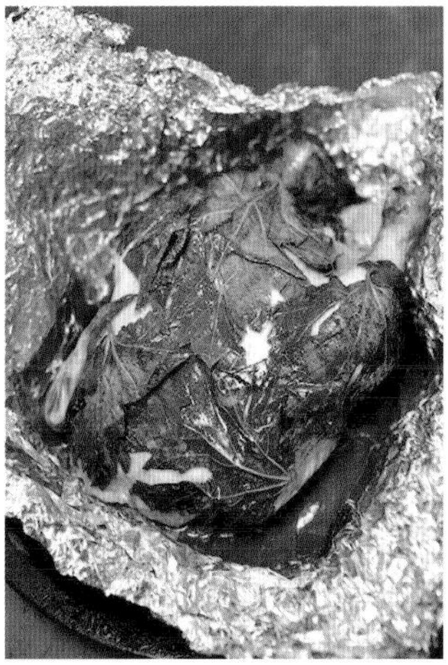

打開鋁箔紙後，雞肉會呈現充滿彈性且柔嫩多汁的狀態。肉汁幾乎沒有流出，也沒有因受熱而縮成一團。拿掉鋁箔紙和葡萄葉。

9

切出大腿肉和胸肉

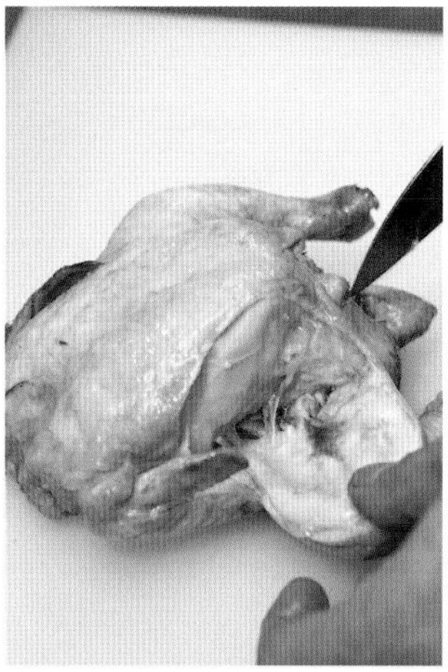

立刻切成容易入口的大小，提供給客人。一邊從腹部中央切下去，切出大腿肉和胸肉，一邊確認整體的熟度。依照客人的要求來去除骨頭。

10

撒鹽

此時才初次撒鹽。為了讓客人在咀嚼柔嫩多汁的肉時，不會感到不舒服，所以使用顆粒細微的鹽（義大利的普利亞州產的海鹽）。

渡邊主廚「依照使用方式，柴火能夠應付各種食材。」。照片為，透過燃燒稻草的火焰來燻烤玉米的情況。另外，也能將馬鈴薯和甜菜根做成蒸烤料理，或是在火爐上蓋上蓋子，如同烤箱般地烤麵包。

蒸氣烤箱

如同蒸氣烤箱（蒸氣對流烤箱）的名稱，
此加熱設備比起「透過風扇來使爐內的熱能進行對流的對流烤箱」
多了製造蒸氣的這項功能。
溫度、濕度、風量、中心溫度、烹調時間等都能進行詳細的設定，
可以對應「烤」、「煮」、「蒸」、「炸」、「真空烹調」等許多加熱方式。
透過程式功能，能夠穩定地重現相同的火候，也能同時進行不同的烹調方式，
就算在小家庭的廚房內，用途也很廣。

使用蒸氣烤箱來烤①

主廚／**杉本敬三(レストラン ラ・フィネス)**

高坂雞的雞肉捲（galantine）松露風味

將雞肉捲（galantine）稍微加熱，使鵝肝醬的脂肪融化，在入口即化的狀態下端給客人。使用餡料或鵝肝醬來將「酥脆的外皮、口感滑嫩的胸肉和下脯肉、富有彈性的大腿肉」這些口感不同的食材連接起來，呈現出整體感。配菜為透過水煮嫩蛋和蔬菜凍來凝固而成的南瓜湯。附上黑松露與爽口的紅酒醬汁。

盛盤

❶將「高坂雞的雞肉捲」分切成 1 人份的大小，使用溫度 100°C、濕度 100%、風量 5 級的蒸氣烤箱來加熱。

❷將①裝到容器內，附上水煮嫩蛋（省略解說），疊上切成薄片的黑松露。放上使用蔬菜凍來凝固成球狀，且加入黑松露的南瓜湯。點上幾滴紅酒醬汁（同樣省略解說）。

透過對流功能來使表面變得酥脆
藉由蒸氣功能來讓中央部分
呈現柔嫩多汁的口感

雞肉捲（galantine）是一種冰鎮料理，作法為，將去骨肉做成餡料，並用高湯等來煮。杉本主廚使用的加熱設備為蒸氣烤箱，藉此就能使被雞皮包覆的表面變得酥脆，創造出透過傳統烹調方式無法呈現出來的新魅力。

「感覺就像是烤若雞。」如同杉本主廚所說的那樣，這道料理的構造為，在烤到焦香的雞皮內側，有保留了多汁口感的胸肉和大腿肉，而且還有用來提味的餡料和鵝肝醬。在傳統的烤箱料理中，要透過火力的強弱與門的開闔來調整溫度，想要調整濕度的話，則要將料理置於水中，「需要仰賴直覺和經驗的部分」占了很大比重。另一方面，藉由杉本主廚所使用的蒸氣烤箱，能夠以 1°C 和 1%為單位來調整溫度和濕度，風量也有 5 種等級可以設定。最大的優點是，能夠輕易地執行細膩的工作。

「不會受到肉的個體差異影響，能夠實現理想的火候。」（杉本主廚）

其中，在烤肉時對流功能特別能夠發揮效果。這次的加熱分成 2 個步驟。首先，在第 1 步驟中，將風量設定為最大（等級 5），使用高溫（230°C），濕度設定為 0%，然後打開調節器（damper，用來排出多餘蒸氣），一邊提升送風能力，一邊去除水分和油分，烤出酥脆的雞皮。接著，在第 2 步驟中，要採用不同方式，將風量設定為等級 3，關閉調節器，將設定變更為低溫（160°C）、高濕度（98%）。進行蒸烤，讓中心溫度達到 42°C，將內側的雞肉烤到柔嫩多汁，鵝肝醬則被烤到融化。

「只要善用風量調整功能，就能在短時間內製作出兼具香氣與多汁口感的料理。在需要這種細膩火候的美食餐廳內，蒸氣烤箱的存在如今已不可或缺。」

1 肢解雞肉

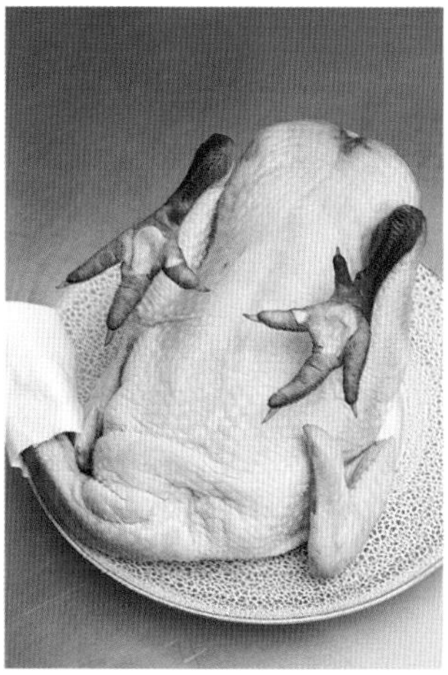

這是以布列斯雞為原型的兵庫．篠山產的「高坂雞」（去除內臟後，重量不到 4 公斤）。餵食無農藥的飼料，並用手拔除羽毛。主廚採購了經過 2 週冰溫熟成的雞隻。

2

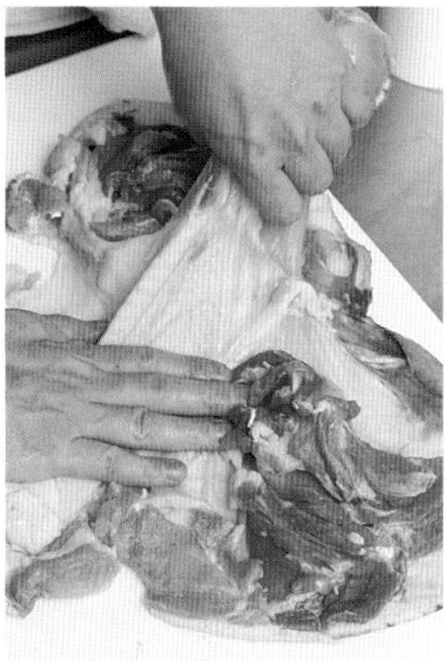

雖然胸肉、下脯肉、大腿肉全都要用，但由於要用雞皮將整體包起來烤，所以要從背部切開，將雞肉攤開成一大片，去骨，取下很大片的皮。然後，再將各部位的肉去皮。

3 進行預先調味

將口感滑嫩的胸肉和下脯肉斜切，有咬勁的大腿肉切成 2 公分大的塊狀，然後和鹽、細白砂糖、白蘭地一起放入塑膠袋中，進行預先調味。

4 依照各部位來改變溫度

由於胸肉和下脯肉比較容易熟，所以儲藏在冰箱內。將需要花時間加熱的大腿肉放入溫度設定為 59°C、濕度 0%的蒸氣烤箱中加熱約 5 分鐘，讓中心溫度達到約 30°C。

5 塞入模具中

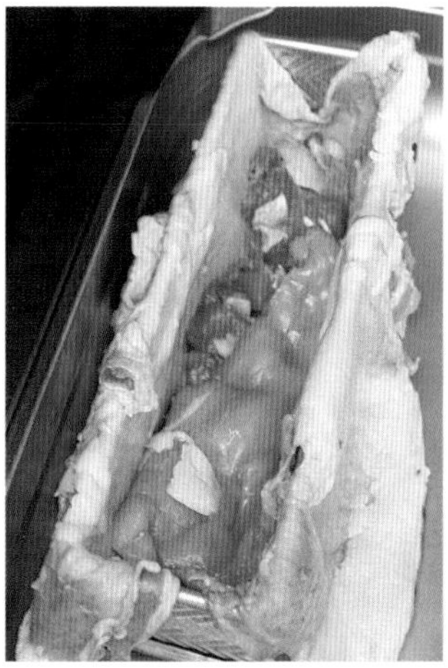

將雞皮鋪在製作法式肉派（pâté en croûte）專用的模具內，上下兩層擺放大腿肉，其內側為胸肉和下脯肉，中央塞入鵝肝醬法式凍派和餡料，總共有 7 層。

6

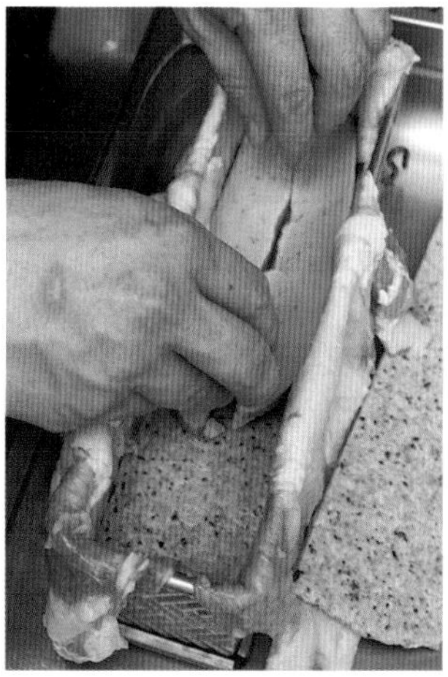

鵝肝醬的處理方法為，先浸泡在法式清湯（consommé）內，然後放入蒸氣烤箱（65°C、濕度 0%）中加熱約 15 分鐘。餡料的作法為，將雞絞肉和松露混合，放入蒸氣烤箱（80°C、濕度 100%）中加熱 5 分鐘。

POINT

使用旋鈕式的蒸氣烤箱

杉本主廚使用的蒸氣烤箱為德國 Rational 公司的產品。
依照操作面板來區分，有旋鈕式與觸控面板這兩種款式可選擇，杉本主廚選擇了前者。
「在匆忙的廚房內，我個人覺得，使用起來很直覺的認為旋鈕式比較好。」（杉本主廚）

7

塞完食材後，用雞皮緊密地將表面覆蓋，將肉包住。將模具的底板裝設在上方後，翻過來。讓「原本位於底部的外皮那面」跑到最上面，然後將模具放在調理盤內，放入蒸氣烤箱。

8

一邊讓肉吹風一邊烤

將蒸氣烤箱設定為 230°C、濕度 0%、風量 5 級（最大）。將調節器打開，一邊讓強風吹向表面，一邊烤。將其擺在中層，讓循環熱風能順利地吹向外皮表面。

9

透過此設定加熱約 10 分鐘，將外皮烤到酥脆後，暫時從烤箱中取出，確認加熱程度。在此階段，熱能還沒傳遞到中心部位。

10

將熱能傳到中心部位

再次放入蒸氣烤箱（163°C、濕度 98%、中心溫度 42°C、風量 3 級），將熱能傳到中心部位。透過低溫、高濕度、中等風量來加熱，並將調節器關閉，避免蒸氣流失。

11

為了讓上方呈現平坦形狀，所以在蒸烤時，會放上重物。當中心溫度達到設定值後，就切掉電源，打開烤箱的門，靜置約 10 分鐘。使用急速冷卻器來使其降溫，然後放入冰箱內靜置 1 天。

使用蒸氣烤箱來烤②

主廚／**岡本英樹**（ルメルシマン・オカモト）

烤三元豬肋骨排
火蔥醬汁

先用蒸氣烤箱來烤豬五花肉，再用蒸氣模式，做成照燒料理。經過真空處理後，燉煮約 3 小時的五花肉，軟嫩到可以輕易地從骨頭上取下。另一方面，在表面塗上凝聚了蔬菜甜味與豬肉美味的醬汁來烤。在這道料理中，可以同時品嚐到燉煮料理與照燒料理的魅力。搭配上紅酒醋風味的火蔥醬汁，配菜為牛蒡等蔬菜。

火蔥醬汁

❶將奶油放入鍋中加熱，溶化後，加入切碎的火蔥和鹽。一邊迅速地用木鍋鏟攪拌，一邊炒出水分。

❷將切碎的大蒜加到①中拌炒，加入紅酒醋，煮到稍微收汁。

❸將干邑白蘭地加到②中，讓酒精成分揮發。加入紅波特酒，同樣地讓酒精成分揮發。

❹將事先取出備用的豬肋骨排煮汁加到③中，煮到稍微收汁。加入切碎的醃漬小黃瓜、巴西里、鹽漬橘子（省略解說）、奶油，用攪拌器充分攪拌。

配菜

❶牛蒡去皮，切成 10～15 公分的長度，和鹽、黑胡椒粒、切成薄片的檸檬、橄欖油一起放入專用袋中，進行真空處理。放入 90°C 的蒸氣烤箱中加熱約 3 小時。

❷將從步驟①中取出的牛蒡、綠蘆筍、茄子、黃甜椒、用鹽水煮過的帶皮馬鈴薯（北明馬鈴薯）各自切成適當大小。

❸將橄欖油加入平底鍋中，稍微嫩煎步驟②的蔬菜後，撒上鹽，放入 220°C 的烤箱中烤 8 分鐘。

盛盤

❶將配菜擺放在盤子的深處，在前方淋上火蔥醬汁。

❷在步驟①的醬汁上放上「烤三元豬肋骨排」。

透過蒸氣烤箱的真空烹調功能
來鎖住帶骨五花肉的美味，
並添加蒸氣，做成「照燒料理」

平時，岡本主廚對用來當作配菜的蔬菜進行低溫烹調時，大多會使用蒸氣烤箱。岡本主廚說「如同本店那樣，當廚房人手不多時，想要供應高水準的各式菜色的話，蒸氣烤箱是不可或缺的烹調設備」。這次，主廚對帶骨豬五花肉進行真空處理後，會先使用蒸氣烤箱來燉煮，然後再運用蒸氣功能，一邊烤，一邊避免肉的表面變得乾燥，製作出「照燒」風格的料理。

使用芳香蔬菜、番茄、白酒、白酒醋等來將山形縣產三元豬的帶骨五花肉醃泡一晚，增添風味後，將肉和芳香蔬菜、醃泡液、小牛高湯、雞高湯等一起放入專用袋中，進行真空處理。第一道步驟為，將其連同袋子一起放入設定為 80°C 低溫的蒸氣烤箱內加熱 3 小時。使用蒸氣烤箱來製作「燉煮料理」的一大優點在於，能夠保留肉的美味與煮汁的香氣，而且不會把肉煮到爛，而是能呈現柔嫩多汁的口感。

在第 2 道步驟中，將煮汁煮到變得濃稠，稍微收汁後，將其當成「調味醬」，然後用料理刷將調味醬塗在豬肉上，放入「含有 20%蒸氣，溫度設定為 180°C」的蒸氣烤箱中加熱。翻面後，塗上調味醬，然後繼續烤，重複這個步驟 3～4 次。

「雖說是燉煮料理，但若只使用低溫烹調，容易使人感到一頭霧水。因此，最後要一邊塗上調味醬一邊烤，如同照燒料理，在肉的表面增添香氣」岡本主廚這樣說。另外，可藉由一邊加入蒸氣一邊烤的方式，防止燉煮時所產生的水分流失，如此就能夠烤出柔嫩多汁的肉。

盛盤時，會淋上使用豬肉煮汁和紅酒醋熬煮而成的火蔥醬汁來增添濃郁風味，擺上和豬五花肉一起使用蒸氣烤箱烤出來的牛蒡、嫩煎綠蘆筍等蔬菜來當作配菜。

1 切出肉塊

為了襯托煮汁的味道，所以使用肉本身的味道比較溫和的山形縣產三元豬的五花肉（帶骨）。連同肋骨一起分切，去除血管等部分，撒上鹽和胡椒。

2 醃泡肉塊

將步驟 **1** 的五花肉、切成薄片的洋蔥、胡蘿蔔、西洋芹、番茄、白酒醋、白酒加入調理盤中，然後放進冰箱醃泡一晚。

3 進行真空處理

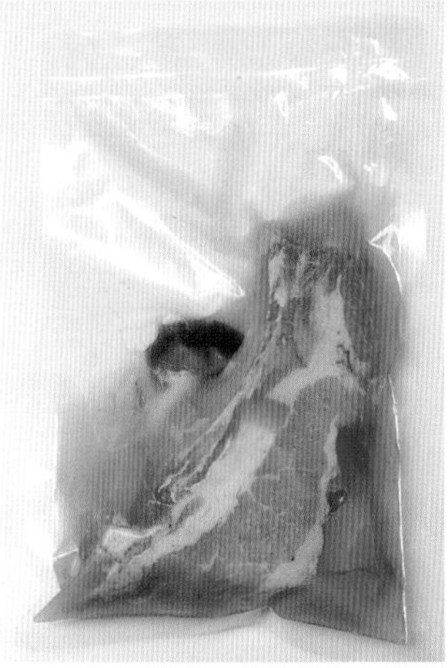

把醃泡過的五花肉、蔬菜、醃泡液、小牛高湯、雞高湯（都省略解說）等一起放入專用袋中，進行真空處理。液體的量約為能將整塊肉包覆起來的程度。

4 使用蒸氣烤箱來煮

將 **3** 放入 80°C、濕度 100%的蒸氣烤箱中加熱 3 小時。每隔一小時就要確認食材的狀態。每次在確認時，都要搖動袋子，攪拌食材，讓食材能夠均勻地受熱。

5

等到煮汁滲進豬五花肉中，肉也變軟後，就從蒸氣烤箱中取出。為了避免肉因過度加熱而變硬，所以要將肉連同袋子一起放入冰水中冷卻，去除餘熱。

6

去除餘熱後，將袋子打開，將五花肉、蔬菜、煮汁一起倒入碗中。五花肉會呈現出柔嫩多汁且富有光澤的狀態。在此步驟中，連中心部位都要完全烤熟。

POINT

能夠同時烹調多道料理

岡本主廚引進蒸氣烤箱的理由在於，「透過有限的人手就能準備好各種料理」。
事實上，只要將功能設定好，透過一台蒸氣烤箱，就能同時烹調多道料理。
在「ルメルシマン・オカモト」這家店內，在準備作為配菜的蔬菜以及烤肉時，此設備都能大顯身手。

7 製作調味醬

將 6 的蔬菜連同煮汁移到鍋中。用不會讓煮汁沸騰的中火來加熱，慢慢地將煮汁煮到收汁，讓煮汁剩下原本的一半，使肉和蔬菜的美味凝聚起來。

8

煮到收汁後，一邊用橡膠鍋鏟用力壓，一邊用錐形濾網來過濾，做成調味醬。為了製作火蔥醬汁，要事先取出一部分的煮汁備用。

9 將調味醬塗在肉上

將 6 的五花肉放在已架上烤網的調理盤內。放入蒸氣烤箱前，要先使用料理刷在朝上那面大量塗上 8 的調味醬來提升風味。

10 使用濕度20%的蒸氣烤箱來烤

放入設定為 180°C、濕度 20%的蒸氣烤箱中烤約 20 分鐘。放入蒸氣烤箱的目的在於，避免吸收了大量煮汁且柔嫩多汁的豬五花肉的表面變得乾燥。

11

中途，要將豬五花肉翻面 3～4 次，每次都要用料理刷在朝上那面塗上調味醬，讓味道確實滲入肉的表面。

12

將紅酒醋、干邑白蘭地、紅波特酒等加到在步驟 8 事先取出備用的煮汁中，煮到收汁，製作火蔥醬汁。

銅鍋／鑄鐵鍋／鐵板

依照用來將肉加熱的鍋子與平底鍋的材質，熱的傳導方式也會有所不同。
其指標之一就是熱傳導率。若這項用來表示熱能傳導能力的數值愈高的話，
熱能就愈容易傳導，愈低的話，就愈不容易傳導。
關於常用來製作鍋具的材質的熱傳導率，銅為 403，鋁為 236，鐵為 84。
換言之，我們可以說，容易加熱與冷卻的程度，依序為銅鍋、鋁鍋、鐵鍋或鐵板。
不過，熱的傳導方式會依照鍋的厚度與烹調方式而有所差異，所以重點在於，
要先比較過後，再選擇適合的設備。

用銅鍋來煎烤

主廚／**曾村讓司**（アタゴール）

塔斯馬尼亞州產牛腰內肉　東方快車　從巴黎的車窗眺望

這道烤牛腰內肉所著重的是呈現「瘦肉的美味」。附上嫩煎小傘菇（mousseron）等春季菇類、由烤肉時所流出的肉汁和牛肉肉汁（Jus de boeuf）混合而成的醬汁、帶有香草風味的芥末醬、馬鈴薯泥等，做成一道富有變化的料理。

配菜

❶將大蒜、迷迭香、鼠尾草、發酵奶油放入煎烤過「塔斯馬尼亞州產牛腰內肉」的銅鍋中加熱。等到香氣出來後，就放入切成兩半的大蘑菇進行嫩煎。

❷從①的銅鍋中取出香草類，將其放在正靜置於鑄鐵平底鍋內的牛腰內肉上。

❸將小傘菇和口蘑（tricholome de la St George）*加到①的銅鍋中，一邊添加發酵奶油，一邊進行嫩煎。

❹將步驟③的大蒜和嫩煎蘑菇加到鑄鐵平底鍋中。取出銅鍋內殘留的發酵奶油備用。

*小傘菇和口蘑都是一種蘑菇。

醬汁

將牛肉肉汁（Jus de boeuf）放入鍋中加熱，然後加入事先從配菜中取出備用的發酵奶油。

盛盤

❶將切碎的迷迭香和鼠尾草加到顆粒芥末醬中，用白酒來稀釋。

❷將香蒜醬（省略解說）和白酒加到第戎芥末醬中攪拌。

❸拆掉綁在「塔斯馬尼亞州產牛腰內肉」上的風箏線，將肉切成一半的厚度。

❹將馬鈴薯泥（省略解說）和①、②鋪在盤子上，放上2片③。附上配菜。

❺將岩鹽（喜馬拉雅山產）和粗粒黑胡椒粉撒在其中一片牛肉上。另一片牛肉則放上瀝乾水分後切成兩半的岩鹽漬綠胡椒（省略解說）。淋上醬汁。

搭配使用銅鍋與琺瑯鑄鐵平底鍋，進行「4 個步驟的加熱」

曾村主廚說「想要透過牛肉料理來呈現的，果然還是瘦肉的美味」。用來製作牛排的是，生長於澳洲南部的塔斯馬尼亞島的安格斯牛。經過牧草飼養後，要進行 180 天以上的穀物肥育。主廚採購了這種經過長期穀物肥育的牛的腰內肉，一塊的重量約為 3 公斤。

正因為是脂肪含量很少的紅肉，所以必須採用很細膩的加熱方式。曾村主廚將加熱過程分成了四個使用不同烹調設備與加熱方式的步驟，目的是將容易變得乾柴的腰內肉確實烤熟。將 1 人份的肉切成略小的 100～150g，在燒烤時，為了避免肉變得鬆弛，所以要先用風箏線綁起來後，再開始加熱。為了發揮瘦肉的質感與美味，所以要「以將整塊肉加熱的概念來仔細地慢慢加熱」。

首先第 1 步驟為，使用容易調整溫度的銅鍋。透過已加入奶油和橄欖油的銅鍋來煎烤肉的表面。第 2 步驟為，倒掉銅鍋中的油，加入發酵奶油，製作慕斯狀的焦化奶油。一邊將其淋在肉上，一邊透過很熱的泡沫來將肉包住，溫和地進行加熱。第 3 步驟為，將肉移到保溫性能很好的琺瑯鑄鐵平底鍋中，用上火式烤箱稍微加熱。感覺像是「在溫暖的場所將表面烤乾」的概念。在最後的第 4 步驟中，要連同鑄鐵平底鍋將肉放在鋼板瓦斯爐邊緣的網架上，讓肉在溫暖的場所休息後，就能結束加熱步驟。

最後的熟度為五分熟，肉汁會鎖在裡面，可以品嚐到多汁的美味。「在咀嚼烤好的肉時，可以感受到滿滿的肉汁在『躍動』，並刺激著五感。」另外，實際上餐廳在營業時，每次都會先詢問客人的喜好熟度與份量，以變更肉的厚度、大小、奶油的量，調整上火式烤箱和鋼板瓦斯爐的烹調時間。

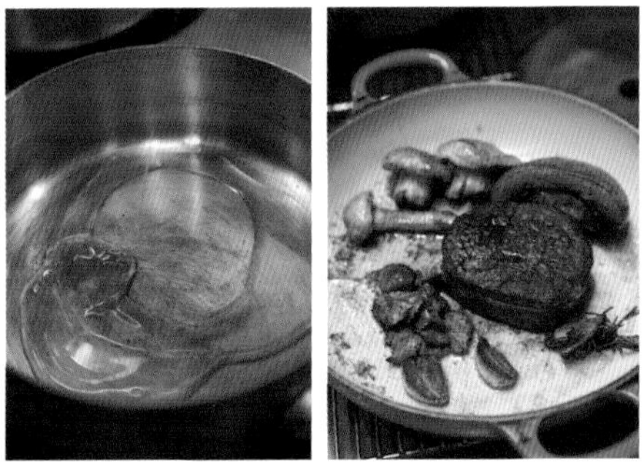

左／由於銅鍋的熱傳導率很高，所以優點為能在短時間內迅速提高溫度。另一方面，由於具備厚度，所以也擁有某種程度的保溫性能。
右／鑄鐵平底鍋的一大特徵為，保溫性能很高。

1 用風箏線將肉綁住

將處理好的牛腰內肉（澳洲產安格斯牛）切成約 3.5 公分厚。為了避免肉變得鬆弛，所以要用風箏線將肉綁成圓柱狀。撒上鹽，用手搓揉，讓鹽滲入肉中。

2 使用銅鍋開始煎烤

將奶油和可以避免奶油燒焦的橄欖油加到銅鍋中，用中火加熱，等到小泡沫出現後，放入腰內肉。以「將整塊肉加熱」的概念來進行煎烤。

3

將正在加熱的那面煎烤到稍微上色後就翻面，並降低火力，避免肉焦掉。兩面都煎好後，就將肉取出，倒掉油後，再放入發酵奶油。

4

當奶油變成慕斯狀後，再將肉放回去，一邊淋上泡沫，一邊用文火加熱約 5 分鐘。將肉的兩面都煎烤到焦香。為了避免燒焦，所以要讓奶油保持慕斯狀。

5 將肉移到鑄鐵平底鍋中

將肉移到鑄鐵平底鍋（已事先加熱）中，淋上銅鍋中剩下的湯汁，然後放入上火式烤箱。中途，要翻一次面，總計加熱時間約為 1 分鐘。

6 靜置

將網架放在鋼板瓦斯爐邊緣，放上裝了肉的鑄鐵平底鍋。透過上火式烤箱的餘熱和鋼板瓦斯爐的熱能，一邊保溫，一邊靜置約 5 分鐘。拆掉肉的風箏線，切成兩半。

POINT

選擇材質符合用途的鍋具

曾村主廚使用 4 個步驟來進行加熱，大致上可以分成，「一邊將整塊肉加熱，一邊使用奶油來進行油淋法，將肉的表面煎烤到變硬」的前半部，以及「利用餘熱來慢慢地持續加熱」的後半部。
在前半部使用容易傳導熱能的銅鍋，在後半部則使用保溫性能很高的鑄鐵平底鍋。由此我們可以得知，要選擇符合用途的鍋具。

用鑄鐵鍋來煎烤

主廚 ／ **古屋壯一**（ルカンケ）

羔羊古斯米

用鑄鐵鍋烤到柔嫩多汁的羔羊背肉，搭配上撒滿了碳化洋蔥粉末的黑色古斯米，以及自製的法式北非香腸（merguez），重新詮釋「皇家古斯米（couscous royal）」。讓烤過羔羊的鑄鐵鍋內的鍋底精華融化，製作出羔羊肉汁。附上由羔羊肉汁、綠色的西葫蘆菜泥、橘色的哈里薩辣醬混合而成的大量醬汁。

醬汁

❶將炒過的洋蔥、用褐色高湯（省略解說）煮過的西葫蘆、煮過的菠菜與其煮汁加在一起，放入攪拌機中攪拌後，進行過濾。加入綜合香料粉*。
❷去除烤過肉的鑄鐵鍋中所殘留的油脂，加入褐色高湯，煮到收汁。
❸一邊過濾②，一邊將其加到①中混合。
❹將哈里薩辣醬和橄欖油滴入③中。

*綜合香料粉
由小豆蔻、葛拉姆馬薩拉（Garam masala）、芫荽、孜然、匈牙利紅椒粉混合而成。

配菜

❶將大量碳化洋蔥粉末*撒在已恢復原狀的古斯米上。
❷將西葫蘆、胡蘿蔔、西洋芹、紅甜椒各切成3mm 塊狀，用鹽水汆燙。
❸用水讓鷹嘴豆（乾燥）還原，放入加了百里香、月桂葉的鹽水中汆燙。
❹將法式北非香腸（merguez，省略解說）切成約 2 公分長，用平底鍋煎烤。加入切成薄片的茄子，炒到變軟。

*碳化洋蔥粉末
用瓦斯爐將洋蔥煎烤成全黑的碳，使其乾燥後，用研磨器磨成粉末。

盛盤

❶將烤好的羔羊背肉切成容易入口的大小。將鹽和胡椒撒在帶骨的部分上，放入 250°C 的烤箱中 1～2 分鐘，將骨邊烤熟。
❷將作為配菜的古斯米盛盤，淋上醬汁。
❸將①的羔羊背肉放進②的盤中，撒上胡椒。附上其他配菜。
❹放上迷你芫荽，再次撒上古斯米。

使用鑄鐵鍋來烹調羔羊背肉，發揮食材原味，保留了食材的美味、香氣、水分，烤出柔嫩多汁的口感

古屋主廚說「鑄鐵鍋具備高密閉性與蓄熱性，其魅力在於燒烤時能鎖住食材的風味。用平底鍋容易煎烤到乾柴的小牛肉、豬肉等當然不用說，想要確實地讓羔羊肉沾附香草與香料的香氣時，也很適合使用鑄鐵鍋」。這次，主廚透過「將帶骨羔羊背肉表面煎烤到上色，鎖住美味」、「用烤箱來加熱」、「透過餘熱來加熱」、「透過鋼板瓦斯爐來煎烤」這 4 個步驟來進行加熱，將肉煎烤到表面很香、內部柔嫩多汁。

在這四種加熱方法中，古屋主廚最重視的是餘熱，也就是「靜置」的步驟。「若長時間將肉放在高密閉性的鑄鐵鍋中的話，會如同蒸烤那樣，燜住的氣味可能會流出。相反地，若為了短時間加熱而提高火力的話，肉就會變得堅硬緊實。因此，要縮短煎烤時間，在適當時機讓肉休息，藉此來達到調整加熱方式的目的。在加熱時，『在鑄鐵鍋內，讓肉儲存熱能』的觀念是很重要的。」

在放入烤箱時，要將切好的羔羊背骨鋪在鑄鐵鍋底部，然後放上肋骨朝下的背肉。如此一來，熱能就會經由骨頭，慢慢地傳遞到肉中，肋骨周圍的肉也會比較容易熟。順便一提，古屋主廚在將帶骨羔羊背肉表面煎烤到上色，並鎖住美味時，會使用料理噴槍來炙燒外露的肋骨周圍部分，也就是說，從上下兩邊同時進行加熱。據說，這是主廚在餐廳主要提供單點菜色的時期，來不及在客人點餐前讓肉恢復常溫時，所想出來的最佳加熱方式。

最後，直接將肉壓在鋼板瓦斯爐的鐵板上，讓烤焦的油脂散發風味後，便可收尾。直接運用殘留了羔羊美味的鑄鐵鍋來製作醬汁。呈現出「使用一個鍋子來煎烤肉類，並製作醬汁」這種傳統鑄鐵鍋料理的魅力。

這次使用的是法國 STAUB 公司的 Oval（直徑 27 公分）。該公司製造的鑄鐵鍋的特色為，蒸氣會透過鍋蓋內側的突起部分形成水滴，滴入鍋中，煎烤出柔嫩多汁的料理。

1 將胡椒和鹽撒在肉上

從羔羊（澳洲產）的背肉切出 4 根肋骨的份量（約 425g），處理乾淨後，讓肉恢復常溫。加熱前撒上鹽和胡椒。

2 將肉的兩面煎烤到上色

將外皮朝下的肉放入鑄鐵鍋中，不放油，開大火。煎烤時，用鍋鏟將五花肉附近的部分壓在鍋子上，讓脂肪溶解，然後用料理噴槍來炙燒肋骨周圍。

3

當炙燒過的肋骨兩端開始滲出骨髓液後，就代表溫度上升了，肉會變得容易熟。一邊將肉翻面，一邊將較厚的部分均勻地煎烤到上色。

4 靜置

將肉移到調理盤內，放在鋼板瓦斯爐上方的架子上靜置約 5 分鐘。溫度略高，約為 80°C。在此時間點，要調整肉的靜置時間，讓加熱進度達到約 40%。

5 炒骨頭和香草

透過鑄鐵鍋中的殘留油脂來將切成 2～3 公分的羔羊背骨煎烤到上色。加入切成兩半的帶皮大蒜、百里香、迷迭香，炒出香氣。

6 將肉放回鑄鐵鍋

從鑄鐵鍋中取出大蒜和香草，在背骨上放上肋骨朝下的肉，然後再放上大蒜和香草。讓背骨成為緩衝物，間接地將肉加熱。

POINT

適當地運用高密閉性

鑄鐵鍋的一大特色為，厚重的蓋子所產生的高密閉性。
雖然具備「不易讓水分與香氣流失」的優點，但依照用法，也可能有產生「悶熱感」的危險。
取放食材的時機、加熱溫度、是否要蓋上鍋蓋等，
請依照情況來做出選擇吧。

7 蓋上鍋蓋放入烤箱烤

蓋上鑄鐵鍋的鍋蓋，開大火，當鍋子溫度上升後，再放入 250°C 的烤箱內。加熱 5 分鐘後，將蓋著鍋蓋的鍋子移到溫暖的場所，靜置 5 分鐘，透過餘熱來加熱。

8

打開鍋蓋，確認肉的狀態。用手指按壓側面與背部最厚的部位，透過彈性來檢查加熱程度。在此步驟中，加熱進度雖然達到約為 70%，但中心部分還有點生。

9 取下鍋蓋放入烤箱

將取下鍋蓋的鍋子放入 250°C 的烤箱內，加熱約 2 分鐘，使其產生香氣。此時，要特別留意，不要讓上火直接與肉接觸。然後，取出鍋子，靜置約 5 分鐘。

10 用鋼板瓦斯爐來煎烤肉的表面

最後，直接將肉按壓在開了大火的鋼板瓦斯爐上，將側面以外的面煎烤到焦香上色。由於已經熟了，所以表面不會因此而縮成一團。

用鐵板來煎烤

主廚／**飯塚隆太**（レストラン リューズ）

鐵板煎烤妻有豬　佐燜煮當季蔬菜

粉紅色的豬里肌肉柔嫩多汁富有光澤，口感非常細緻。搭配烤到口感酥脆且風味十足的肥肉。淋上由豬的肉汁和豬油混合而成的醬汁，讓根莖類與豆子等約 10 種嫩煎蔬菜也沾附上豬的肉汁，呈現出整體感。滴上新鮮的羅勒油來提味。

醬汁

❶製作豬的肉汁。將沙拉油倒入已加熱的鍋中，放入切成兩半的大蒜和切成適當大小的豬骨。烤出香氣後，放入另外烤好的洋蔥和大蒜薄片，加入用上次留下的豬肉汁做成的二次高湯（省略解說）和水，熬煮約 1 個半小時。
❷將切成適當大小的豬背脂、大蒜、百里香放入另一個鍋中，一邊溶解油脂，一邊將豬背脂烤出香氣，萃取出油脂，並進行過濾。
❸將①和②混合。

配菜

❶將大蒜、萬願寺辣椒、甜椒（紅色·黃色）、紅心蘿蔔、菖蒲蕪菁、茎藍、西葫蘆（黃色·綠色）切成適當大小。使用鋪了一層橄欖油的鐵板來進行嫩煎。
❷用鹽水汆燙毛豆，去除豆莢和薄膜。
❸將奶油、大蒜、切成適當大小的馬鈴薯放入已加熱的鑄鐵鍋中，蓋上鍋蓋。放在鐵板邊緣加熱，偶爾要將馬鈴薯翻面，使其上色。撒上鹽。
❹將家禽高湯（省略解說）和豬的肉汁加入鍋中煮到收汁，放入①～③和油封番茄（省略解說），迅速地攪拌。淋上特級初榨橄欖油。

盛盤

❶將「鐵板煎烤妻有豬」的背脂的邊緣與筋等較硬的部分切除後，縱向切成兩半。
❷將配菜盛盤，放上切面朝上的①。將醬汁淋在肉的表面與配菜上，撒上鹽之花和粗粒黑胡椒粉。
❸將迷你羅勒葉放在②旁邊，滴上羅勒油*。

*羅勒油
由切碎的羅勒和特級初榨橄欖油混合而成。

鐵板的優點在於，
能利用平坦的面來將肉煎烤出香氣
一邊發揮其優點，一邊同時使用鑄鐵鍋，
呈現脂肪和肉的魅力

鐵板的使用方式為，將食材放在已進行高溫加熱的鐵板上，從接觸面進行加熱。除了「能將食材表面煎烤到非常焦香酥脆」這項優點以外，還要介紹其運用方式，像是將鍋子放在上面進行烹調。

飯塚主廚認為鐵板的優點在於，「由於溫度很穩定，所以能夠均勻地進行加熱。而且，由於是完全平坦的，所以能緊貼著肉的切面等，將其烤到非常焦香酥脆」。在本章節中，要以豬里肌肉為例，解說如何使用鐵板來煎烤出「既酥脆又風味十足的脂肪」和「柔嫩多汁的肉」。

首先，要進行「預先加熱」的步驟。將里肌肉切成約 800g 的大塊後，把背脂朝下的肉放在已加熱到 260°C 的鐵板上，一邊用鍋鏟壓住，一邊確實地去除脂肪。雖然脂肪會被烤成深褐色，但中途流出的脂肪則要仔細地去除。使用鐵板時，「讓鐵板表面保持乾淨」這一點很重要。舉例來說，在同時烹調多種食材時，如此就能避免食材的風味混在一起。

在營業前，只要事先將整塊油脂確實烤好，營業時就只需切出必要的量，並專注於烤出柔嫩多汁的肉即可。這次，要將肉分切成各 200g，放在鐵板上將整塊肉加熱後，再使用鑄鐵鍋來進行蒸烤。此時，要將鑄鐵鍋放在鐵板邊緣溫度較低的位置，慢慢地加熱。將肉烤到柔嫩多汁，最後再將肉放在鋪了一層奶油的鐵板上，把表面烤到焦香且富有風味，就完成了。

在進行一連串步驟的同時，飯塚主廚還會利用鐵板上的閒置空間來嫩煎用來當作配菜的蔬菜，並製作醬汁。

「可以在同一個空間內同時烹調多種不同料理，非常方便。另外，在烹調中若要清潔鐵板的話，只需將油或水倒在表面，用擦碗布擦拭即可。比起每次都要洗平底鍋，我覺得這樣比較有效率。」

這是松下設備工業所製造的鐵板，飯塚主廚將其視為主要加熱設備。在寬度 1 公尺×深度 65 公分的鐵板下方，左右兩邊各有一組圓形的電熱線，在營業時，主廚會分別將右邊設定為 260°C，左邊設定為 240°C。

1 在背脂上劃出切口

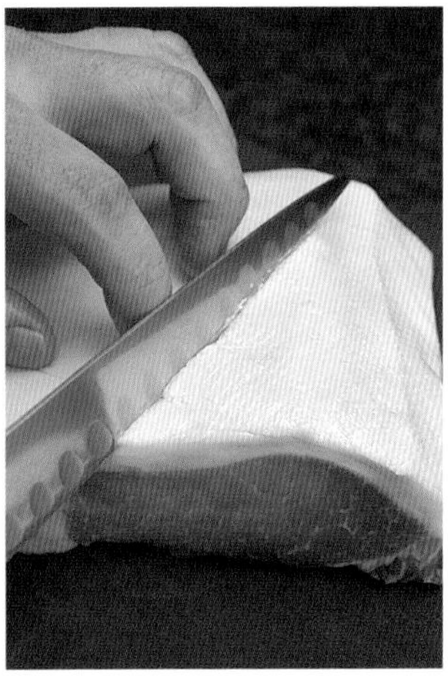

切出約 800g 的豬里肌肉（新潟縣產妻有豬），並在背脂的表面上斜斜地劃出一道切口。由於肉的較硬部分與筋等部位，會在烹調後去除，所以刻意不清理。

2 在鐵板上煎烤背脂

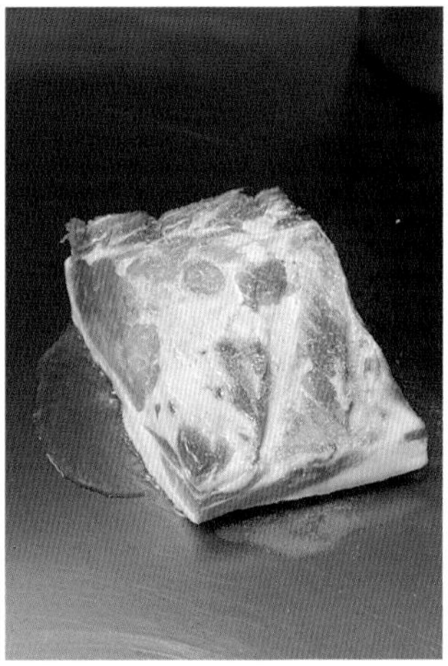

將略多的鹽撒在背脂上，肉則撒上鹽和胡椒。用 260°C 的鐵板來煎烤背脂。用鍋鏟來收集溶出的油脂，將一部分油脂移到鑄鐵鍋內，剩下的油脂則倒進油盆內。

3

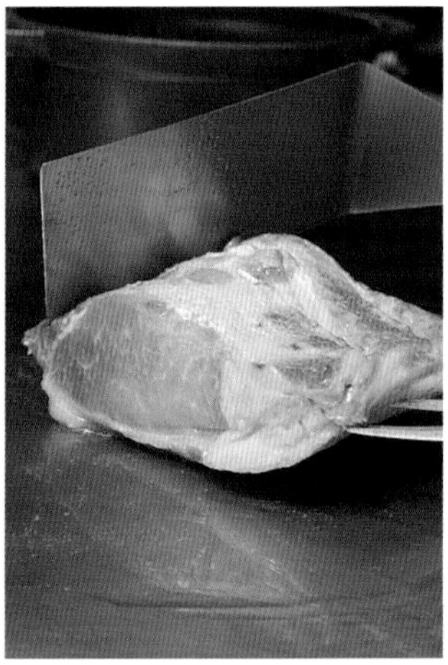

直到油脂溶出量變少，表面開始產生香氣前，都不要移動肉塊。用鍋鏟壓住背脂的往上彎曲部分，讓背脂緊貼鐵板，將整塊背脂煎烤出香氣。

4

當表面變得焦香酥脆後，就將背脂朝上的肉塊移到涼爽的場所。煎烤時間約為 20 分鐘。讓肉休息到營業前，等到客人點餐後，再進行之後的步驟。

5 將肉切開撒上鹽

切出所需人數的厚度（1 人份為 1 公分多，這次切出 2 片 2 公分厚的肉）。由於擺放在涼爽的場所，所以只有背脂的表面有烤熟，肉則是生的狀態。將鹽撒在兩邊的切面上。

6 在鐵板上將整塊肉加熱

在鐵板上鋪上一層沙拉油，一邊用鍋鏟支撐，一邊讓背脂朝下的肉立起來。等到油脂開始溶出後，再將肉放下，迅速煎烤肉的兩面，將肉的整個表面加熱。

POINT

易於管理溫度也是其魅力

「レストラン リューズ」所使用的鐵板非常厚，達到 3 公分。
因此，雖然需要花 30 分鐘以上才能將整塊鐵板加熱，不過，一旦加熱後，即使同時放上各種食材，溫度也不易產生變化，可以穩定地進行加熱。

7

放入鑄鐵鍋內進行蒸烤

將加進了融化背脂的鑄鐵鍋放在鐵板邊緣加熱，在鍋中設置一個用鋁箔紙做成的底座。將肉放在底座上，避免肉直接接觸鑄鐵鍋的底部以及側面，然後蓋上鍋蓋。

8

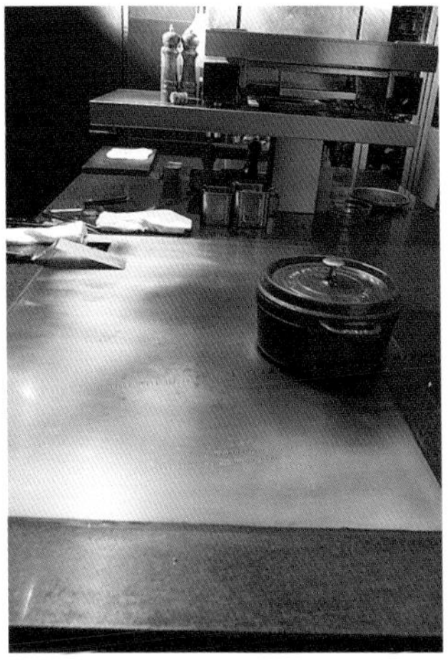

將鑄鐵鍋放在溫度略低的鐵板邊緣加熱約 20 分鐘。在密閉的鑄鐵鍋內，從肉中流出的水分會形成蒸氣，悶在鍋中，使肉處於蒸烤狀態。

9

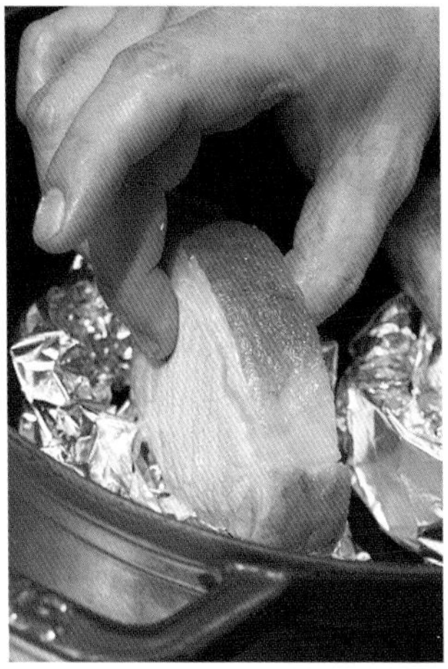

中途要觀察鍋中狀態，當火力太強時，就要調整溫度，像是挪動鍋蓋，或是讓鑄鐵鍋離開鐵板。用指尖按壓肉塊，若能感受到適度的彈性，就將肉取出。

10

透過奶油來增添香氣

將發酵奶油放到鐵板上，使其融化，然後煎烤背脂那面。煎到酥脆後，就讓肉倒下，迅速煎烤肉的兩面。將微溫的肉煎烤到熱騰騰的，並增添香氣與顏色。

11

將筋等部位切除

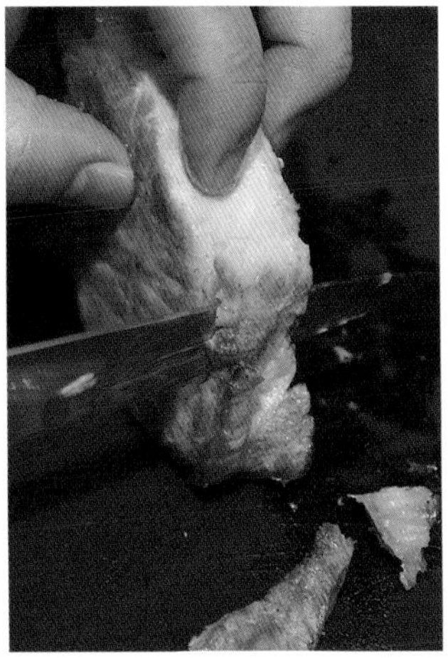

將背脂的邊緣部分與筋等較硬的部位切除，調整肉的形狀，然後縱向切成兩半。在烤好的肉中，透明的肉汁會從粉紅色的切面上逐漸浮現。

恆溫水槽

恆溫水槽的功用為，在容器中裝滿水，並管理其水溫。
主要的使用方法為，讓真空包裝的食材浸泡在熱水中，進行間接加熱。
在廚房內，大多會搭配真空包裝機來使用。
由於原本是用於科學實驗等用途的設備，
所以一大特色為，能夠非常詳細且精密地設定並保持水溫。
在同類的設備中，還有用油而非水來當作加熱介質的恆溫油槽。

使用恆溫水槽來加熱

主廚／**荒井昇**（オマージュ）

烤南部高原豬里肌肉

在口感滑順且柔嫩多汁的里肌肉上，淋上味道清澈的雞肉汁（jus de volaille）製成的醬汁，給人一種很清爽的印象。附上拌炒過的貽貝、毛豆、培根，來呈現「山海的恩惠」。

醬汁

❶將充分清理過的雞翅膀和水一起放入鍋中。加入切成適當大小的洋蔥、胡蘿蔔、西洋芹，以及百里香、月桂葉、番茄糊，蓋上鍋蓋，放入蒸氣烤箱。透過便利模式來將爐內溫度設定為 85°C，加熱 8 小時。
❷取出①的鍋子，進行過濾。煮到收汁，讓湯汁剩下原本的 1/10 左右。

配菜

❶清理貽貝，將少量的水加入鍋中，進行蒸煮。此時，要事先取出貽貝的肉汁來備用。
❷將①的肉汁進行過濾後，放入鍋中加熱，加入切碎的發酵洋蔥*、切碎的培根、快速汆燙過的去皮毛豆，進行拌炒。加入從殼中取出的①的肉，迅速加熱。加熱切碎的蝦夷蔥。

*發酵洋蔥
洋蔥去皮，切成六等分。撒上洋蔥份量 1.5% 的鹽，放入專用袋中，進行真空處理。直接在常溫下靜置 1 週後，就能做出發酵洋蔥。

盛盤

❶將「烤南部高原豬里肌肉」的風箏線拆掉，切成圓片。將鹽之花和磨碎的白胡椒粒撒在切面上。讓撒上了鹽和胡椒的那面朝上，將肉擺放在盤子中央。
❷淋上醬汁，附上配菜。附上酸模和用削皮器去皮的大黃。

在真空狀態下，慢慢地將豬肉加熱。
透過正確的溫度設定來接近理想的中心溫度

恆溫水槽能夠將裝滿容器的水加熱到設定好的溫度，並長時間維持水溫。荒井主廚是在 3 年前引進這項設備的。以前，他想要使用可詳細設定溫度的加熱方式時，會使用蒸氣烤箱。「當蒸氣烤箱正在使用時，其他想使用烤箱功能的料理的烹調工作就要延後。即使想再買一台，但空間也不夠大」基於這樣的理由，主廚買了「溫度調整的精準度較高、尺寸較小、引進成本也較合適」的恆溫水槽。主廚使用的是德國 Julabo 公司的產品，熱水溫度最高可提升到 95°C，溫度最多只會出現 0.03°C 的誤差。

荒井主廚說，由於不會奪走食材的水分與美味，能夠穩定地加熱，所以如同這次的豬里肌肉那樣，想要呈現柔嫩多汁的口感時，就會運用此設備。不過，雖然同樣都是豬肉，如同肩胛里肌肉那樣，筋和脂肪交雜的肩膀附近部位，就不適合這種烹調方式，所以辨別這一點是很重要的。

恆溫水槽幾乎都會搭配真空包裝來使用，這次荒井主廚所呈現的也是在真空狀態下，將用來為豬里肌肉增添風味的粉末與背脂進行加熱的方法。當食材本身沒有強烈的香氣或風味時，能一邊將補足用的要素加熱，一邊讓風味滲進食材中，也可以說是此設備的優點之一吧！

由於要盡量減少水溫與肉的溫度差距，好讓機器能夠穩定地加熱，所以將溫度設定為 60°C。藉由同時使用食物溫度計，就能掌控精準度更高的火候。這次，主廚將中心溫度 47°C 視為「從恆溫水槽中拉起食材」的基準。

荒井主廚說「由於透過最後的加熱，中心溫度還會再上升，所以此時只要先將目標溫度設得較低，就能減少失敗的機率」。如同他所說的那樣，最後還要用平底鍋將表面煎香，讓「燒烤般的多汁口感」與「透過恆溫水槽才能實現的滑順且柔嫩多汁的口感」這兩者得以共存。

1 切除多餘脂肪

使用豬里肌肉（岩手縣產南部高原豬，約 1.4 公斤）。將五花肉附近那些筋和脂肪交雜的部分切除，切出里肌心。

2

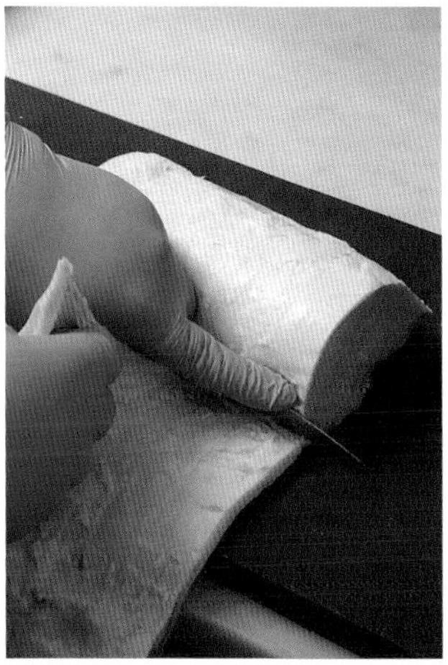

從里肌心的肉與脂肪的交界切開，一邊取下很厚的背脂，一邊注意不要讓背脂破掉。事先取出此背脂備用。仔細地去除殘留在肉表面上的薄脂肪。

3 切出肉塊

將仔細去除脂肪後的里肌心切成兩等分，看起來有如兩條細長的長方體。1 人份約為 70g。計算方法為，這樣的 1 片肉（約 300g）可取出 4 人份的量。

4 調整成圓柱狀

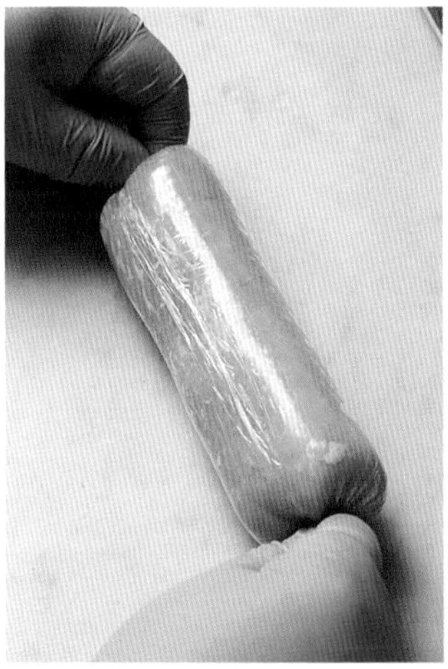

將保鮮膜攤開來，放上 1 條步驟 **3** 的肉片，緊緊地捲起來後，將兩端打結，把肉調整成圓柱狀。

5 撒上碳化蔬菜粉末

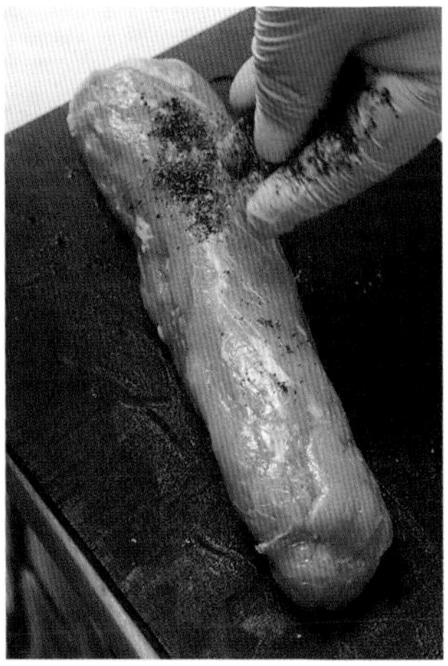

使用食物調理機打成粉末後，再用烤箱烤，做成碳化蔬菜粉末，然後和鹽、海藻糖混合。將此粉末塗抹在拆掉保鮮膜的步驟 **4** 那塊肉上。

6 靜置一天，讓風味融入其中

依照步驟 **4** 的要訣，再次用保鮮膜將步驟 **5** 的肉緊緊包起來。將兩端綁緊，放入冰箱中靜置整整一天。藉此，就能讓蔬菜的風味與香氣確實地融入肉中。

POINT

透過碳化蔬菜粉末來補足焦香味

使用恆溫水槽來加熱的缺點就是，無法透過梅納反應來產生芳香風味。
為了解決此問題，荒井主廚使用的是，碳化蔬菜粉末。
將烹調時所使用的洋蔥和胡蘿蔔的皮等做成粉末狀，再用烤箱烤到焦。
藉由將此粉末撒在肉上，就能讓肉沾附獨特的焦香。

7 將背脂捲起來

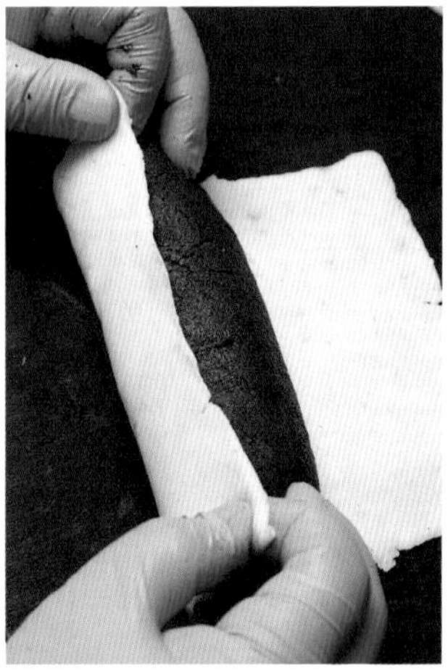

將在步驟 **2** 取出備用的背脂切成薄片，放上步驟 **6** 中拆掉包鮮膜的肉，將其捲起來，為肉補充油脂，防止肉變得乾燥。使用風箏線，從上方綁起來，將背脂固定。

8 用奶油煎烤

將大量奶油放入平底鍋中加熱，等到起泡後，就把肉放入，用中火煎烤。目的與其說是烤熟，倒不如說是，將表面加熱，使其沾附奶油的香氣。

9 放入恆溫水槽中

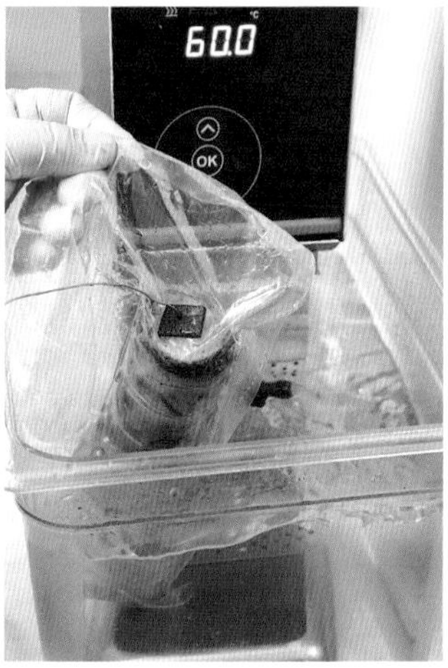

將 **8** 放入專用袋中，進行真空處理。隔著袋子插上食物溫度計，放入恆溫水槽中。將水溫設定為與肉的溫度沒有很大差異的 60°C，緩慢地加熱。

10 確認中心溫度

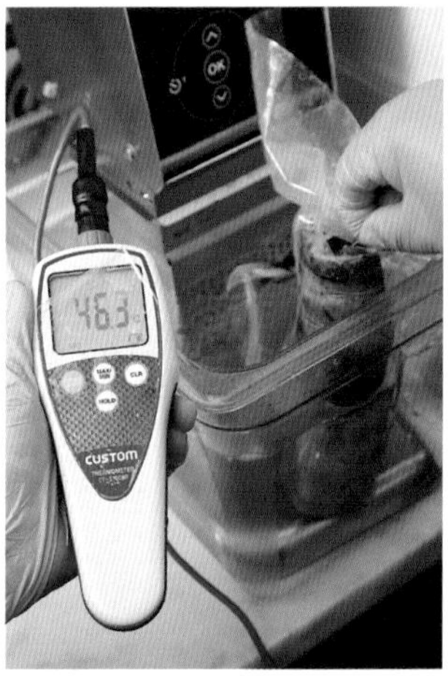

當中心溫度到達約 47°C，就從恆溫水槽中將肉拉起。此中心溫度終究只是一個「停止使用恆溫水槽來加熱」的基準。之後在平底鍋中加熱時，中心溫度還會上升到更高。

11 再次煎烤表面

從袋子中取出肉。在平底鍋中將奶油加熱，等到起泡後，就把肉放入。一邊讓肉沾附奶油香氣，一邊將整塊肉煎烤到上色，並把熱能傳到中心部位。

壓力鍋

在氣壓很低的富士山山頂，水在 90°C 以下就會沸騰。
相反地，若氣壓上升的話，水的沸騰溫度＝沸點也會上升。
壓力與水的沸點之間有著密切的關係，利用此原理的設備就是壓力鍋。
只要將已裝入液體的密閉鍋子加熱，內部就會產生水蒸氣，
由於水蒸氣無處可逃，所以內壓會上升。
如此一來，沸點也會上升，因此最後會產生超過 100°C 的高溫。
利用這項原理，就能在短時間內進行烹調。

使用壓力鍋來燉煮①

主廚／**有馬邦明**（パッソ・ア・パッソ）

寬帶麵佐燉煮鴨肉

使用一整隻帶骨的鴨子燉煮而成。這是義大利托斯卡尼地區所流傳的傳統燉煮料理。搭配上很寬的義大利寬帶麵。使用壓力鍋將鴨子煮軟前，要事先用脫水膜來去除多餘水分，或是慢慢地煎烤外皮，去除多餘油脂。如此一來，美味就凝聚，而且會產生不油膩的味道。加入了可可粉和丁香粉的寬帶麵會稍微帶有苦味和香氣，藉此來提升整體的風味。

可可風味的寬帶麵

❶將高筋麵粉（北海道產春戀）300g、杜蘭粗粒小麥粉（Semolina）200g、蛋黃 4 顆、可可粉 2 小匙、少許的鹽、少許的特級初榨橄欖油混在一起，一邊揉捏，一邊揉成一塊麵團。包上保鮮膜，放入冰箱內約 1 小時，讓味道融合。

❷將①的麵團放入義大利麵製麵機數次，壓成厚度 2mm 的麵皮，然後使用刀片為鋸齒狀的義大利麵切麵器切出寬度 2 公分、長度 20 公分的帶狀麵條。

❸在②上撒上麵粉，放在通風良好的場所稍微靜置一會兒，讓表面變乾。

盛盤

❶將大量熱水煮沸，加入鹽巴，放入可可風味的寬帶麵，煮 1～2 分鐘。

❷將煮好的①和加熱過的燉煮鴨肉混合，充分攪拌，拌入切碎的平葉巴西里和特級初榨橄欖油。

❸將②盛盤，撒上切碎的平葉巴西里，以及刨成細絲的帕馬森起司。

將一般烹調方式需花費 4～5 小時的加熱時間縮短至 25 分鐘。透過壓力鍋很有效率地製作燉煮料理

有馬主廚經常運用壓力鍋來製作燉煮料理。這次要請他介紹的是燉煮鴨肉。先用平底鍋將已去除內臟的全鴨煎到上色，然後再放入壓力鍋中，和蔬菜、肉汁清湯一起加熱約 25 分鐘。將連同骨頭都一起煮到很軟的鴨肉壓碎，放回煮汁中，煮到收汁後，讓煮汁味道融入肉中，做成義大利麵醬汁。

有馬主廚，使用壓力鍋時，有幾項重點。首先，水分與食材不能超過鍋子的規定容量。因為內容物一旦過多，就會有「導致食材噴出來」的危險。第二點為，需遵守符合食材的水量。

「只需少量煮汁即可，雖然是壓力鍋的優點之一，但依照要燉煮的食材種類，其比例也會有所差異，所以必須根據經驗來推算。燉煮全鴨時，最佳水量約為身體高度的七成，若水量比這個少，就會變得容易燒焦。同樣地，讓食材大小符合鍋子的尺寸也很重要。」

另外，使用壓力鍋進行烹調時，由於水分不會減少，所以在燉煮前，必須依照需求，將煮汁煮到收汁，並在事先決定好味道。不過，鹽分過多的話，就容易燒焦。因此，將鹽分控制在最低必要限度也很重要。

有馬主廚會藉由分別使用兩個不同尺寸的壓力鍋來應付大小、性質各不相同的食材。這次使用的是 5 公升的鍋子。

「使用一般烤箱來製作燉煮鴨肉，需花費 4～5 小時。一方面，壓力鍋能大幅縮短烹調時間，只要多留意水量和鹽分，就很少會失敗。優點很多，而且又想不到有什麼缺點。在烹調各種燉煮料理，以及進行各種準備工作時，都相當有用。」

與過去必須習慣用法相比，現在的壓力鍋用起來已變得相當輕巧且安全。由於能夠大幅縮短烹調時間，所以在爐火數量較少的小廚房內，會讓人特別期待其運用方式。

1 用酒來清洗肉的內側

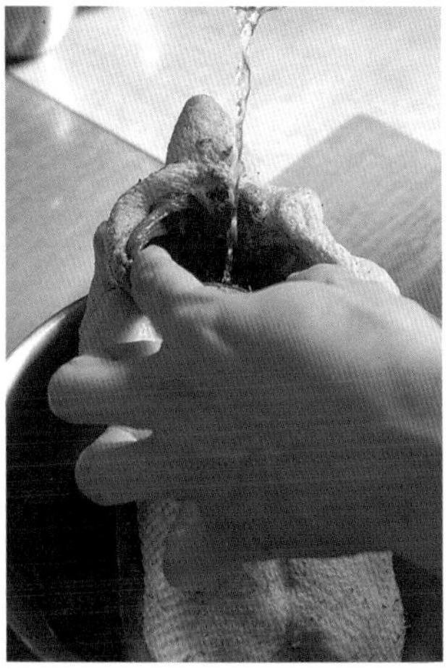

當鴨子（新潟縣產）送到店內後，就立刻去除內臟，用日本酒或燒酒來清洗腹部內側。「我特別推薦使用地瓜燒酒或黑糖燒酒。」（有馬主廚）由於水可能會損壞肉質，所以不要用水清洗。

2 去除水分

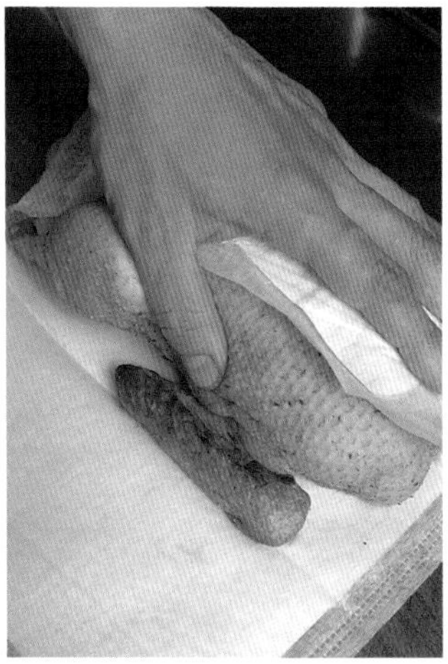

用吸水膜（參閱 184 頁）包起來，靜置 1 小時，去除流出的汁液。接著，用脫水膜（相同）包起來，放入冰箱內靜置 1 天。將尾部的根部切除，塞入香草和大蒜。

3 煎烤到上色

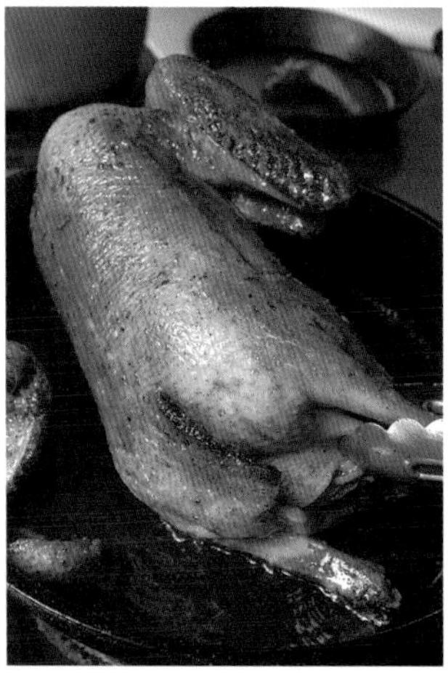

在鐵製平底鍋內鋪上一層橄欖油，用文火煎烤撒上一點鹽的鴨肉。平底鍋的尺寸要比鴨子稍微大一點，油量約為 5mm 深。煎烤到表皮上色後，就放到網架上備用。

4 拌炒蔬菜

在煎過鴨肉的平底鍋中放入洋蔥、大蒜、茄子、迷迭香、月桂葉，進行拌炒，然後移到壓力鍋中。由於使用壓力鍋來加熱時，蔬菜不易釋放甜味，所以在此步驟中，要慢慢地加熱。

5 使用壓力鍋來燉煮

將鴨子放到蔬菜上。加入紅酒，不要蓋上鍋蓋，將湯汁煮沸，煮到收汁，使湯汁剩下原本的一半。加入番茄、整顆番茄罐頭、鴨子的肉汁清湯（省略解說）、鹽，調整煮汁量，讓煮汁達到鴨子高度的七成左右。

6

蓋上壓力鍋的鍋蓋，開大火，等到開始加壓後，轉為文火。就這樣燉煮約 25 分鐘後，關火。一邊保持蓋上狀態，一邊靜置約 25 分鐘，讓食材在裡面燜。

POINT

加壓中的靜音性也會成為判斷基準

有馬主廚所使用的壓力鍋是 Wonder Chef 公司製造的 5 公升款。
據說，除了能夠縮短烹調時間以外，聲音也很安靜，用起來很方便。
「我以前用的壓力鍋在加壓時會發出很大的聲音，無法在營業時使用。
現在已經不用擔心這個問題了。」（有馬主廚）

7 在常溫下放涼

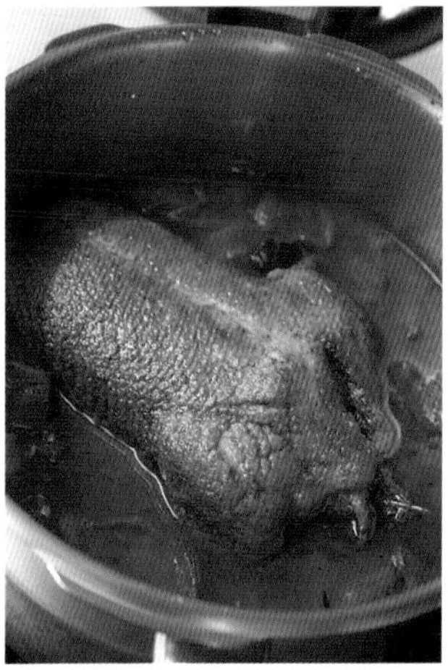

讓壓力鍋洩壓，在常溫下放涼。打開鍋蓋，舀起浮在煮汁上的油脂，將其去除。稍微加熱，提高鴨肉溫度，肉就會比較容易弄碎。

8 去除骨頭將肉弄碎

去除鴨皮（之後要用於製作肉汁清湯等），用湯匙將肉從骨頭上取下。將煮汁中的香草類去除，一邊用篩網將蔬菜弄碎，一邊過濾，並將煮汁煮到收汁，讓煮汁剩下一半。

9

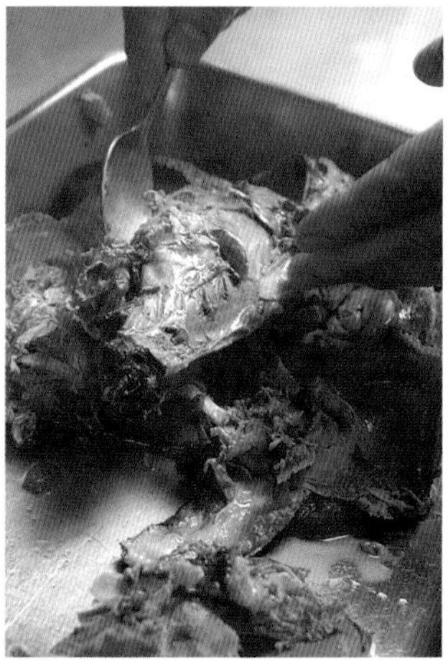

趁鴨肉還熱時，如同搓揉般地用雙手將肉剝成小塊。同時，也要仔細地確認肉中是否有很小的骨頭碎片，有找到時，要去除所有骨頭碎片。

10 將煮汁到收汁

將剝好的鴨肉放入煮到收汁的煮汁中，開火。一邊用攪拌器將肉弄得更碎，一邊用文火將煮汁煮到收汁。若有需要，可用鹽和胡椒來調味，放入冰箱內冰 3 天，使肉入味。

使用壓力鍋來燉煮②

主廚／**坂本健**（チェンチ）

紅酒燉牛頰肉

牛頰肉保留了雖軟嫩卻扎實的口感，而且保有牛肉的精華。在這道紅酒燉煮料理中，牛頰肉、美味的煮汁、爽口的紅酒形成了三位一體。附上富有光澤的烤茄子，以及風味十足的岡山縣．吉田牧場產的起司「瑪吉亞庫立」的刨絲。

配菜

用直火將千兩茄子的外皮烤到焦黑。去皮，撒上鹽。

盛盤

❶將配菜擺到盤子上，放上「紅酒燉牛頰肉」。淋上煮汁。

❷在①上面撒上刨絲起司*與黑胡椒。

*起司

使用的是，岡山．吉備中央的吉田牧場所生產的長期熟成型硬質起司。豐富香氣與濃郁滋味為其特色。

讓人能充分品嚐到「柔嫩多汁的肉」和「從肉中滲出的美味煮汁」這兩者的料理型態

坂本主廚自從 2014 年自立門戶開始，就喜愛使用壓力鍋。他說，最大的優點在於，「能夠縮短烹調時間」。舉例來說，使用烤箱要花費 4～5 小時的燉煮料理，若改用壓力鍋的話，30 分鐘就能完成。如此一來，就能縮短鍋子佔據烤箱或瓦斯爐的時間，能夠很有效率地進行烹調。

再者，由於在燉煮時會持續施加固定的壓力，所以能夠均勻地將食材加熱，這一點也是其魅力。主廚說「尤其很適合用來燉煮牛頰肉或牛尾巴等，可以將含有豐富膠質且帶有筋的肉煮到很柔軟」。

不過，也有需要注意的事項。其一為，由於水分幾乎不會蒸發，所以很難呈現出燉煮料理才有的「濃縮感」與梅納反應帶來的香氣。其二為，雖然做出來的品質很穩定，但是以作為餐廳的料理來說，若想呈現個性的話，就需要更進一步的創意。

「我理想中的燉煮料理是，可以享受到『保留了肉的精華且富有柔嫩多汁的口感』與『從肉中滲出的美味煮汁』這兩者的料理型態。前者要透過短時間的加熱，所以適合採用壓力鍋，後者要透過長時間的加熱，也就是適合使用烤箱或瓦斯爐來燉煮。因此，我心想，是否能將兩者的優點結合起來呢？我想出來的就是這次要介紹的方法。」

首先，將用紅酒醃泡過的牛頰肉放入壓力鍋中加熱。不過，加熱時間僅止於約 35 分鐘，讓肉處於「雖然膠原蛋白融化了，但還保留了肉的質感」這種狀態。接著，拿掉鍋蓋，繼續燉煮約 30 分鐘，將煮汁煮到收汁，提升風味。最後，單獨將紅酒煮到收汁後，再加到牛頰肉和煮汁中。透過此步驟，紅酒的風味會變得很突出，形成「柔軟的肉裹著紅酒的理想狀態」。

順便一提，壓力鍋也能運用在義大利燉飯的前置作業上。「由於不會讓米的澱粉流失，又能在短時間內加熱，所以是最適合的方法。這種運用方式也請務必要嘗試看看。」（坂本主廚）

1

用鹽來醃泡牛頰肉

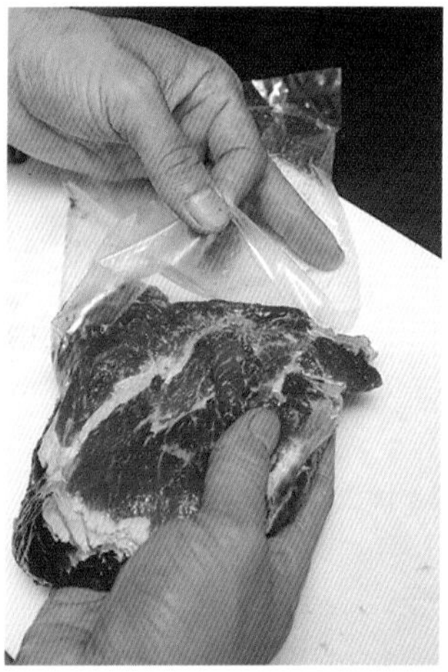

從牛頰肉（黑毛和種）上去除筋和脂肪。抹上鹽（份量為肉重量的1%），放入專用袋中進行真空處理。放入冰箱內靜置約 24 小時。

2

使用紅酒和蔬菜來再次醃泡

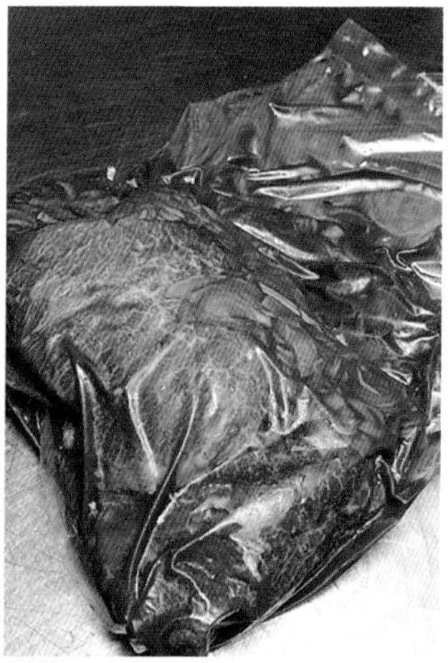

取出頰肉，和紅酒、用烤箱烘乾的洋蔥、胡蘿蔔、西洋芹一起再次放入袋中進行真空處理。放入冰箱內，醃泡 24 小時。

3

將 **2** 進行過濾，分成頰肉、醃泡液、蔬菜類。肉會呈現「紅酒適度滲透」的狀態。事先取出醃泡液、泡過醃泡液而恢復原狀的乾燥蔬菜備用。

4

將牛頰肉煎烤到上色

在頰肉抹上低筋麵粉，放入已將橄欖油加熱的平底鍋內，用大火將整塊肉煎烤到上色。為了不讓煮汁變得過於黏稠，所以只需使用少量的低筋麵粉。

5

將食材放入壓力鍋中

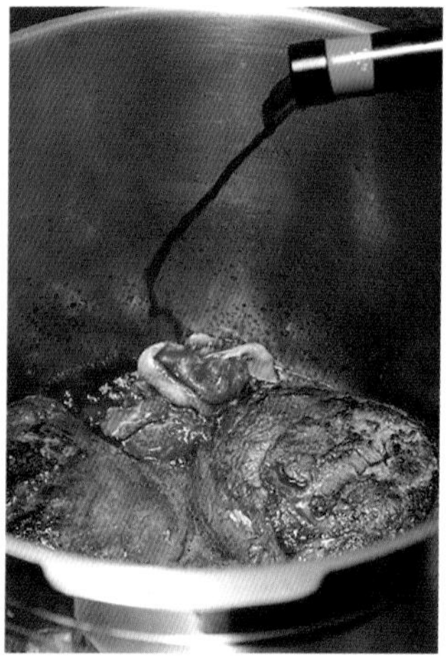

將切成 1 公分塊狀的生火腿邊角肉放入鋪上了橄欖油的壓力鍋中炒，加入牛筋，繼續拌炒。加入牛頰肉，倒入紅酒和醃泡液，使其剛好蓋過食材。

6

以加壓的方式來加熱

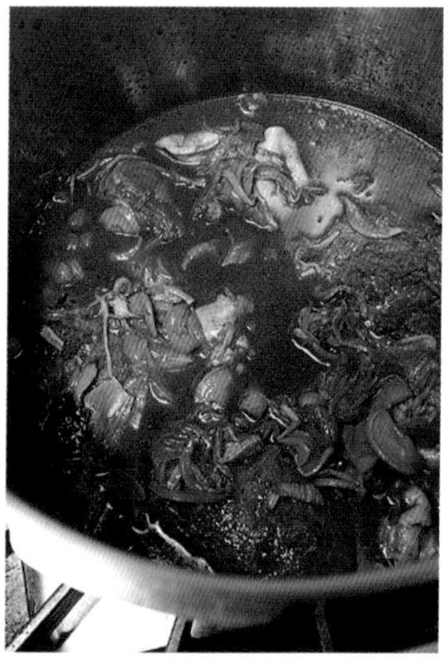

將步驟 **3** 的蔬菜也加入（如圖），蓋上鍋蓋，進行加熱。開始加壓後，用文火煮約 35 分鐘。另外，與鍋子的尺寸相比，若肉的份量較少，就容易變硬，若份量較多，則不會入味，所以也要留意適當的份量。

POINT 1

稍微降低鹽分

使用壓力鍋來加熱時，只需少量的水。
用與一般燉煮料理相同的感覺來調味的話，鹽分容易過多。
稍微減少一開始撒在肉上的鹽，若有需要，最後再調整味道即可。

7 加熱後立刻洩壓

關火後，立刻用夾子架住裝設在鍋蓋上的調壓裝置，強制進行洩壓（由於高溫的蒸氣會噴出來，所以要小心地進行）。洩壓後，取下鍋蓋。

8

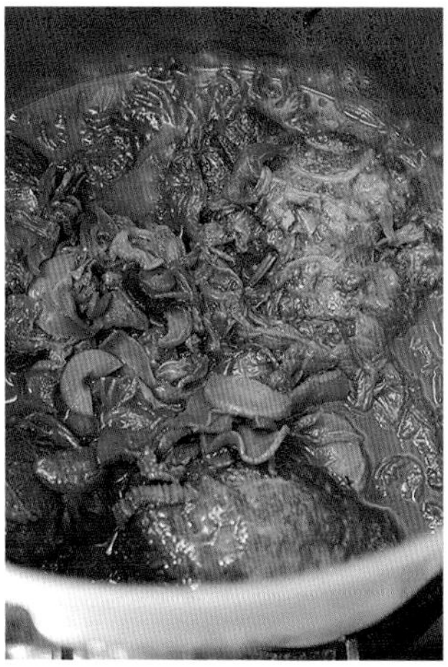

使用壓力鍋加熱完畢後的狀態。雖然液體量看起來有減少是因為蔬菜會吸收煮汁，但燉煮料理獨有的濃縮風味還很弱。

9 拿掉鍋蓋繼續燉煮

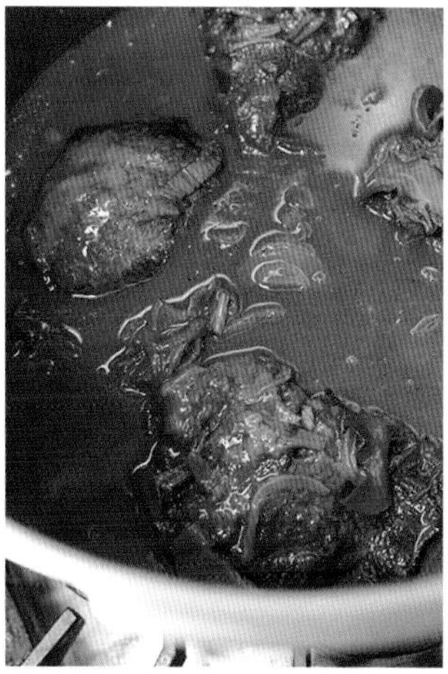

加入上次製作燉煮頰肉時的煮汁和雞的肉汁清湯，補足水分，再次形成湯汁剛好蓋過食材的狀態。拿掉鍋蓋，繼續用文火燉煮約 30 分鐘。關火，蓋上鍋蓋，使其完全冷卻。

10 過濾後放入冰箱儲藏

過濾 **9**，分成頰肉、煮汁、蔬菜。讓頰肉浸泡在煮汁中，放入冰箱儲藏。「過濾後取出的蔬菜還保留了味道，所以會用來製作員工餐，像是咖哩等。」（坂本主廚）

11 分切頰肉

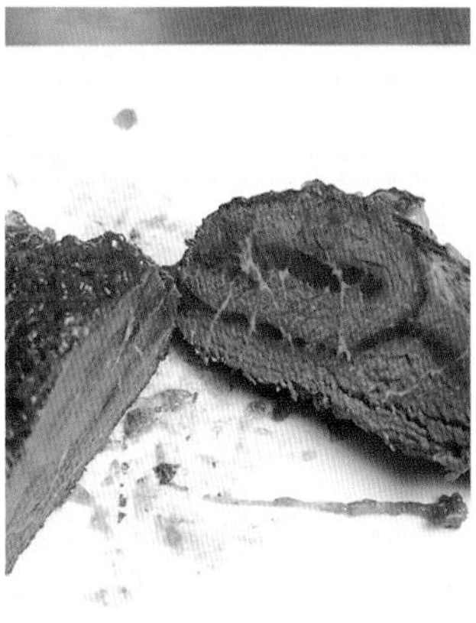

上菜前，將頰肉切成 1 片約 50g 的大小。雖然肌肉纖維鬆開了變柔軟，但仍保留了肉的口感。「是一道能讓人邊吃邊咀嚼肉塊的燉煮料理。」（坂本主廚）

12 完成燉煮料理

將紅酒倒入小鍋子中，煮到剩下原本的 1/10。加入頰肉和煮汁，為了讓整體入味，連肉的中心也要加熱。加入用少量水做成的太白粉水，增添黏稠感後，就完成了。

POINT 2

使用爽口的紅酒

最後要將煮汁煮到收汁時，所使用的紅酒的重點在於，要呈現爽口的口感。
坂本主廚經常使用桑嬌維賽（Sangiovese）等酸味較強的紅酒。

使用壓力鍋來燉煮③

主廚／**北村征博**（ダ オルモ）

白酒蒸兔大腿肉

材料除了白酒與洋蔥以外，還有用於加熱的意式豬油膏（lardo）、特級初榨橄欖油、鹽、奶油等。在這道蒸煮料理中，縮減了使用的材料數量，簡單地發揮了兔肉的美味。附上用鹽水汆燙過後，只沾附上特級初榨橄欖油的西葫蘆、青花菜、埃及國王菜，增添蔬菜的清爽風味及溫和的甜味，還有種類不同的多汁口感。

盛盤

❶將「白酒蒸兔大腿肉」盛盤。
❷附上用鹽水汆燙過後，拌入了特級初榨橄欖油的西葫蘆、青花菜、埃及國王菜。

即使包含餘熱在內，
燉煮時間也只有一般的 1/3 左右。
將兔肉這種膠質少的白肉，
在短時間內煮到柔軟飽滿

大約 10 年前，北村主廚就已經在使用壓力鍋。由於用途主要為「迅速地將食材煮軟」，所以他會分別使用兩個不同尺寸的鍋子。這次，他使用容量 3 公升的小型壓力鍋來蒸煮帶骨的兔腿肉。

步驟很簡單，將油鋪在壓力鍋內，煎烤肉和洋蔥，加入白酒和水，讓 1/3 的肉浸泡在湯汁中，在加壓狀態下加熱 20 分鐘，再透過餘熱加熱 10 分鐘後，就完成了。

雖然煮好的肉連骨邊部分也熟透了，但肉沒有被煮到變形，而是呈現美味多汁的狀態。藉由讓肉沾附上煮到收汁的煮汁，就能同時傳遞「肉本身的美味」，以及「肉和煮汁結合時所產生的濃縮美味」。雖然燉煮料理中充滿膠質的食材也很適合，但北村主廚說「使用兔肉這類容易變得乾柴的食材，就能期待壓力鍋發揮出更好的效果」。

據說，使用一般的鍋子來製作這道料理時，要將煎烤過的肉和白酒、兔肉高湯一起蒸煮，需花費約 1 個半小時。若使用壓力鍋的話，不但可以縮短加熱時間，只要使用帶骨肉，還能從骨頭中熬出高湯，也不必另外準備兔肉高湯。在這層意義上，應該也可以說「只要能夠善用壓力鍋，比起一般的燉煮料理，有時更能發揮食材的口感和味道」（北村主廚）。

另外，使用壓力鍋時的注意事項為，雖然加熱時無法調整水的份量與味道，不過在將煮汁煮到收汁時，在某種程度上，是能夠調整味道的。與其對肉進行很重的調味，倒不如先讓肉保持清淡狀態，最後再進行調整即可。

在其他用途方面，北村主廚在製作義大利燉飯時，會在營業前用壓力鍋來煮好發芽糙米。當客人點餐後，再加入雞高湯和起司做成燉飯。若使用一般的鍋子來加熱，發芽糙米可能會裂開。相較之下，由於壓力鍋「能夠在短時間內進行高溫加熱，所以能夠保留米的形狀、口感、美味」（北村主廚）。

北村主廚所使用的是 Wonder Chef 公司所製造的壓力鍋（容量為 3 公升）。另外，還有法國 T-fal 公司製造的 10 公升壓力鍋，在製作大量的燉煮料理時，能發揮作用。

1 清理腿肉

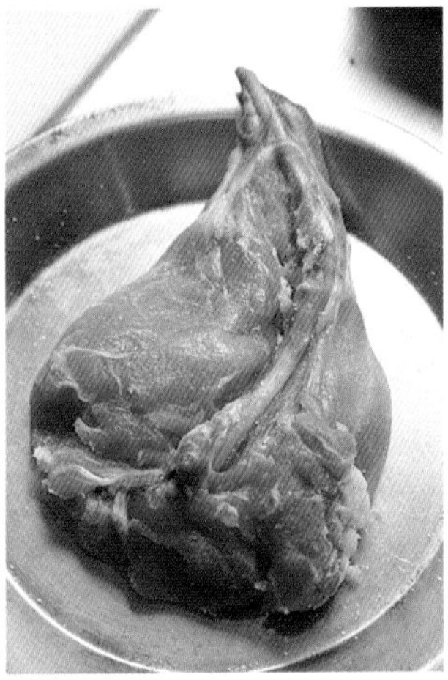

使用約 200g 的帶骨兔腿肉。由於骨盆的一部分附著在肉上，所以要切除，讓肉比較容易熟。只在其中一面，沿著大腿骨切，讓一部分的骨頭露出來。

2 撒上鹽抹上粉

在肉的兩面稍微撒上鹽，靜置約 3 分鐘，讓水分流出。在骨頭沒有露出的那面抹上低筋麵粉，使其成為加熱時的保護膜。將切下來的骨盆和肉一起煮。

3 煎烤腿肉

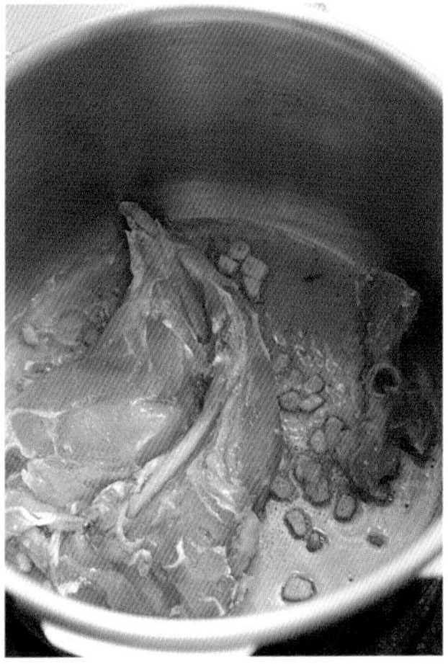

將意式豬油膏（lardo）放入壓力鍋中，倒入等量的橄欖油。開火，當意式豬油膏開始融化後，就放入腿肉和骨盆，並將沾了粉的那面朝下。

4

當肉開始煎烤到上色後，就加入洋蔥來增添甜味，用中火加熱。由於兔肉的風味很細緻，所以不加入香草，以突顯意式豬油膏的香料味。

5 加入液體

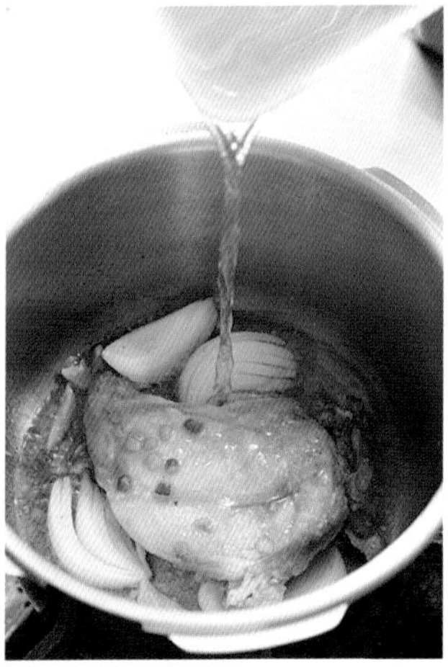

將肉的表面煎烤到淺褐色後，就翻面。加入白酒，開中火，讓酒精成分揮發掉。為了做出既濃郁又清爽的風味，所以使用酸味很突出的白酒。

6

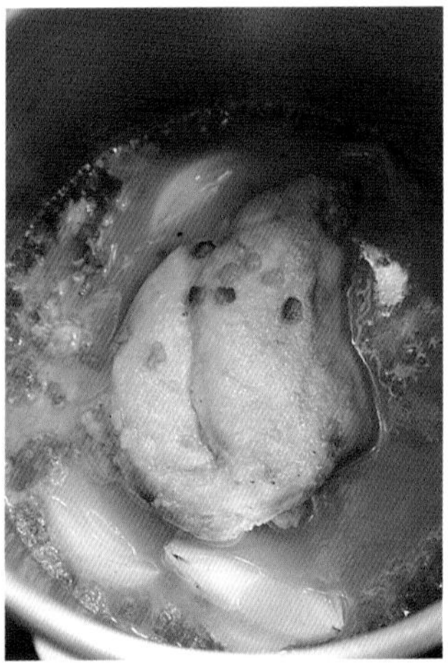

當酒精成分揮發後，加入白酒與等量的水。為了保留肉的口感與美味，所以要將煮汁的量控制在肉的高度的 1/3。

POINT 1

合併使用意式豬油膏（lardo）和橄欖油

雖然這道料理是「傳統上只會使用意式豬油膏來製作的濃郁料理」（北村主廚），
但為了做出能襯托兔肉清淡滋味的清爽口感，
所以這次使用了等比例的意式豬油膏和橄欖油。

7 透過加壓來進行蒸煮

蓋上鍋蓋，進行加熱。雖然進行加壓時，最好使用大火，但由於這次的水分較少，所以使用中火。由於內側鍋緣一旦燒焦的話，就會破壞食材風味，所以要時常確認蒸氣中是否混入了燒焦味。

8

當鍋子的壓力升高後，就轉為文火，保持蒸氣稍微冒出的狀態，加熱約 20 分鐘，關火，保持蓋上狀態，靜置 10 分鐘，透過餘熱來加熱。

9

進行洩壓，然後打開鍋蓋。由於連同骨頭一起加熱，所以肉不會縮成一團，而是呈現柔軟飽滿的狀態。洋蔥呈現快要融化的狀態，煮汁則稍微帶有黏稠感。

10 將煮汁做成醬汁

取出腿肉和骨盆。將黏附在內側鍋緣上的美味成分連同煮汁一起放入另一個鍋中，煮到收汁，加入奶油來增添黏稠感。當酸味較弱時，可加入酒精成分已揮發的白酒。

11

將取出的肉放到步驟 **10** 的鍋中加熱。讓肉充分沾附醬汁，使肉帶有白酒的酸味與香氣，以及使用意式豬油膏與兔骨熬出的美味高湯與洋蔥的甜味。

12 完成

雖然是短時間的加熱，但腿肉柔軟到只要刀子一切下去，骨肉就會迅速分離。不過，煮汁沒有滲透到肉的內部，而是肉本身的味道被鎖在裡面。

POINT 2

也適合用於容易變得乾柴的食材

一說到使用壓力鍋來製作的燉煮料理，應該都會想到牛頰肉或牛尾。
不過，如同這次的兔肉一樣，若想要將用一般烹調方式容易變得乾柴的白肉燉煮到柔軟的話，也很適合使用壓力鍋。藉由嘗試各種食材，應該就能擴展菜單的種類吧！

蒸鍋

蒸煮料理的原理為，透過沸點 100°C 的水蒸氣來壟罩食材，
藉由其釋放出的熱能來進行加熱。能夠保留食材的形狀，
創造柔嫩多汁的口感，可以說是最適合用來保留鮮味與香味的烹調方式。
此方法的一大重點在於，能夠在空間內讓大量高溫蒸氣產生。
可使用的設備種類很多，像是蒸鍋、蒸籠、蒸氣烤箱等。
在這裡，要介紹運用蒸氣來烹調的中華料理，
使用麵衣和葉子來包住食材的 2 道蒸煮單品。

使用蒸鍋來加熱①

主廚／**新山重治**（礼華 青鷺居）

香蒸荷葉包大山雞

將蒸好的料理直接放在盤子上，端到客人面前，讓客人自己打開荷葉，享受冒出的香氣。將蒸得很軟的雞腿肉含入口中，就能品嚐到豐富的風味，蓮花的香氣、醬料的甜味與鮮味、辣味全部結合在一起。

盛盤

直接將「香蒸荷葉包大山雞」放在盤子上，推薦客人將荷葉打開來品嚐。

用麵衣和荷葉這兩個元素將清淡的雞肉包住，透過瓦斯蒸箱來慢慢地加熱。完成香氣豐富且柔軟飽滿的一道料理

新山主廚說，在蒸煮像雞肉那樣，本身風味不太強烈的食材時，「重點在於，加熱前的調味，以及在加熱時，如何避免肉汁流失」。

這次使用的是，含有複雜纖維並確實帶有表皮和脂肪的雞腿肉。在清理肉的時候，若過度去除表皮和脂肪的話，味道就會變得過於清淡，所以只要將露出到肉外面的部分切除掉即可。接著，為了讓調味醬能均勻地滲透到肉的中心，所以要事先用菜刀輕輕地拍打肉的表面。

調味醬的味道很複雜，其作法為，將透過發酵來產生鮮味的豆腐乳、豆瓣醬、甜麵醬、醬油等調味料，和薑、大蒜、蔥等調味佐料，以及米粉混合在一起。將肉浸泡在此調味醬中 30 分鐘，進行「醃泡」的步驟，調味醬的味道「大致上就能滲入肉中，達到約 5 成的目標」。

製作米粉時，要將等量的白米和糯米混合，由於帶有適度的黏性，所以能夠確實地將肉黏住。事先進行乾煎，去除水分，讓米粉在烹調時能夠吸收大量水分，也是很重要的一點。這是因為，米粉不僅能讓肉裹上調味醬的味道，在加熱時，也能吸收從肉中流出的肉汁，避免肉汁流失。

接著，還要再用荷葉將其包住，一邊將蓮花的香氣轉移到肉中，一邊在加熱時留住肉與調味醬的風味。「經過種種的步驟後，肉的鮮味、調味醬的複雜滋味，還有蓮花那帶有獨特鄉土氣息的青草香味就會融為一體，產生豐富的風味。」

另外，使用蒸鍋來加熱的時間為 40 分鐘。中華料理中的「蒸」，大致上可以分成「著重於保留食材美味和形狀的短時間加熱」和「以『讓調味料融入食材中』與『讓食材變軟』為目的的長時間加熱」。透過比較長的蒸煮時間，能夠讓肉確實帶有調味醬的味道，並創造出柔嫩多汁的口感。

新山主廚使用的蒸鍋是 tanico 公司製造的瓦斯蒸箱。此蒸箱分成了 2 個大空間，可以裝上總計 8 個尺寸為 48.5 公分×44.5 公分的架子，適合用來蒸大量的點心等。

1 將肉清理乾淨

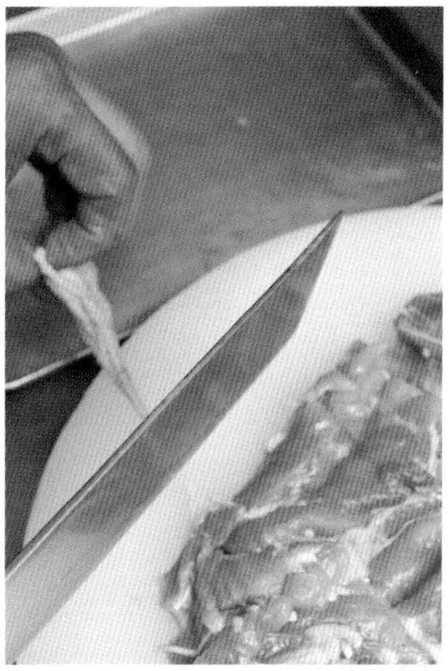

使用 2 塊雞腿肉（鳥取縣大山雞，合計 550g）。將殘留在肉上的軟骨和多餘脂肪去除。此時，不要去取表皮，在脂肪方面，也只需將位於肉外面的部分稍微去除掉即可。

2 切成一口大小

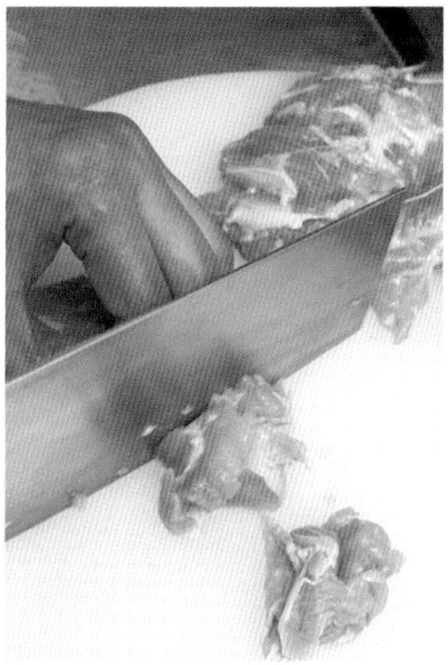

用菜刀的刀刃輕輕敲打表面，讓調味醬能夠滲透到腿肉內部。切出略大的一口尺寸，讓人在咀嚼肉時，能感受到多汁口感。

3 製作米粉

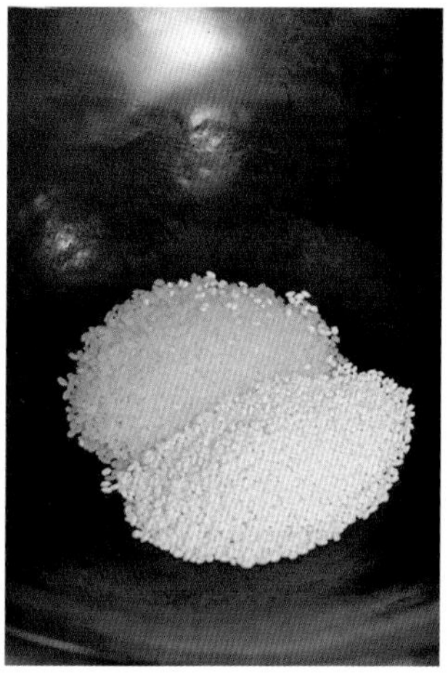

將等量的白米和糯米混合，用文火乾煎。只使用糯米的話，會太黏，只使用白米的話，黏性不足以讓調味醬附著在肉上，所以讓兩者各占一半。

4

煎的時候，要一邊用湯勺攪拌，一邊晃動鍋子。此時，火力要維持在文火。等到白米和糯米都失去透明感，變成相同顏色後，就表示炒熟了。盛盤，放涼備用。

5

將步驟 **4** 的米放入食物調理機中，打成處處保留了略大顆粒的程度。加入五香粉攪拌。將此狀態的米放入密閉容器內，在常溫下可以保存約兩週。

6 完成後的麵衣

將豆腐乳、豆瓣醬、甜麵醬、砂糖、老酒、濃口醬油、水、麻油混合。加入切碎的薑、大蒜、蔥、步驟 **5** 的米粉，再次攪拌均勻。

POINT

將香氣鎖在荷葉中，呈現出鄉土氣息

讓雞肉裹上由調味醬和米粉所混合而成的麵衣，然後再包上荷葉。
藉由將食材包在葉子中加熱，來提升香氣，
打造出一道充滿鄉土氣息的料理。

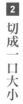

7 讓味道融入肉中

將腿肉放入麵衣中，充分拌勻。直接封上保鮮膜，放入冰箱內，事先讓肉浸泡約 30 分鐘，一邊讓調味醬滲進肉中，一邊讓米粉也充分吸收調味醬。

8 用荷葉包起來

將泡過水而恢復原狀的荷葉（乾燥）表面所附著的汙垢清理乾淨。用菜刀去除中央的堅硬部分，然後以扇形的方式，將荷葉切成四等分。在每一片葉子上放上 5～6 塊腿肉。

9

將剩下的調味醬淋在肉上。依照前、左、右、後的順序將荷葉折起來，折成類似正方形的形狀。此時的注意事項為，要讓肉重疊起來，不要產生空隙。

10 用蒸氣來加熱

將 **9** 擺放在調理盤內。若要製作多份的話，不要使其重疊，並要空出間隔。放入蒸氣會上升的蒸箱內。該店所使用的是瓦斯蒸箱。

11

蒸煮時間為 40 分鐘。另外，使用蒸籠時，要將火力調整為中火～大火。透過比較長的蒸煮時間，來將內部蒸熟，並讓調味醬的味道、荷葉的香氣確實滲進肉中。

12 蒸好的成品

一從蒸箱中取出，荷葉的香氣就撲鼻而來。雖然肉的中心已確實熟透，但肉沒有變得乾柴，而是呈現充滿肉汁的狀態。口感柔軟到用筷子就能迅速切開。

使用蒸鍋來加熱②

主廚／**南茂樹（一碗水）**

蒸肋骨排裹炒綠豆

在這道帶骨五花肉料理中，肉和脂肪層層堆疊，可以品嚐到多汁的美味。藉由裹上「麵衣」來蒸，就能一邊將肉本身的美味鎖住，一邊讓麵衣的味道滲入肉中。麵衣使用的是，以冬粉的原料而為人所知的綠豆。讓很有咬勁的肉裹上樸實的甜味與鬆軟的口感。

盛盤

將「蒸肋骨排裹炒綠豆」盛盤，形成一座小山，淋上醬汁。上面放上香菜來作為點綴。

透過已產生了足夠蒸氣的
蒸籠來一口氣加熱。
充分地發揮帶骨五花肉的原味

在中華料理中，經常會使用「蒸」這種加熱方法。其一大理由應該就是，由於使用的是具備很大能量的蒸氣，所以能夠很有效率地從所有方向來將食材加熱。美味不易流出，能夠直接發揮食材的原味，也是此方法的特色。在使用蒸氣來製作中華料理的手法中，有一種叫做「粉蒸」。會先將粗磨過的米和調味料塗抹在食材上後再蒸。

食材會形成被風味豐富的麵衣包覆住的狀態，此麵衣在將新的味道與香氣帶入食材中的同時，也會吸收從食材中滲出的美味。這次，南主廚將粉蒸料理所使用的米換成去皮綠豆，做成味道更加豐富的料理。「如果使用其他豆類或古斯米的話，我認為西式料理的廚師們也能活用這種烹調方式。」（南主廚）

首先，綠豆會仿照傳統做法，在研磨前，先將綠豆和辛香料一起拌炒以提升風味，但要減少調味料的種類，好讓綠豆的味道變得較為突出。另外，和米相比，由於豆類比較不容易附著在肉上，所以要將細磨綠豆粉和粗磨綠豆粉混合，一邊呈現出親和性，一邊襯托出綠豆的存在感。

「使用米的話，魅力在於黏稠的口感和吸收了調味料與肉汁的濃郁滋味，能與肉相輔相成。另一方面，使用綠豆時，雖然味道的滲透程度較弱，但具備豆類的風味與鬆軟的口感，可以品嚐到肉和綠豆這兩者的滋味。」

由於肉在加熱時，鮮味會從骨頭中滲出，所以選用了帶骨豬五花肉。在蒸的時候，要放入已產生充分蒸氣的蒸籠內，用大火一口氣加熱。在同時加熱多塊肉時，為了讓蒸氣能均勻地接觸肉塊，擺放肉塊時，在肉塊之間保留間隔也很重要。蒸的時間約為 40 分鐘。南主廚說「雖然蒸 20～30 分鐘，肉就會熟到某種程度，但為了將屬於乾貨的綠豆蒸軟，必須再蒸十幾分鐘」。藉由充分進行加熱，就能蒸出 Q 彈的麵衣，以及柔軟到能輕鬆從骨頭上取下的肉。

1 將帶骨豬五花肉清理乾淨

使用瘦肉和脂肪層層堆疊，讓人可以品嚐到兩者美味的帶骨豬五花肉。另一項重點為，只要加熱，美味就會從骨頭中滲出。進行準備工作時，要將骨頭上面的膜全部切除。

2 連同骨頭進行分切

將每根骨頭分切開來，為了在加熱時，讓骨頭能均勻地受熱，所以要調整長度。切掉肉的一部分，讓骨頭前端露出來，當肉因受熱而稍微縮成一團時，就能避免肉裂開。

3 將綠豆磨碎，製作麵衣

原本應該使用米粉做成的麵衣，但這次為了透過口感與風味來呈現存在感，所以將米變更為綠豆（乾燥）。不過，會藉由使用去皮的磨碎綠豆來使其風味不要過於強烈。

4

將綠豆、八角、花椒、陳皮、桂皮、鷹爪辣椒加入鍋中乾煎。等到香氣充分冒出，豆子稍微上色、鼓起後，就關火，放涼備用。

5

只把步驟 **4** 的綠豆放入磨粉機中打成粉末。其中一半要磨得較細，磨另一半時，則要在磨到一半時關掉開關，讓綠豆形成顆粒較粗的狀態。採用「既容易塗抹，且又能發揮綠豆口感」的型態。

6

將磨好的 2 種綠豆、清湯（省略解說）、鹽、胡椒、老酒、醬油、砂糖放入鍋中混合，做成稍微濕潤的麵衣。當蒸過後變得乾巴巴時，只要將油加進麵衣中即可。

POINT 1

透過調味過的「麵衣」來包覆肉，鎖住美味

先讓肉裹上經過調味且帶有香氣的「麵衣」，再蒸。
一邊將許多美味鎖在麵衣中，
一邊讓麵衣吸收從肉中滲出的所有美味。

7

將麵衣塗抹在肉上

將步驟 **2** 的五花肉放入裝有麵衣的碗中，用手充分揉捏，讓肉裹上麵衣。靜置 1～2 個小時，讓肉入味，並提升肉和麵衣在蒸好時的整體感。

8

放入蒸籠蒸

將步驟 **7** 的肉放入已確實產生蒸氣的蒸籠內加熱。為了讓蒸氣均勻地與肉接觸，所以要等間隔地擺放肉，並讓骨頭朝下，這樣就能蒸出飽滿的麵衣和肉。

9

蓋上蒸籠的蓋子，用大火蒸。雖然該店的蒸籠可以疊成好幾層，但若放在較下層來蒸，蒸出來的料理就會稍微比較濕潤，所以這次將肉放在最上層來蒸。

10

蒸煮完畢

雖然已將肉加熱 20～30 分鐘，但綠豆還保留了硬度。觀察整體的平衡度後，再繼續蒸（總共要蒸 40 分鐘），最後從調理盤中取出肉。肉會呈現非常飽滿鬆軟的狀態。

11

經過充分蒸煮後，連肉的中心部分都確實熟透了。骨肉分離的狀態很好，在咀嚼時，可以感受到肉的咬勁與脂肪的 Q 彈口感。

12

製作醬汁

將調理盤中殘留的麵衣放入鍋中加熱，加入清湯和鹽，做成醬汁。藉由將其淋在肉上，就能一邊突顯麵衣的風味，一邊讓整道料理變得柔嫩多汁。

POINT 2

使用能夠發揮脂肪美味的部位

在烹調紅肉時，這種方法也很有效。若使用像五花肉那樣，肥肉也很突出的部位，在蒸好後，肉就會更加柔嫩多汁。
而且，由於脂肪的美味會滲進表面的麵衣中，所以風味會提升。

第三章

依照各種情況來說明

關於肉類料理的煩惱與疑問 Q&A

Q1
如何煎烤小份量的肉？①

主廚／安尾秀明（コンヴィヴィアリテ）

A

讓肉具備厚度

只要肉具備厚度，加熱時的正確範圍（好球帶）就會變大。
若使用切面較小的部位，即使份量少也會帶有厚度。

透過 3 步驟加熱法，從各個方向慢慢地加熱

將加熱過程分為「用平底鍋來煎烤表面」、「透過烤箱來加熱整塊肉」、「藉由餘熱來使內部變熟」這 3 個步驟，或者是在加熱時頻繁地翻面。
如此一來，就能避免煎烤過頭，並從各個方向溫和且均勻地加熱。

雖然加熱方式並不會因為肉的大小而產生很大差異，不過在煎烤較小塊的肉時，加熱的正確範圍較小，也很難修正。因此，必須採用能顧及細節的加熱方式。首先，要盡量呈現肉的厚度。若肉很薄，就容易變硬，在咀嚼時，也無法呈現出充滿肉汁的口感。這次，使用的是在芳香蔬菜和紅酒中醃泡一晚的鹿外側後腿肉，並將肉切成 4 公分厚。只要進行醃泡，硬的肉就會變軟，風味也會改善。尤其是，由於這次使用的鹿肉含有很多水分，一加熱就容易變得乾柴，所以要藉由讓肉含有水分，來使表面變得柔嫩多汁。

在加熱方面要分成 3 個步驟，慢慢地加熱，並將表面煎烤出香氣，內部則呈現柔嫩多汁的粉紅色。首先，使用平底鍋將表面煎烤上色，提升風味。若用文火的話，要花很多時間，導致水分無謂地流失，而且鹿肉還會產生濕熱的怪味，所以要用大火一口氣加熱。加熱時，若需要拌炒的話，就使用鐵製的鍋子，這次使用的是不易燒焦的樹脂加工平底鍋。鋪上一層橄欖油，一邊煎一邊頻頻地翻面後，將奶油加熱成慕斯狀，並讓整塊肉都裹上奶油。到目前為止，加熱進度會達到 20～30%，重頭戲是接下來的烤箱。使用 200°C 的烤箱，讓肉鼓起，使加熱進度達到 80%。這次，為了從各個方向均勻地進行間接加熱，所以使用能夠產生熱對流的蒸氣烤箱。另外一項重點為，由於是完全外露的紅肉，所以要在用來放肉的派盤下方鋪上揉成一團的鋁箔紙，減弱來自下方的熱能。在此步驟中，也要一邊加熱，一邊頻繁地翻面，避免過度加熱，讓整體呈現均勻的熟度。

最後，一邊讓肉休息，一邊透過餘熱來讓內部變熟後，就完成了。在此步驟中，如果一加熱完畢就切開，與同樣屬於紅肉的牛肉和羔羊肉相比，鹿肉比較容易流出肉汁，所以此做法也是為了讓肉汁變得穩定。

烤鹿肉
山椒果實醬汁
嫩煎香瓜

與秋冬相比，夏季的鹿肉風味比較清爽。為了配合其肉質，在以紅酒為主的醃泡液中加入山椒果實，然後做成清爽的烤肉。在熟度方面，會處於將肉汁鎖住的粉紅色狀態。搭配上以煮到收汁的醃泡液為基底的醬汁。透過只煎一面的嫩煎香瓜來增添甜味與香氣。使用野生芝麻菜泥來增添苦味。藉由洋甘菊的花和葉子來增添甘甜香氣。

醬汁

❶將事先取出備用的醃泡材料分成蔬菜類與液體，各自放入鍋中加熱。
❷把①的液體煮到沸騰後，進行過濾，然後倒入步驟①的蔬菜類的鍋中，繼續加熱，煮到收汁，使液體剩下原本的 1/3。
❸將②進行過濾，加入小牛高湯（省略解說）、汆燙過的山椒果實、紅酒醋，進行加熱，用鹽來調味。

嫩煎香瓜

將香瓜（橙色品種）的果肉切成適當大小，放入已鋪了一層奶油和橄欖油的樹脂加工平底鍋內，只把其中一面煎出香氣。

盛盤

將醬汁淋到盤中，放上切成兩半的烤鹿肉。淋上野生芝麻菜泥（省略解說），附上嫩煎香瓜。將鹽（英國．馬爾頓產）撒在肉的切面上，附上洋甘菊的葉子和花、野生芝麻菜、野莧菜。

1 將肉進行醃泡

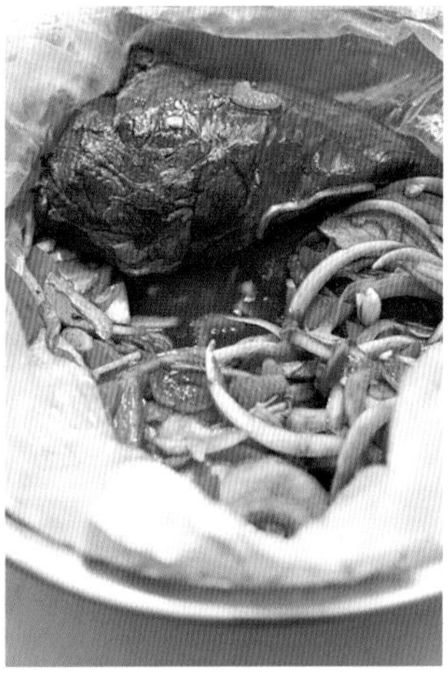

使用芳香蔬菜、山椒果實、紅酒、紅酒醋、鹽來將切面很小的夏鹿外側後腿肉醃泡一晚。由於要對肉施加壓力，所以不進行真空處理，而是使用適度抽掉了空氣的袋子，讓醃泡液滲透到肉中。

2 切除肉塊

迅速擦拭肉的表面後，將肉切成略厚的肉塊（4 公分強，約 100g）。讓肉恢復常溫，在整塊肉上撒上顆粒很細的鹽。若在煎烤前撒上胡椒的話，胡椒的風味就會在加熱中消失，所以上菜前再撒。

3 用平底鍋來煎烤

在樹脂加工的平底鍋內放入約 1 大匙的橄欖油，當鍋子充分加熱後，將肉放入，煎烤表面。由於鹿肉的水分較多，所以要用大火一口氣將表面的水分去除掉。

4

依照側面、切面的順序來加熱。無論是哪一面，只要煎烤到上色，就立刻翻面。由於有經過醃泡，所以肉的表面會比較容易燒焦，要多加留意。每面的加熱時間約為 20 秒。

5

由於熱會使油劣化，所以為了不破壞肉的風味，中途要將平底鍋內使用過的油擦拭掉，然後倒入新的橄欖油。等到整塊肉都上色後，就加入奶油，使其成為慕斯狀。

6 使用奶油來進行油淋法

進行油淋法，感覺就像是透過很熱的奶油來把肉包住。一邊加熱，一邊換成側面、切面，將整塊肉煎烤到深褐色，並使肉帶有奶油風味。目前的加熱進度僅止於 20～30%。

POINT

有效率且均勻地加熱

蒸氣烤箱的爐內有裝設送風裝置，能加速空氣的流動，
所以能夠提升熱的傳遞速度。
如此一來，烹調時間就會比一般烤箱來得短，
藉由讓熱能滯留在烤箱內，就能均勻地加熱整個食材。

7 用蒸氣烤箱來烤

透過 200°C 的蒸氣烤箱來從各個方向均勻地加熱。若直接將肉擺在派盤上的話，只有與盤子接觸的部分比較容易受熱，所以要先將鋁箔紙揉成一團，將其鋪在盤子上，然後再放上肉。

8

依照側面、切面的順序來變更要煎烤的面。這次，放入烤箱中的加熱時間約為 9 分鐘。由於肉大致上可以分成六個面，所以每個面的加熱時間為 1～2 分鐘。在此階段，加熱進度達到 80%。

9 靜置

將肉連同派盤一起放在烤箱上方的架子上等溫暖的場所，將肉靜置。靜置時間為加熱時間的 2/3，也就是 6 分鐘。透過餘熱來讓肉的內部變熟，而且也能「讓沸騰的肉汁穩定下來」（安尾主廚）。

10 加熱完畢

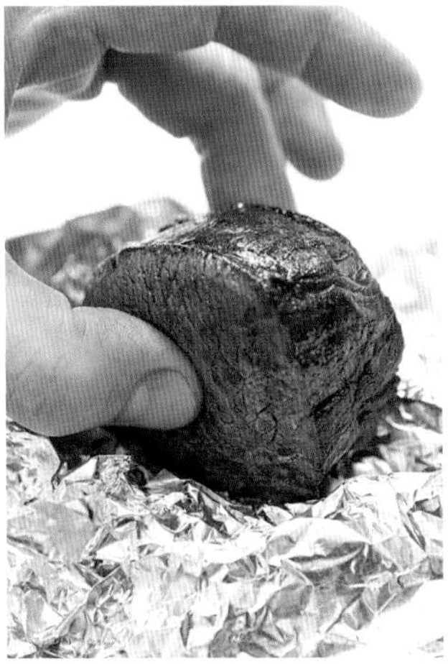

靜置完畢後，加熱步驟就結束了。肉的表面有彈性，只要按壓就能感受得到彈性。切開後，內部呈現柔軟多汁的玫瑰色狀態。另一方面，表面則呈現芳香緊實的狀態。

Q2
如何煎烤小份量的肉？②

主廚／**杉本敬三**（レストラン ラ・フィネス）

A

透過鹽和細白砂糖來醃泡，去除肉的水分

在煎烤較小塊的肉時，水分與肉汁容易流出。
「因此，事先在肉上塗抹鹽和細白砂糖，並用脫水膜將肉夾住，去除多餘水分，
在加熱時，就能避免肉汁流出。」（杉本主廚）

事先透過低溫來將中心部位加熱

將肉塞進塑膠袋中，抽出空氣後，放入 60°C、濕度 100%的蒸氣烤箱中溫和地加熱。
在此階段，藉由事先將肉的中心部位加熱，
就能將使用平底鍋來加熱的時間縮到最短，防止肉變得乾柴。

在煎烤小份量的肉時，容易出現的失敗情況為，由於體積很小，所以肉汁容易流失，使肉變得乾柴。尤其是豬肉與雞肉等白肉，由於肉中的脂肪很少，所以與紅肉相比，較容易變得乾柴。因此，我會留意在烹調前先調整好肉的水份量。具體來說，就是在肉上撒上具備脫水作用的鹽和具備保濕效果的細白砂糖，然後用脫水膜包起來，靜置約 3 小時，一邊去除多餘水分，一邊讓表面處於濕潤狀態。這是因為，如果留下多餘水分的話，在加熱的過程中，美味的肉汁就會和水分一起流出。

第二點為，事先使用低溫來加熱。這次，我將肉塞入袋子內，抽出空氣，放入 60°C 的蒸氣烤箱中加熱 1 小時，事先將中心部位均勻地加熱。以豬肉來說，基於安全考量，要讓中心部位完全熟透。只要事先將內部確實加熱，就能縮短使用平底鍋來煎烤的時間，防止肉變得乾柴。

另外，這次使用的肉是外皮很厚的乳豬背肉，雖然最後會將表皮炸烤到很酥脆，但肉的部分，終究還是要呈現柔嫩多汁的狀態。因此，在加熱時，要透過已加熱的慕斯狀奶油，溫和地讓肉裹上泡沫。煎烤小份量的肉時，若使用高溫來煎烤表面，使其產生梅納反應的話，整塊肉就會過度受熱，容易變得乾柴，因此，在此步驟中，要加入奶油的香氣，使肉的風味變得豐富。另外，在成品中，也會附上乳豬的腰內肉。由於這塊肉沒有皮，體積很小，所以要將生的肉放入奶油的泡沫中進行加熱。

重新詮釋法式肉品的
烤乳豬背肉

熟肉製品（charcutie）是法國的傳統料理。作法為，將炒過的洋蔥、西式醃菜、白酒等和豬肉一起加熱，並把煮汁做成醬汁。杉本主廚將其要素分解為肉、配菜、醬汁。乳豬的帶皮背肉與腰內肉搭配上西式醃菜、鹽釜烤洋蔥，附上「在炒過的洋蔥中加入米和奶油製成的洋蔥白醬（Sauce Soubise）」、巴西里醬汁、乳豬的肉汁等。

配菜
❶將蛋白加到鹽（法國‧蓋朗德產）中攪拌。
❷用①將洋蔥（帶皮）整個包起來，放入180°C 的烤箱中烤到軟。去皮，縱向切成兩等分。

盛盤
❶將「烤乳豬背肉」當中的帶皮里肌肉和腰內肉盛到盤子上。將和乳豬一起烤的洋蔥配菜剝成小片，放在腰內肉上，放上山椒嫩芽來當作裝飾。
❷在步驟①的肉的周圍，用巴西里醬汁*畫出一個很細的圓圈，將肉圍起來。在該圓上擺放切成圓片的醃漬小黃瓜，並擠上洋蔥白醬*。以交替的方式，在醬汁上擺放山椒嫩芽和山椒果實*來當作裝飾。
❸將乳豬的肉汁（省略解說）倒進洋蔥內。在肉的周圍撒上黑胡椒。

*巴西里醬汁
由平葉巴西里的菜泥、馬鈴薯泥、褐色高湯（省略解說）混合而成。

*洋蔥白醬（Sauce Soubise）
用肉汁清湯來煮炒過的洋蔥，然後加入米和奶油，做成濃稠醬汁。

*山椒果實
將生的山椒果實汆燙過數十次後而製成。

1 去除肉的水分

使用只餵食母乳的乳豬（加拿大產）的帶皮背肉（約 100g）。去除背肉的骨頭，塗抹上鹽和細白砂糖，用脫水膜包起來。靜置 3 小時，去除多餘水分。

2 進行真空處理並透過低溫來加熱

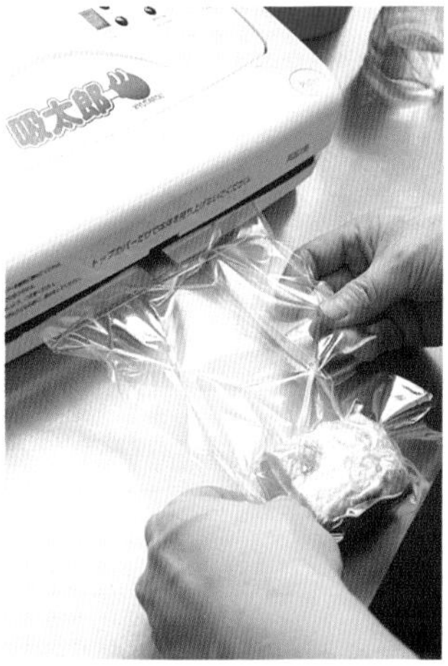

將脫水後的肉放入塑膠袋內，使用真空包裝機「吸太郎」來抽出空氣。「由於腔式真空包裝機會對肉造成損傷，所以不使用，而是使用這台機器（抽氣式真空包裝機）。」（杉本主廚）

3

將肉連同密封好的袋子放入 60°C、濕度 100%的蒸氣烤箱中加熱約 1 小時。藉由事先將肉的中心部位均勻地加熱，就能讓肉保持柔嫩多汁的狀態。

4 在表皮上劃出切口

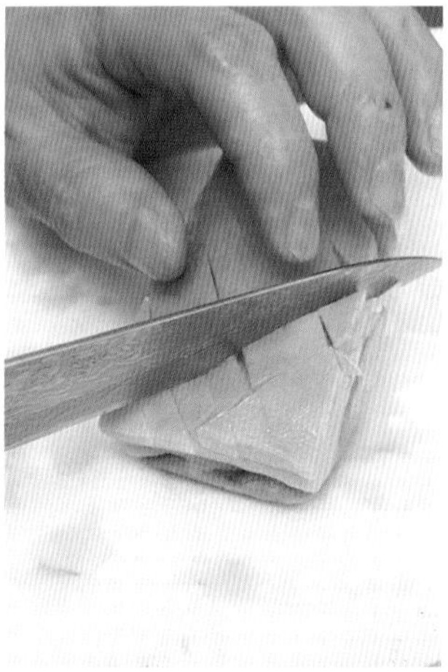

從袋子中取出肉，擦掉水分，在表皮上以 8mm 為間隔，切出格子狀的切口。切口很深，菜刀會碰到肉。

5 將表皮煎出香氣

將特級初榨橄欖油加入平底鍋中加熱，把表皮朝下的肉放入平底鍋。將平底鍋稍微傾斜，讓油產生深度，以類似油炸的方式，將表皮和肥肉層煎烤到焦香。

6

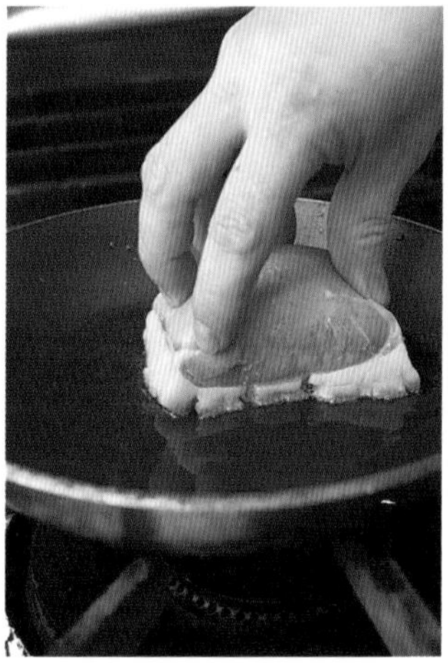

在平底鍋上用力地按壓表皮，去除多餘油脂，煎烤出香氣。但不要將肉的部分加熱。

POINT

透過奶油來為肉增添香氣

將肉的表面煎烤到焦香後，肉原本就會產生梅納反應。這一點與肉的美味有關。
不過，在煎烤小份量的肉時，若用高溫來煎烤表面，肉就容易縮成一團，變得乾柴。
因此，藉由使用「將肉放在奶油的泡沫中加熱」來代替梅納反應，
就能一邊溫和地加熱，一邊增添香氣。

7

將表皮煎烤成帶有焦香的淡褐色，一咬下就會發出酥脆聲。另一方面，肉的部分則保持柔軟的狀態。從平底鍋中取出肉，事先將油瀝乾。

8

將肉放在發酵奶油中加熱

將發酵奶油和帶皮大蒜放入平底鍋中加熱。為了讓肉充分沾附，所以要使用略多的奶油。慢慢地將奶油加熱成慕斯狀，不要使其顏色變成褐色。

9

放入表皮朝下的肉，使其裹上奶油的香氣。杉本主廚說「這是一種用氧化過的油來沖洗肉的概念」。然後，翻面，讓肉的部分也沾附奶油的香氣。

10

將事先以鹽釜燒烤的方式溫和地加熱而成的洋蔥配菜分成兩等分，和肉一起煎烤。總計加熱約 3 分鐘後，將肉取出，讓肉靜置約 10 分鐘。

11

將腰內肉加熱

取出背肉和洋蔥後，再重新將發酵奶油放入鍋中，使其融化。放入只餵食母乳的乳豬腰內肉（約 40g），讓肉從生的狀態就被放入奶油泡沫中加熱。

12

煎烤完成

與背肉相同，一邊在奶油慕斯中慢慢地煎烤，一邊將表皮煎出香氣。將背肉和腰內肉的油瀝乾，用菜刀來調整形狀。

Q3
如何煎烤較薄的肉？

主廚／中村保晴（ビストロ デザミ）

A

在短時間內加熱較薄的肉。用溶出的油脂來將肉包覆，讓肉沾附脂肪的美味

為了不使肉變得乾柴，基本作法為，透過大火來進行短時間加熱。此時，要一邊煎烤，一邊讓肉裹上溶出的油脂，藉此來防止肉變得乾燥，並同時讓肉沾附甜味與芳醇。

這次要介紹的是，將較薄的肉煎烤到不乾柴的手法。使用的是，從當地的肉店採購的澳洲產牛肋脊肉。這是以手工方式將肉切成 1.5 公分厚，經過真空包裝處理的產品。可以只採購需要的片數，能在新鮮的狀態下使用，而且在儲藏時也不占空間，非常方便。不過，由於肉較薄，所以若想要做成「外面焦香，裡面柔嫩多汁的牛排」的話，就必須掌握幾個重點。

首先，在烹調設備方面，要使用不易燒焦，而且輕巧好拿的樹脂加工平底鍋。不過，由於蓄熱性沒有鐵製平底鍋那麼高，所以當肉是冰涼時，無法煎烤出漂亮的顏色。必須先讓肉放置在常溫下約 30 分鐘後，再開始煎。

較薄的肉如果經過長時間煎烤，當然會變得乾柴，所以要使用大火～中火來加熱，以盡量縮短煎烤時間。此時，要用夾子將脂肪壓在平底鍋上，使其融化，一邊讓肉裹上該油脂，一邊煎烤也是重點之一。如此一來，就能一邊避免肉變得乾燥，一邊縮短加熱時間，而且還能讓以瘦肉為主的澳洲產牛肉沾附脂肪的甜味與芳醇。

當肉的厚度約為 2 公分時，只要加入奶油，進行油淋法，味道就會更加確實。若厚度為 3 公分以上的話，只要合併使用烤箱即可。順便一提，在烹調肉類時，雖然先煎烤有表皮那面是固定作法，不過當肉較薄時，可以先觀察筋和脂肪的分布，若似乎有出現彎曲情況時，要先稍微煎烤背面後，再煎烤表面。肉的狀態千變萬化。最重要的是，仔細看清其特徵，使用合適的煎烤方法。

嫩煎牛肋脊肉

用平底鍋將牛肋脊肉的兩面煎香，內部則呈現五分熟的狀態，搭配上將小牛高湯等和綠胡椒一起煮到收汁後，加入奶油而製成的濃郁醬汁。附上先嫩煎表面後，再放入烤箱烤到焦香的洋蔥、蕪菁、馬鈴薯，完成一道很有小飯館（Bistro）風格且充滿活力的料理。

綠胡椒醬汁

❶將水煮綠胡椒（市售品）和奶油放入鍋中加熱，一邊使用鍋鏟來將其弄碎，一邊嫩煎。

❷當步驟①的綠胡椒被弄碎，與奶油融合為一後，加入干邑白蘭地、小牛高湯（省略解說），煮到收汁，讓湯汁變成原本的 1/4。加入奶油攪拌，用鹽來調味。

配菜

❶用鹽水來將帶皮馬鈴薯煮軟，切成兩半。放入已將橄欖油加熱的平底鍋內，煎烤到上色。放入 200°C 的烤箱內將內部烤熟，撒上鹽。

❷將帶皮蕪菁連同莖一起縱向地切成兩半，放入已將橄欖油加熱的平底鍋內，煎烤到上色。放入 200°C 的烤箱內，烤到仍保留了咬勁的程度，撒上鹽。

❸將新鮮洋蔥去皮，切成四等分，放入已將橄欖油加熱的平底鍋內，煎烤到上色。撒上鹽和胡椒。放入 200°C 的烤箱內將內部烤熟。撒上鹽，淋上特級初榨橄欖油。

盛盤

❶將綠胡椒醬汁放入鍋中，一邊加水來調整濃度，一邊加熱。

❷將配菜盛盤。放上「嫩煎牛肋脊肉」，淋上綠胡椒醬汁。撒上切碎的蝦夷蔥。

1

使用被切成薄片的肉

使用被切成厚度 1.5 公分，重量 250g 的牛肋脊肉（澳洲產）。經過真空包裝處理，用起來很方便。

2

肉的預先處理

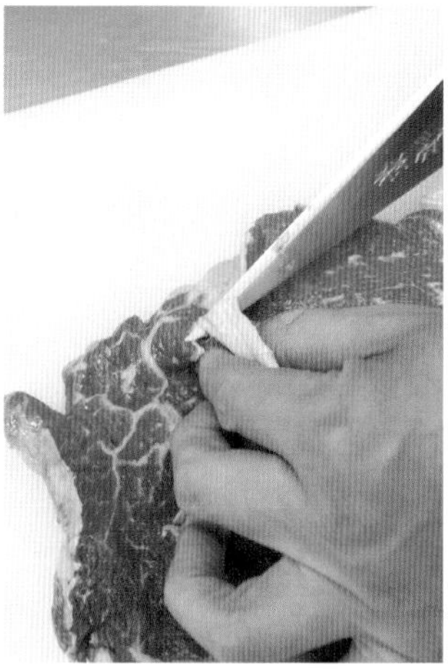

由於直接煎烤的話，肉會彎曲，無法均勻地將肉加熱，所以要在瘦肉與肥肉的交界處劃出 5、6 道切口，並將筋切掉。

3

使用樹脂加工的平底鍋來煎烤

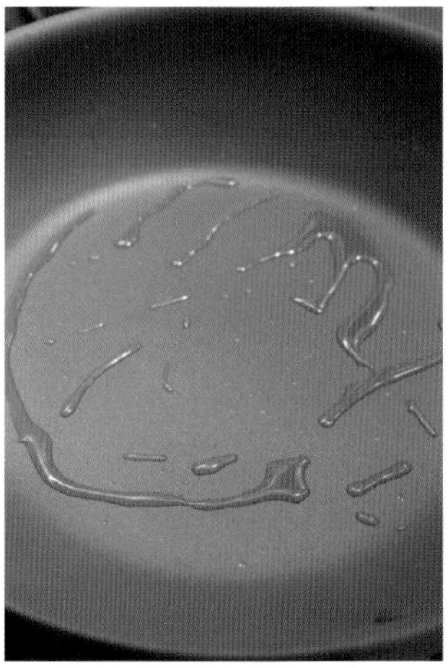

用大火將樹脂加工的平底鍋加熱，讓橄欖油融入鍋中。等到白煙冒出後，先將油倒掉，再重新將約 1 小匙的橄欖油放入鍋中加熱。

4

在煎烤前，撒上胡椒，準備盛盤前，讓當作表面的那面朝下，用大火來加熱。在最初的 10 秒鐘，要靜靜地將肉加熱，讓油脂融化，將表面煎烤到上色。

5

讓肉裹上油脂

稍微上色後，將肉拿起，然後把平底鍋稍微傾斜，讓溶出來的油脂流進肉的下方。為了讓油脂均勻地分布，所以要一邊搖晃平底鍋，一邊煎烤。

6

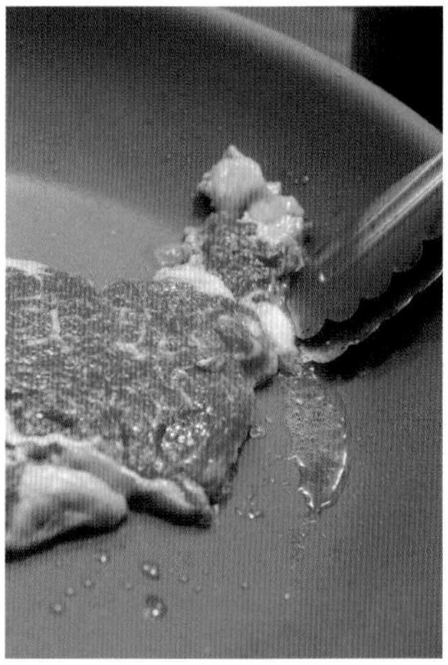

用夾子將不容易變熟的肥肉壓在平底鍋邊緣的直立部分上，一邊使其上色，一邊讓油脂融化。

POINT

進行預先處理時，切口要切得淺一點

在煎烤前，若將切口切得太深，肉汁就會在加熱時流出。
切口以長度 5mm 為基準。

7 背面也要煎

從開始煎算起，經過約 1 分鐘後，當水分滲出到肉的表面時，就要翻面。以相同步驟來煎烤背面，讓溶出的油脂流到肉的下方，使肉沾附油脂。

8 靜置

當肉的表面產生彈性，只要一觸摸，就能感覺到些許彈性後，就將肉移到架上了烤網的調理盤內。讓肉靜置約 5 分鐘後，一邊使肉汁變得穩定，一邊透過餘熱來加熱。

9 煎烤完成

一切開後，雖然內部有熟，但不會顯得乾柴。肉被烤得外酥內嫩。

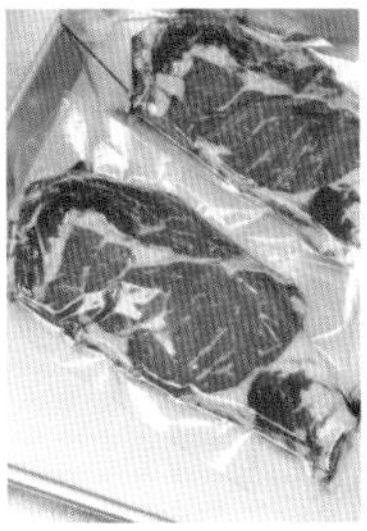

左／中村主廚喜愛使用的是，在厚度 3 公分的鋁上進行碳氟聚合物加工的平底鍋。不易燒焦，「不僅是肉，也能將魚煎到很香酥」。
右／這次使用已切好的澳洲產牛肉。每片肉都採用真空包裝處理。

Q4
如何煎烤大塊肉？

主廚／**坂本健**（チェンチ）

A
煎好脂肪後，一口氣進行冷卻，避免熱能傳遞給肉

煎好背脂後，立刻使用零下 25°C 的急速冷凍機來使肉急速冷卻，避免熱能傳遞給肉。不過，若肉結凍的話，細胞就會遭到破壞，所以脂肪冷卻後，就立刻取出。

煎烤肉的方法有很多種，若想要採用更加確實且合適的加熱方法，無論肉塊多大，我認為「不要急遽提升溫度」、「不要讓肉變得乾燥」這 2 點都很重要。這次要介紹的加熱方式也是基於此原則所想出來的。

主廚使用的是長野縣產的羊里肌肉。帶有骨頭，重量為 1 公斤多。由於脂肪很多，所以在第 1 步驟中，就要一邊適度地去除脂肪，一邊將肉煎硬。重點在於，煎好後要立刻放入急速冷凍機，讓肉急速冷卻。這是為了防止熱能傳遞給肉，避免之後正式加熱時，出現加熱不均勻的情況。

第 2 步驟是最重要的，也就是在正式加熱前將肉加熱的步驟。與其說是加熱，倒不如說是類似讓肉恢復常溫的工作，要將肉放入 65°C 的保溫櫃內，慢慢地讓中心溫度達到 50°C。藉由在正式加熱前，盡量縮小表面與內部的溫度差距，來將肉均勻地加熱。若使用這次的肉，這項步驟需花費 1 小時以上，但絕對不能讓肉燒焦。只要在此步驟的時間充分的話，就能使最後的加熱步驟出現失敗情況的可能性降到最低。

當肉充分加熱後，將肉放進剛好不會使肉變得乾躁的 100°C 蒸氣烤箱中，一邊讓肉吹著微風，一邊進行約 30 分鐘的正式加熱。加熱進度達到 90％後，就放回保溫櫃內，讓加熱進度達到 95％。最後，用炭火烤過後，就完成了。

雖然這次使用了有點特殊的設備，但就算使用冰箱來進行急速冷卻也沒關係。重點在於，只要遵守一開始所說的基本原則，無論肉的種類和尺寸為何，都能穩定地將肉烤熟。其實，這次使用的羊肉是交情很好的牧場主人跟我說「用用看吧」，突然分給我的，所以我自己也是第一次使用柯利黛綿羊（Corriedale）的肉（笑）。即使情況如此，也能放心地將肉加熱。

烤帶骨羊肉
佐牛肝菌菇

使用養到月齡 13 個月的羊。將 1 公斤多的帶骨羊里肌肉塊做成燒烤，還會豪邁地放上同樣燒烤而成的芯玉。配菜很簡單，只有炭烤牛肝菌菇。用鯷魚和洋蔥油做成的醬汁，能夠直接地襯托出，這種肥肉較多，肉質細緻的「柯利黛綿羊」的味道。

醬汁

❶將鯷魚油*、續隨子（醋漬）、米醋加入鍋中，煮到沸騰。
❷將檸檬汁加到①中，關火，加入用橄欖油炸過的百里香。

*鯷魚油
將鯷魚的油瀝乾後，把鯷魚和特級初榨橄欖油一起放入攪拌機中攪拌，然後進行過濾。

配菜

將牛肝菌菇清理乾淨，切成約 0.8mm 厚。用炭火來烤。

盛盤

將「烤帶骨羊肉」與同樣燒烤而成的羊芯玉盛盤，附上配菜。淋上醬汁。

1 將肉清理乾淨

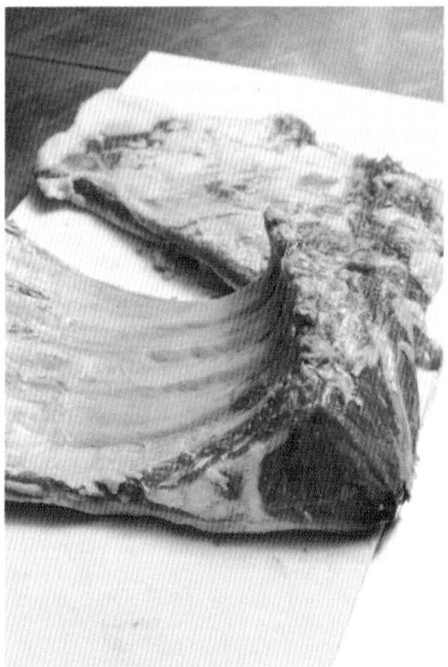

將羊（長野縣達波司牧場產，月齡 13 個月的柯利黛綿羊）的帶骨里肌肉（約 1.2 公斤）從冰箱中取出，去除多餘的脂肪和筋。切出「芯玉」這個部位。

2 用大火來煎烤肥肉

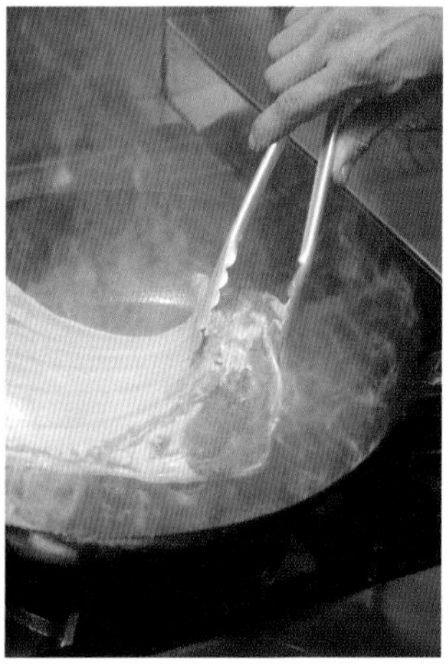

肉清理乾淨後，用大火將平底鍋加熱，迅速地煎烤有肥肉那面。由於目的在於，去除多餘的肥肉，增添香氣，所以要注意的部分為，不要將肉加熱

3 透過零下 25°C 來讓肉急速冷卻

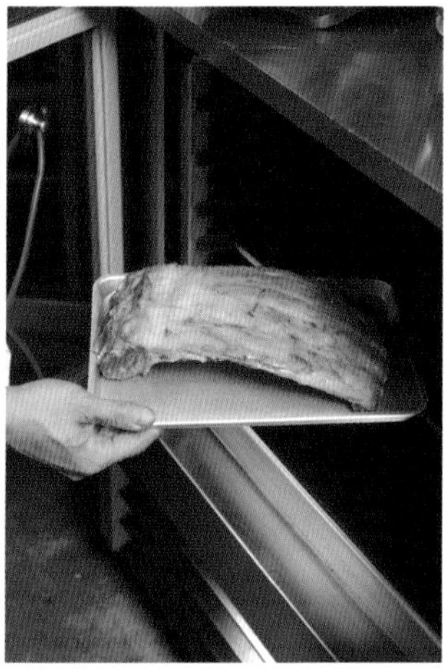

將肥肉那面朝上的肉放在調理盤上，透過零下 25°C 急速冷凍機，進行 5～10 分鐘的急速冷卻。當肥肉冷到變硬後，就取出。要特別注意，不要讓肉結凍。

4 將油塗在肉上形成保護層

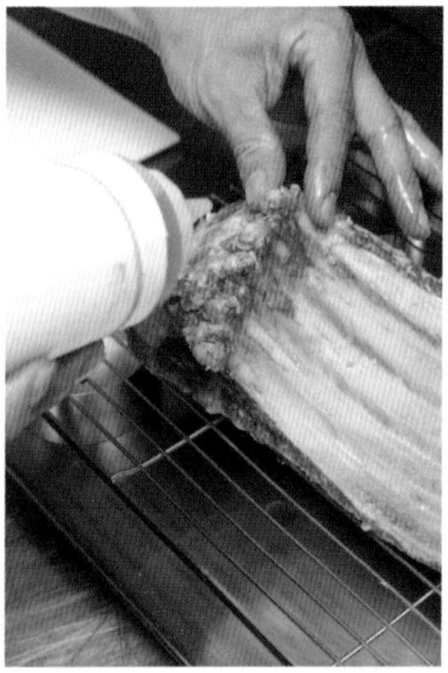

從急速冷凍機中取出肉。為了避免之後在加熱時，肉變得乾燥，所以要在有露出肉的部分塗上橄欖油，形成保護層。

5 透過保溫櫃來讓中心溫度達到 50°C

在調理盤的四個角落放上圓形模具，架上烤網，放上肥肉朝下的肉。透過 65°C 保溫櫃（使用急速冷凍機的模式切換功能）來將中心溫度提升到約 50°C

6

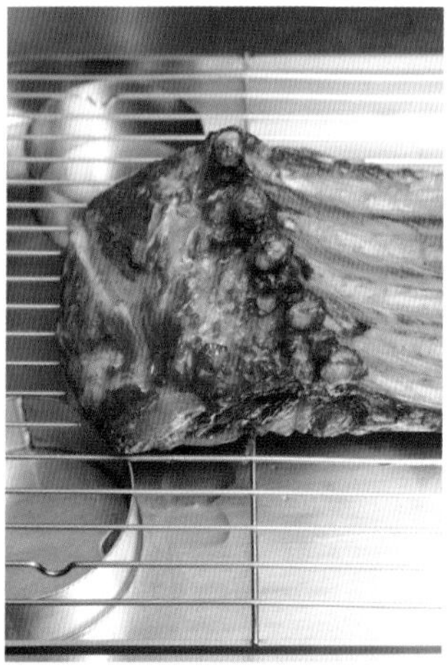

花費約 1 小時，讓中心溫度達到將近 50°C。雖然在整體上，肉已稍微上色，並開始散發香氣，不過內部還沒熟。在此時間點，加熱進度達到約 60%。

POINT

在正式加熱前，將中心溫度加熱到 50°C

在正式加熱前，把肉放進 65°C 保溫櫃中，將中心溫度加熱到 50°C 左右。
如果在中心溫度充分上升前，就將肉放入蒸氣烤箱的話，會容易烤得不均勻。

7 使用蒸氣烤箱來進行正式加熱

將肉連同調理盤一起放入 100°C 的蒸氣烤箱內。在設定方面，將風力調整到較弱，不要使用蒸氣。加入約 30 分鐘後，就會產生香氣，讓加熱進度達到約為 90%。

8

使用蒸氣烤箱來加熱的步驟到此結束。與加熱前相比，顏色變得較深，肉也產生了彈性。由於有慢慢地提升中心溫度，所以加熱後，肉汁也不會滴在調理盤內。

9 再次放入保溫櫃

將肉連同調理盤一起放回保溫櫃中，一邊靜置約 20 分鐘，一邊透過餘熱來加熱。此時，加熱進度會達到 95%。

10 撒鹽

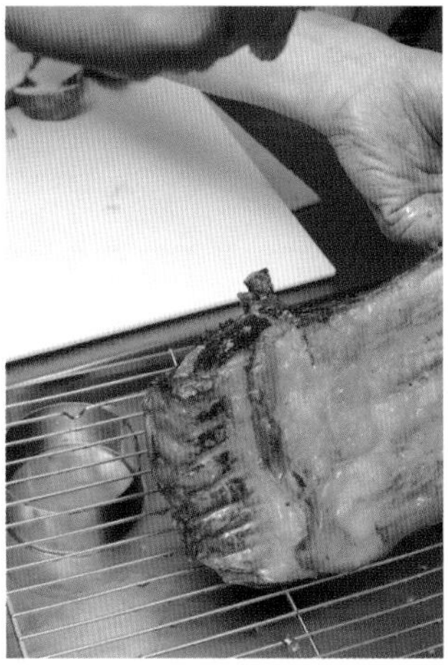

此時才要首次撒鹽。鹽是高知產，「田野屋鹽二郎」公司製造。該公司生產了約 40 種鹽。坂本主廚依照肉質，選用了顆粒較細微的種類。

11 用炭火來烤

使用大火來點燃炭火後，迅速地將肉烤一下。在烤網上，輕輕地按壓各個面，將肉烤到變硬，當肉沾滿了香氣時，就代表烤好了。加熱時間總計約為 1 小時 45 分。

12 煎烤完成

沿著骨頭，將肉切成兩等分，豪邁地盛盤。切面呈現玫瑰色與柔嫩多汁的口感。連骨頭邊的部分都烤得很均勻。

左側二圖／主廚使用 IRINOX 公司製造的「MultiFresh」來當作急速冷凍機兼保溫櫃，可以調整的庫內溫度範圍為 85°C～零下 35°C。坂本主廚說「雖然保溫功能也能用放了水的暖盤機（dish warmer）來代替，但透過一台機器就能使用急速冷卻、解凍等功能，是一大優點」。

Q5
如何煎烤較厚的肉塊？

主廚／**橫崎哲**（オーグルマン）

A

運用 2 台溫度不同的烤箱。透過使其變得溫暖的概念，來慢慢地加熱

想要將肉塊均勻地加熱，使其變得溫暖般地慢慢加熱是有效的方法。
一開始，先用 100°C 的烤箱來讓肉的表面「變得溫暖」（橫崎主廚），
然後轉移到 50°C 的烤箱中加熱時，就不會對肉造成負擔。

事先估計好肉煎烤完畢時的中心溫度，仔細地檢查，使用食物溫度計來進行確認

橫崎主廚說，使用黑毛和牛的腰內肉時，最終的中心溫度「以 55 °C 左右最理想」。
在這樣的溫度下，大理石紋脂肪會融化，可以品嚐到入口即化的味道。
最後完成時，只要透過食物溫度計來確認數值，就不會出錯。

由於該店有很多「想要盡情吃肉」的客人，所以為了因應這種要求，在晚餐的固定價格套餐（prix fixe）當中，可以選擇的主菜包含了，約 300g 的和牛、豬肉、羔羊等很有份量的肉類料理。

話雖如此，想要均勻地將大塊肉加熱是很難的。理想的情況為，讓各個部位接近目標溫度。因此，重點在於，辨別肉質，且透過適當的溫度，以不會對肉造成負擔的方式來慢慢加熱。基於現實的時間與設備之間的考量，最後想出來的方法為，運用 100°C 的烤箱，以及只點燃了火種而溫度約為 50°C 的烤箱。

舉例來說，這次使用的是厚度約 6 公分的牛腰內肉。本店使用的是，A4～5 等級，且帶有很多大理石紋脂肪的黑毛和種。目標的中心溫度會以 52～55°C 為基準，能讓該大理石紋脂肪適度融化，使人品嚐到入口即化的口感，而且肉汁不會流出來。將剛從冰箱中拿出來的肉逐漸加熱，使其接近此中心溫度。

具體來說，首先，要用 100°C 的烤箱來將中心溫度加熱到 40°C 後，放在已加熱到 70°C 的派盤上，接著再移到 50°C 的烤箱內。透過爐內的熱對流和派盤的傳導熱能，從二個方向來加熱，每次翻面時，熱能都會均勻地擴散開來。相當於「一邊加熱，一邊讓肉休息」的概念。最後用炭火烤出香氣後，就完成了。

此方法的優點也包含了，溫度上升速度很緩慢、肉幾乎不會因受熱而縮成一團、肉汁不會滴落。另外，在煎烤帶有肥肉的豬肉或羔羊時，首先要使用上火式燒烤爐來烤，去除多餘的油脂，提升肉整體的溫度後，再放入烤箱中流暢地加熱。雖然加熱時間將近 1 小時，但想要將肉塊均勻地加熱，呈現柔嫩多汁的口感時，此方法是有效的。

炭烤和牛腰內肉

將厚度 6 公分的和牛腰內肉烤到外部焦香、內部多汁。一切開來，肉汁會稍微滲出，但不會流失，一咬下的瞬間，帶有甜味的濃郁美味就會擴散開來。醬汁的作法為，將帶有火蔥風味的馬德拉酒和小牛高湯混合，再加入雞的肉汁清湯來呈現清爽口感。附上帶有大蒜與迷迭香香氣的嫩煎當季蔬菜。

醬汁

❶在切成薄片的火蔥上撒上鹽，放入鍋中，用少許的奶油來嫩煎。讓整體都沾附油脂，煎出香氣後，加入馬德拉酒，煮到收汁。
❷以 1 比 1 的比例，將小牛高湯和雞的肉汁清湯（皆省略解說）混合，然後加到①中。蓋上鍋蓋，用文火煮到沸騰。
❸將②過濾後，煮到收汁，讓湯汁剩下 2/3。

配菜

❶摩洛哥四季豆切成兩半，西葫蘆切成厚度 2 公分的圓片，牛蒡斜切成厚度 1 公分的圓片。紅．黃甜椒去除蒂頭和籽後，縱向切成 6 等分，放在烤網上，只將表面烤焦，去除水分後，仔細地將皮剝掉。
❷將岩鹽（義大利產）稍微撒在步驟①的蔬菜上，用橄欖油嫩煎。
❸將其浸泡在由橄欖油、大蒜、迷迭香混合而成的醃泡液中，放入冰箱醃泡一晚。

盛盤

將醬汁淋在盤子上，放上「炭烤和牛腰內肉」，撒上鹽、胡椒。將配菜放在盤子深處。

1 切出肉塊

使用帶有細緻大理石紋脂肪的牛腰內肉（A5 的黑毛和種）。從已經清理過，且事先放在冰箱中儲存的 1.3 公斤的肉塊中，以和肉的纖維平行的方式，切出厚度 6 公分（370g）的肉。

2 撒鹽

均勻地在整塊肉上撒上少許的鹽。由於要慢慢地提升溫度，所以即使剛從冰箱中取出，也不必讓肉恢復常溫。將肉放在架上了烤網的調理盤內，放入烤箱。

3 用100°C的烤箱來烤

用 100°C 的烤箱來烤。此步驟的目的為，慢慢地將冰到變硬的肉加熱。橫崎主廚說「當肉變得鬆弛後，加熱情況會變快，之後就能流暢地加熱」。

4 翻面

表面上色後，從開始烤算起，經過約 7 分鐘後，將肉翻面。再經過 7 分鐘後，要再次翻面。重覆此步驟 2～3 次。每次都要確認表面的鹽分濃度，若不夠的話，就稍微撒上鹽。

5 確認中心溫度

放入 100°C 的烤箱內，經過 20～30 分鐘後，插入金屬籤，然後將其靠在嘴唇下方，確認中心溫度。若達到約 40°C 的話，就將其移動到已加熱到約 70°C 的派盤上，然後再放入透過火種加熱到 50°C 的烤箱內。

POINT

分別使用 2 台爐台下型烤箱

在右圖中，右側是溫度設定為 100°C 的烤箱，
左側是只點燃了火種的烤箱，烤箱內溫度保持在 50°C 左右。
藉由分別使用現有的設備，就能透過 2 種溫度範圍來加熱食材。

6 **透過只有火種的烤箱來加熱**

每隔 2～3 分鐘，就要將肉翻面。透過只點燃了火種的烤箱內的熱能（約 50°C），以及從派盤表面（約 70°C）傳到肉的接觸面的熱能，來進行加熱。每次翻面時，肉整體的溫度都會逐漸變得相同。

7 **撒鹽**

即使是後半段的加熱過程，也要再三確認表面的鹽分濃度，若不夠鹹，就稍微撒上鹽。「藉由慢慢將肉加熱，來補充已滲透到內部的鹽的概念」（橫崎主廚）

8 **使用食物溫度計來測量**

將肉移到點燃了火種的烤箱內，經過約 40 分鐘，將肉取出，使用食物溫度計來測量中心溫度。達到 52～53°C 後，就將肉取出。不要仰賴直覺，而是使用食物溫度計來測量，藉此來提升火候的精準度。

9 **用炭火烤**

上菜前，用炭火來烤表面。宛如轉動整塊肉表面般地烤，尤其是盛盤時當作表面的那面，要烤到焦香上色且熱騰騰的。

10 **煎烤完成**

烤好的腰內肉。經過均勻加熱後，肉的切口呈現美麗的粉紅色。肉汁雖然會稍微滲出，但不會流出。

Q6
如何煎烤 L 骨牛排的骨邊肉？

主廚／高山いさ己（カルネヤ サノマンズ）

A

將骨邊肉放在火力較強的位置，肉較薄的部分則放在火力較弱的位置烤

烹調帶骨肉塊時，最大重點在於，將骨邊肉和肉較薄的部分都烤得很均勻。
不易熟的骨邊肉要放在烤肉架火力較強的位置，
肉較薄的部分則要放在火力較弱的位置烤。

為了防止肉因受熱而縮成一團，所以在烤的時候，要保留外側的筋

在調整肉的形狀時，若將骨邊肉的筋全部去除掉的話，
燒烤時就容易發生縮成一團的情況。
在燒烤前，只去除內側較小的筋，外側較大的筋等到烤好後再去除。

厚切的帶骨牛排既豪邁又有份量，可以讓人直接品嚐到牛肉原本的香氣與味道。此料理的另一項魅力在於，可以同時品嚐到瘦肉、脂肪、較硬的帶骨肉等各種肉質。可以讓客人充分地感受到吃肉的喜悅。

這次用炭火來烤 L 骨牛排的腰脊肉。我在烤肉時，大多會使用炭火。理由在於，可以依照肉的種類與厚度來改變炭的擺放位置、燒烤板的高度、肉的擺放位置；調整火力，也可以一邊讓烤不到的那面休息，一邊烤，自由度很高。如同前述，由於帶骨肉的構造很複雜，所以更能發揮炭火的優點。

烤帶骨肉時，最大的重點在於，是否能夠避免「不容易熟的骨邊肉還很生」、「肉較薄的部分被烤過頭了」這類情況發生。因此，在炭床內，要適當地調整火力，用來烤骨邊肉的部分，火力最為強烈，肉較薄的部分，則使用文火來烤，。

將肉放到烤肉架上後，要一邊加熱，一邊每隔兩分鐘就翻面。如果一口氣加熱的話，熱就無法在肉中均勻地循環，而且容易出現肉縮成一團的情況，所以此加熱方式是一種「在肉中逐步地將一層層薄薄的熱能堆疊起來」的概念。將燒烤板的高度設為約 20 公分高，維持「強烈的遠火」。要將約 700g 的帶骨肉烤到五分熟，需花費約 17 分鐘。

順便一提，人們認為帶骨肉不易因受熱而縮成一團，這是因為，筋把肉和骨頭連接起來。如果沒有筋，肉就容易縮成一團，所以肋骨周圍較大的筋要等到烤好後再去除。

特選級(Choice)美國牛的 L 骨牛排

使用炭火豪邁地燒烤美國產的帶骨腰脊肉（L 骨牛排），附上烤蔬菜和馬鈴薯泥，是一道既簡單又可以直接傳達牛肉魅力的料理。

配菜

❶將玉米筍、青花菜、公主白蘿蔔、京都胡蘿蔔、番薯、青花筍（長莖青花菜）各自切成容易入口的大小，用鹽水稍微汆燙，放入已將橄欖油加熱的平底鍋內嫩煎。

❷製作馬鈴薯泥。將馬鈴薯（印加的覺醒）煮過後，大略地搗碎，加入鹽、胡椒、牛奶、鮮奶油、番紅花，稍微煮一下。

盛盤

❶將「特選級（Choice）美國牛的 L 骨牛排」和骨頭一起盛盤，把鹽之花、粗粒黑胡椒粉撒在肉上。

❷附上作為配菜的蔬菜與馬鈴薯泥。

1

調整肉的形狀

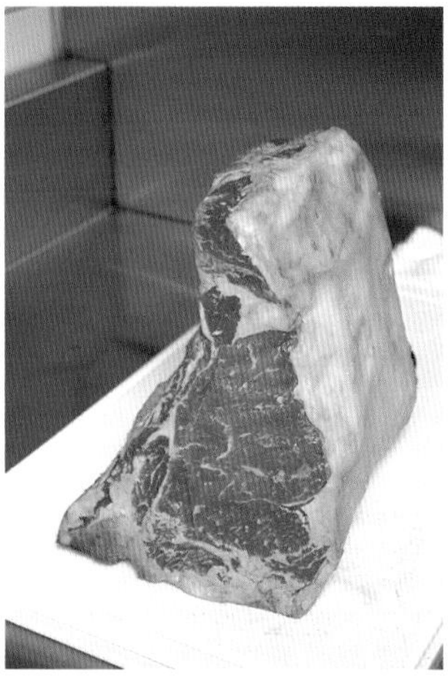

這是牛（特選級美國牛）的帶骨腰脊肉（L 骨牛排）。若腰內肉附著在肋骨左側的話，就會形成丁骨牛排。用紗布將約 3 公斤的肉塊包起來，放入 0～2°C 的冰箱內儲藏。

2

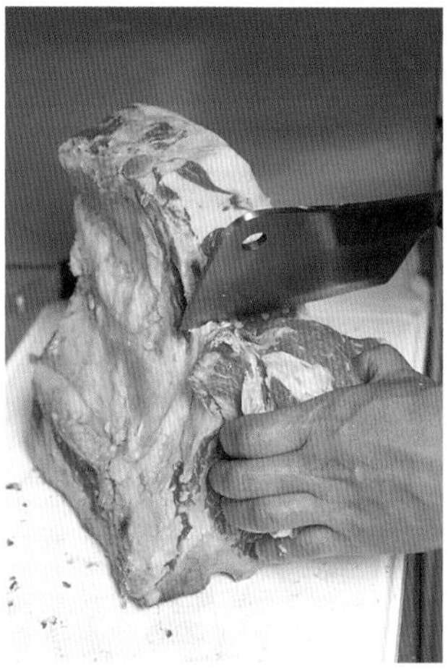

以背骨朝下的方向，將肉立起來，從厚度約 7 公分的部分下刀，將肉切開。而且為了避免肉的切面受損，所以只將剁骨刀的刀刃靠在骨頭的部分，一口氣將骨頭切斷。事先讓肉恢復常溫。

3

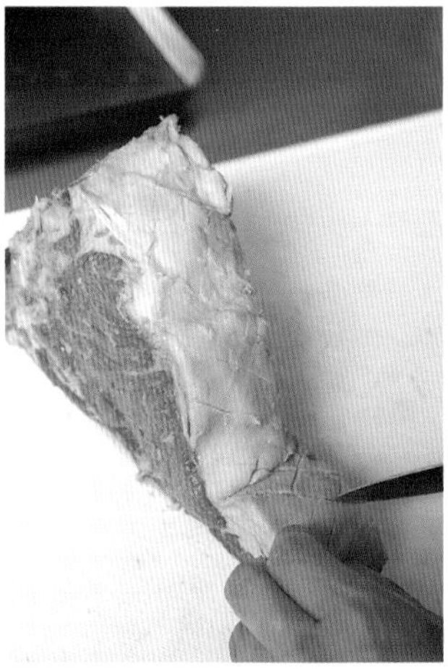

去除多餘的脂肪和內側的筋，調整肉的形狀。烤的時候，為了避免肉縮成一團，所以事先保留骨頭周圍的筋。在脂肪上劃出格子狀的切口，製作熱的傳遞通道。不要撒鹽。

4

用炭火烤

在炭床內，將用來烤不易熟的骨邊肉的內側調整為大火，前方的部分則使用文火。將烤肉架的高度設定為距離炭床 20 公分，形成「強烈的遠火」後，就可以開始烤。

5

將表面的脂肪塗抹在烤肉架上，使其沾附油脂，帶骨的部分放在內側的大火上方，肉較薄的部分則放在前方的文火處。依照「在肉中均勻地創造出一層層熱能」這種概念來烤。

6

翻面

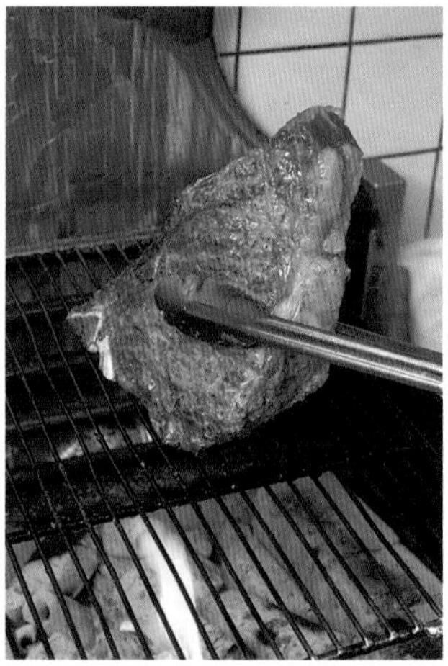

烤約 2 分鐘，讓肉的表面稍微滲出肉汁後，就翻面。觀察火的狀態，一邊挪動肉的位置，一邊烤約 2 分鐘。重覆此步驟 3 次，持續地烤出均勻的狀態。

POINT

將砂糖撒在炭床上，增添香氣

消費者在挑選帶骨肉時，美國牛是很有優勢的。在使用如同美國牛那樣脂肪較少的肉時，只要在煎烤時，增添有特色的風味，效果就會很好。將砂糖撒在炭床內之後，就會冒出砂糖的焦香甘甜風味。藉由讓味道清淡的肉沾附此風味，肉的味道就會變得有深度。

7

將砂糖撒在炭上

中途，將砂糖撒入炭中，使煙冒起。藉此，肉就會沾附上宛如焦糖般的香甜風味。

8

當肉表面的紅色部分消失後，加熱進度就會達到約 60%。此時才首次撒鹽。「鹽扮演的是宛如助曬油般的角色，能讓肉漂亮地上色。」（高山主廚）

9

將不易熟的背骨側壓在烤肉架上烤。當骨頭側確實烤熟後，就將炭床弄平，使火力變得固定，一邊頻繁地將肉翻面，一邊烤約 5 分鐘。

10

切除骨頭和筋

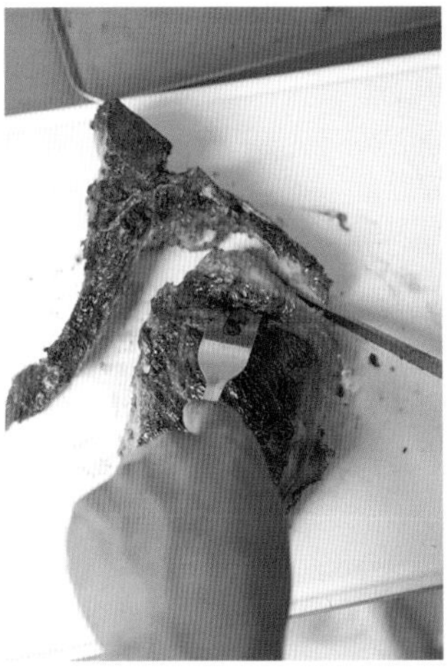

若目標為五分熟的話，燒烤時間總計約為 17 分鐘。由於是一邊讓沒有直接接觸炭火那面休息，一邊烤，所以烤好後，可以立刻分切。去除肉的骨頭。

11

將事先保留的外側筋切除。為了讓人在吃的時候可以感受到咬勁，所以要宛如切斷纖維般地，將肉切得較厚。將取下的骨頭和肉一起放到已加熱的盤子上。

Q7

如何煎烤出低熟度的丁骨牛排？

主廚／**山崎夏紀**（エル ビステッカーロ デイ マニャッチョーニ）

A

讓肉的厚度達到 4 公分

丁骨牛排使用的是切成 1 公斤重的肉塊。
由於在點餐時，分量有最低限制。使用這塊肉的話，可以將肉切成 4 公分厚。
「只要有這種厚度的話，
焦香的表面與低熟度的中心就會形成對比。」（山崎主廚）

透過高溫的煎烤盤，一邊讓冰涼的肉暴露在火焰之中，一邊烤

將處於冰涼緊實狀態的肉放到高溫的煎烤盤上，煎出烤痕。
當油脂適度滴落的同時，瓦斯爐的火會移動到該油脂上，使火焰冒出，
讓肉處於直接用火來烤的狀態。肉上會帶有「很有牛排風格」的深色烤痕與狂野的香氣

如同店名ビステッカーロ（在義大利文中，意思是「牛排工匠」）所揭示的，本店的招牌菜色是低熟度的丁骨牛排（腰脊肉與腰內肉附著在骨頭兩邊的部位）。這次要介紹的燒烤方法是，本店在營業時徹底採用的方法，可以一邊烤好幾片牛排，一邊烹調其他料理。

想要將帶有骨頭且肉質不一的部位煎烤成低熟度的話，最好的方法為，能夠慢慢加熱的低溫烹調法。不過，實際上很難使用烤箱等設備烤好幾個小時。因此，主廚想出的方法是，首先用高溫將整體加熱，一邊運用該熱能，一邊使用低溫來加熱。目的在於，一邊進行某種程度的溫和加熱，一邊縮短加熱時間。要使用高溫與低溫 2 台烤箱。一開始，先用煎烤盤一邊去除油脂，一邊讓肉帶有香氣與深色烤痕。由於是從冰涼的狀態開始烤，所以肉的內部沒有熟，只會恢復到常溫狀態。將肉放入 300℃ 的烤箱，一口氣從各個方向給予強烈的熱能。當加熱進度達到 40～50％時（這次為 5 分鐘後），再將肉放入 120℃ 的烤箱。此步驟的概念為，讓肉的內部溫度維持在某種程度，慢慢地加熱，並且讓沸騰後想要從內部流出的肉汁穩定下來。花了約剛才的 3 倍時間來讓加熱進度達到 90％。剩下的就是最後的加熱步驟，以及透過熱騰騰的盤子來加熱，就能完成只有稍微加熱過的三分熟牛排。最後，花費 30 多分鐘，讓腰內肉變軟，腰脊肉則充滿肉汁，連油脂的美味都滲了出來。

此丁骨牛排的販售價格為 1 公斤 8000 日圓起，考量到價格與肉質之間的平衡，肉選用「特選級」的美國產安格斯黑牛。這種肉的平衡很好，帶有適度油脂，可以品嚐到紮實的瘦肉美味與柔軟的肉質，我覺得很符合日本人的喜好。

丁骨牛排

美國產安格斯黑牛的丁骨牛排。豪邁地放上帶骨一起烤的腰脊肉與腰內肉。使用顆粒大小不同的 2 種西西里島產海鹽，以及大量的托斯卡尼產特級初榨橄欖油來代替醬汁。附上檸檬和野生芝麻菜。

盛盤

❶將「丁骨牛排」放到已加熱過的木盤上。淋上特級初榨橄欖油。
❷附上切成兩半的檸檬與野生芝麻菜。

1 使用有厚度的肉

使用的肉（美國產安格斯黑牛，特選級）是丁骨牛排。骨頭右側為腰脊肉，左側為腰內肉。這次要烤的肉厚度為 4 公分，重量 1.2 公斤。

2 使用煎烤盤來烤整塊肉

由於肉一旦變得鬆弛，就會很難處理，所以要在剛從冰箱拿出來的冰涼狀態下就開始烤。將橄欖油塗在肉上，把肉放入已充分加熱的煎烤盤內。

3

煎烤到上色後就翻面，依序地將每個面煎烤到上色。由於火焰會從滴在煎烤盤上的牛肉油脂中冒出來，所以要一邊讓肉暴露在該火焰中，一邊烤。

4

將整塊肉都煎烤過一遍後，再次煎烤切面與側面。此時，要將肉的擺放方向轉動 90 度，讓肉上的烤痕形成格子狀。燒烤時間合計約為 5 分鐘。

5 撒鹽

之後，雖然會使用烤箱來加熱，但為了不要使表面的顏色過深，所以要透過之前的步驟，來加上烤痕與顏色。充分地烤過後，在切面撒上粗鹽調味。

6 使用2台烤箱來加熱

之後，使用高溫烤箱與低溫烤箱來連續加熱。在本店內，將其中一台烤箱溫度設定為 300°C，另一台則為 120°C，準確地達到想要的燒烤狀態。

POINT

使用溫度範圍一高一低的 2 台烤箱

透過 300°C 的烤箱，將整塊肉一口氣加熱，在肉保持住所吸收的熱能的狀態下，放入 120°C 的烤箱，慢慢地加熱。這是山崎主廚想出來的方法，可以一邊將骨邊肉也充分加熱，一邊將肉質不同的部位同時烤到三分熟。

7 使用高溫的烤箱來烤

將肉放到已架上烤網的調理盤中，並放入高溫的烤箱內，在燒烤時，多餘的油脂會滴落，使肉的表面變乾。烤約 5 分鐘，從各個方向來加熱，將熱能傳遞到肉中。

8 使用低溫的烤箱來烤

將肉連同調理盤移到 120°C 的烤箱內。一邊讓肉休息，一邊運用剛才的餘熱，慢慢地將肉加熱。此時，也要將上菜用的木盤一起加熱。

9

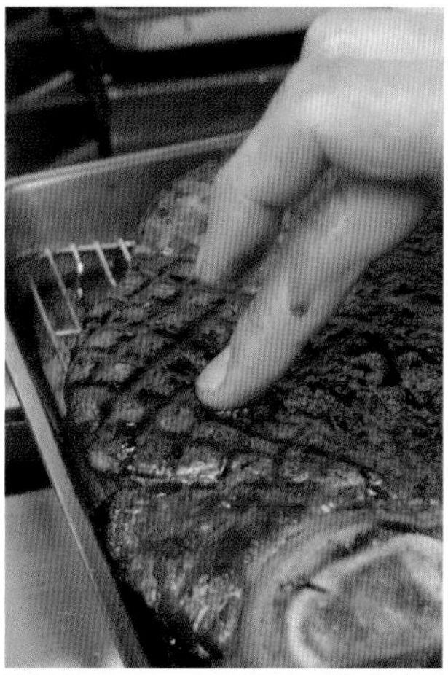

經過約 15 分鐘後，藉由按壓肉塊來觀察加熱程度。山崎主廚說「只要瞄準腰內肉的正中央，就會比較容易將整體烤到理想的狀態」。

10 使用高溫的烤箱來使肉變得滾燙

若按壓後的肉塊具備充足彈性的話，就證明熟度超過九分熟了。將肉連同調理盤放回 300°C 的烤箱內，加熱約 5 分鐘，一口氣提升整體的溫度。

11 燒烤完成

由於縮短了加熱時間，讓熱能不會傳遞到肉的中心，所以雖然中心沒有那麼熱，但表面卻呈現連油脂都發出沸騰聲的滾燙狀態。

12 撒上2種鹽

去掉骨頭後，將肉切成 2 公分寬，連同骨頭一起盛盤。將顆粒較細的海鹽撒在切面上，讓人從第一口就能感受到鮮明的鹹味，然後再撒上粗海鹽來提味。

Q8
如何煎烤 D.A.B.（乾式熟成牛肉）？

主廚／高良康之（銀座レカン）

A

透過長時間的加熱來避免乾燥情況發生，將水分的流失降到最低

水分含量較少的 D.A.B.若經過長時間加熱的話，肉汁就會流失，
但高良主廚說「若用高溫一口氣煎烤的話，就無法呈現出其美味」。
反覆進行「透過 110°C 的蒸氣烤箱來加熱」與「靜置（reposer）」這 2 道步驟。

最後用較多的油來煎烤，藉此來提升熟成肉特有的香氣

上菜前，一邊使用橄欖油和奶油來進行油淋法，一邊將肉烤好。
藉此，肉就會清楚地散發出類似堅果香氣的熟成香味。

D.A.B.（乾式熟成牛肉）的製作方式為，一邊將風送入冰箱內，使肉的表面變得乾燥，一邊讓肉熟成。特色為，柔軟的肉質、凝聚而成的深度美味、類似堅果的香氣。本店所採購的是熟成期間約 4～6 週的肉。若是熟成期比這更長的肉，特有香氣就會過於突出，讓人感受不到紅肉的風味，未必符合客人的喜好。

在煎烤牛肉時，若是濕式熟成牛肉的話，最後要花費一個小時以上，用低溫慢慢地加熱，一邊讓肉逐漸地裹上油脂，一邊將肉烤好。不過，由於 D.A.B.的水分較少，再加上這次使用的肉以瘦肉為主，所以如果長時間加熱的話，會使肉變得更加乾燥，烤出來的肉也會很乾柴。為了避免這種情況，加熱時間要控制在 40 分鐘左右。

首先，將略多的油鋪在平底鍋內，以「將冰冷堅硬的牛肉纖維弄開來」的概念，來提升肉的表面溫度。藉此，之後的加熱就會變得很順暢。接下來，反覆進行「使用蒸氣烤箱來加熱」與「讓肉在溫暖的場所休息」這 2 項步驟。蒸氣烤箱的設定溫度為 110°C。我大多會用 90°C 左右來烤濕式熟成牛肉，在烹調 D.A.B.時，為了盡快烤好，所以會將溫度提高約 20°C。加熱時，以「讓滲出到表面的肉汁回到肉的內部」的概念，將肉翻面後，就將肉靜置。重覆「加熱」與「靜置」2～3 次後，加熱步驟大致上就結束了。

最後，用鋪上了橄欖油和奶油的平底鍋來將肉加熱，一邊讓肉上色，一邊確實地使表面變得滾燙。只有透過煎烤，肉才會冒出香氣。藉由用油煎烤，來讓肉散發出更多 D.A.B.特有的堅果香氣吧！

烤北海道產短角牛的乾式熟成牛肉
佐西洋菜醬汁與紅酒醬汁

這道烤腰脊肉保留了紅肉風格的咬勁，而且在肉中能讓人感受到濃縮的美味。配菜為，與D.A.B.的堅果香氣很搭的奶油燉蘑菇，以及烤火蔥。淋上以牧草為基底的西洋菜醬汁，透過風味濃郁的紅酒醬汁來整合整道菜的風格。

西洋菜醬汁

❶用鹽水迅速汆燙西洋菜後，放入冰水中。
❷充分去除①的水分後，和半熟蛋、特級初榨橄欖油一起放入攪拌機中攪拌。
❸將鹽撒入②中，進行過濾。加入磨碎的辣根來調整味道。

紅酒醬汁

❶將奶油放入鍋中加熱後，加入切碎的火蔥拌炒。
❷炒出香氣後，倒入紅酒醋和紅酒，煮到沒有水分。加入小牛高湯（省略解說），撈出浮沫，再次稍微煮到收汁，用鹽來調味。
❸等到②入味後，加入少量奶油，增添濃稠感與風味。

烤火蔥

❶用平底鍋將橄欖油和奶油加熱，放入事先汆燙過的火蔥。
❷撒上鹽和黑胡椒，將火蔥煎成淡褐色。

奶油燉蘑菇

❶用平底鍋將橄欖油加熱，溫度變高後，加入奶油。加入切成適當大小的舞茸菇和雞油菇，用中火嫩煎。
❷不要晃動平底鍋，將①的蘑菇類翻面，將整面都煎到均勻上色。
❸將少許切碎的火蔥加入②中，撒上馬德拉酒。讓酒精成分揮發後，加入白酒。加入小牛高湯，讓整體的味道融合。
❹將鮮奶油加入③中，攪拌均勻。

盛盤

❶將西洋菜醬汁鋪在盤中，放上烤火蔥、奶油燉蘑菇。
❷將「烤短角牛肉」分切成約 2 公分厚，盛盤。點上幾滴紅酒醬汁，撒上舞茸菇的粉末*。

*舞茸菇的粉末
用蔬果烘乾機將舞茸菇烘乾，放入食物調理機中打成粉末。

1 切出肉塊

不用讓牛（北海道產日本短角種的 D.A.B.）的腰脊肉恢復常溫，直接切出厚度 4 公分，約 150g 的肉塊。由於採購的是事先清理過黴菌的肉，所以此時只需將多餘的脂肪切除。

2 在脂肪上劃出切口

在被切成約 3 公分厚的脂肪中劃出格子狀的切口。雖然脂肪與瘦肉之間有筋，但經過熟成，筋會變成咬得斷的口感。目的在於，讓筋變得容易熟。

3 撒上鹽和胡椒

將分量為肉重量 1%的鹽均勻地撒在包含側面在內的整個表面上。撒上少許細磨黑胡椒。在之後的烹調過程中，不會對肉進行調味。

4 用平底鍋來煎

將略多的橄欖油放入平底鍋內加熱，煎烤肉塊。使用中火，以「半煎炸」的方式來加熱。包含側面在內，讓整個表面都上色。

5 用蒸氣烤箱來烤

將肉放到已架上烤網的托盤上，放入溫度 110°C、蒸氣 30%的蒸氣烤箱內烤 6 分鐘。中途要將烤箱打開來，觀察肉的情況，若表面已變得乾燥的話，可以在 6 分鐘結束之前就將肉取出。

6 靜置

加熱時，肉汁會滲出到朝下的那面。「透過讓此肉汁回到肉塊中心的概念」（高良主廚），將肉翻面，然後讓肉塊在溫暖的場所靜置 12 分鐘。

POINT

採購熟成度符合喜好的肉，在 10 天內用完

使用的 D.A.B.是向 Maruyoshi 商事採購的，品種為北十勝農場（北海道・足寄町）的日本短角種。高良主廚事先將「熟成香味不要太重的肉」等喜好告訴對方，
主要採用熟成期間 4～6 週的腰脊肉。到貨後，就先在略深的容器內鋪上紗布，
然後再放上肉，接著蓋起來，放入冰箱內儲藏。要在 10 天內用完。

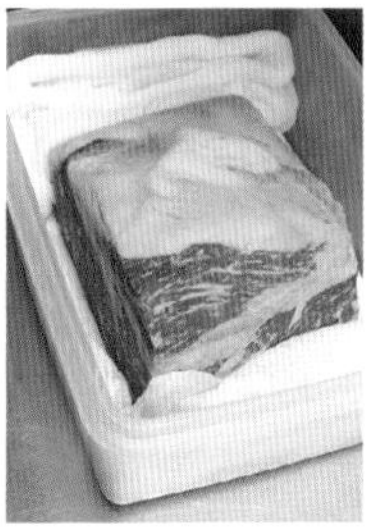

7 再次放入蒸氣烤箱

再次將肉翻面，放入蒸氣烤箱烤 3 分鐘後，將肉取出，靜置 3 分鐘。重覆此步驟 2 次。加熱時，要經常讓同一面朝上。

8 放在溫暖的場所保溫

為了防止肉變得乾燥，所以要輕輕地蓋上鋁箔紙，放在鋼板瓦斯爐旁邊等溫暖場所保溫。插入金屬籤，用嘴唇下方來確認溫度，讓肉逐漸靠近理想的中心溫度（65～68℃）。

9 用平底鍋進行最後加熱

將略多的橄欖油和奶油放入平底鍋內，用中火加熱，一邊進行油淋法，一邊煎烤肉塊。在提升 D.A.B.特有風味的同時，也讓肉裹上很香的「燒烤香氣」。

10 煎烤完成

當肉塊的整個表面都確實上色後，就完成了。高良主廚說「在選擇能襯托 D.A.B. 美味的配菜時，烤蔬菜比起汆燙蔬菜更能呈現出強烈的氣勢來」。

Q9

如何爽快地煎烤
大理石紋脂肪較多的肉？

主廚／手島純也（オテル・ド・ヨシノ）

A

放在平底鍋內開大火，將表面煎烤到非常香

藉由肉的香味與酥脆的口感，
來減輕脂肪給人的油膩感。

最後用炭火來烤，讓油脂滴落增添煙燻香氣

最後，迅速地用炭火來烤，再次讓油脂滴落，滴落的油脂碰到炭火時會產生煙。
藉由讓煙霧籠罩著肉，來增添煙燻香氣。
此煙燻香氣能夠減輕里肌肉的油膩感。

由於肉的油脂很美味，所以重點在於不能只去想說要讓油脂滴落，也要去思考如何減輕油膩感。在這裡，我會以「適度地讓油脂滴落」、「充分地煎烤創造出很香的風味與口感」、「增添煙燻香氣」這 3 點作為主軸，解說如何爽快地煎烤大理石紋脂肪較多的肉。

這次使用的肉是 A4 等級的黑毛和種的腰脊肉。依照情況，脂肪含量等會有所差異，所以仔細觀察肉的狀態也很重要。去除周圍的脂肪，將肉切成能夠呈現出「咀嚼美味」的 2.5 公分厚度。接著，首先用平底鍋來煎烤，此目的在於去除油脂，以及將表面上色、增添香氣、創造酥脆口感。由於油脂會從肉中流出，所以不放油，並用大火來煎烤。

然後，放入烤箱和上火式烤箱中加熱。烤箱能緩緩地提升整體的溫度，上火式烤箱則會透過大火，輪流地將肉的上下兩面加熱。藉由烤箱的加熱，可以一口氣讓有點濕潤的表面烤到又乾又酥脆。接著，要使用其餘熱，一邊讓肉在溫暖的場所休息，一邊對肉的內部加熱。透過烤箱、上火式烤箱、餘熱這 3 種熱，來慢慢地將整塊肉加熱，讓內部呈現多汁口感。另外，在此過程中，肉的油脂會稍微滴落，所以要將肉放在已架上烤網的調理盤內來烤。最後，用炭火來烤，再次讓油脂滴落，讓肉沾附煙霧，透過煙燻香氣來掩蓋脂肪的油膩感。

表面的口感乾香酥脆，而強烈存在感也能減輕油膩。雖然透過加熱而滴落的油脂沒有那麼多，但還是要透過其他要素讓客人在品嚐這道料理時，不會感受到油膩感。如同這次，使用帶有酸味的醬汁也是很重要的呈現方式。

熊野牛里肌肉牛排　佐紅酒醬汁

牛排搭配上經典的紅酒醬汁。牛排可以讓人品嚐到黑毛和種的脂肪美味，而且吃起來不油膩。紅酒醬汁發揮了紅酒醋的酸味，呈現出爽口滋味。在配菜方面，同樣採用經典的牛排搭配食材，也就是馬鈴薯。將馬鈴薯做成焗烤、燒烤、薯泥、薯片這 4 種風格，傳遞經典的美味。

馬鈴薯泥

❶將馬鈴薯（皇后馬鈴薯）煮過、去皮後，用網眼很細的篩子來過濾。
❷將①放入鍋內，加入奶油、鮮奶油、牛奶，一邊調整濃度，一邊加熱，用鹽來調味。

四季豆（haricots verts）

將煮過的四季豆與切碎的火蔥放到奶油醬（beurre battu）*中加熱。拌入切碎的巴西里。

*奶油醬（beurre battu）
由煮到收汁的雞高湯和奶油混合而成。

烤喬安娜馬鈴薯

❶將帶皮的小型馬鈴薯（喬安娜*）和奶油一起放入 230°C 的烤箱中烤。
❷將①的馬鈴薯放入焦化奶油中，拌入切碎的大蒜、火蔥、平葉巴西里。

*喬安娜
在法國經過改良的馬鈴薯品種之一。香氣強烈，帶有甜味。

盛盤

❶將「熊野牛里肌肉牛排」切成寬度約 2 公分，在切面上，把切成細圈狀的蝦夷蔥、鹽（法國．蓋朗德產）、粗粒黑胡椒粉排成一直線。
❷在盤子淋上紅酒醬汁，使醬汁形成一個圓，放上①。擠上幾團馬鈴薯泥，放上四季豆與烤喬安娜馬鈴薯。附上切成兩半的焗烤馬鈴薯、炸歐拉克*、馬鈴薯薄片、松露油醋醬拌西洋菜（解說皆省略）。

*歐拉克（日文名オラック）
藜科植物，分成綠葉與紅葉品種。嫩葉可生吃，成長後的葉子則和菠菜一樣，要進行加熱烹調。

1 切出肉塊

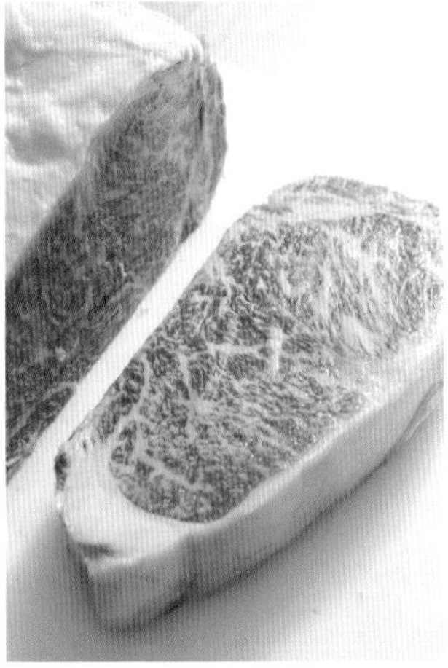

這是 A4 等級的黑毛和種（和歌山縣產熊野牛）的腰脊肉。帶有細微的大理石紋脂肪，肉質非常細緻且柔嫩。手島主廚說「若想要搭配法式料理風格的醬汁的話，A5 等級的油脂會太多」。

2 不用讓肉恢復常溫

將肉切成約 2.5 公分厚，去除周圍的油脂，並切成 2 等分。由於約 10 分鐘就能煎烤到五分熟，所以不用恢復常溫。不過，若要做成三分熟的話，由於加熱時間會變短，所以要讓肉恢復常溫。

3 用平底鍋來煎

在約 200g 的整個肉塊上撒上鹽、胡椒，放入已加熱的平底鍋內，依照側面、切面的順序，一口氣用大火進行煎烤。由於肉中帶有黑毛和種特有的油脂，所以不用放油。

4

油脂會從肉的表面慢慢滲出。因為會覆蓋平底鍋的表面，所以可用此油脂來煎肉。煎到上色後，就翻面（每面的加熱時間以約 15 秒為基準）。

5

透過大火來確實煎烤，一邊讓油脂滴落，一邊讓整塊肉帶有較深的顏色、芳香風味、酥脆口感。用平底鍋加熱的時間總計約為 1 分鐘。讓加熱進度達到 30～40%。

6 用烤箱來烤

放入 230°C 的烤箱內約 3 分鐘，將整塊肉加熱。藉由將肉放在已架上烤網的調理盤上，中途就能一邊加熱，一邊讓從肉中滲出的油脂滴落。到目前為止，加熱進度達到 50～60%。

POINT

放在烤網上，一邊讓油脂滴落，一邊進行 3 個加熱步驟

將肉放到已架上烤網的調理盤內，一邊讓滲出的油脂滴落，
一邊透過「烤箱」、「上火式烤箱」、「靜置時的餘熱」這 3 個加熱步驟來慢慢地將肉加熱，
使肉的內部充滿肉汁。

7 用上火式烤箱來烤

將肉連同調理盤一起放入上火式烤箱內加熱。當油脂滲出到肉的表面時就翻面，同樣地加熱另一面。總計加熱 1～2 分，就能讓加熱進度達到約 70%。若沒有達到 70%的話，就再次放入烤箱。

8 靜置

若使用一般烤箱的話，加熱時間則為將近一分鐘。將肉連同調理盤放在鋼板瓦斯爐旁邊的溫暖場所，靜置 3～4 分鐘，讓加熱進度達到約 80%。透過餘熱來讓熱能進入內部，油脂則會滲出到肉的表面。

9 用炭火來烤

將備長炭燒熱後，放入炭爐中，裝上烤網。目的在於，將肉放在烤網上來烤，再次讓油脂滴落，而且油脂滴到炭火上時，冒出的煙會將肉籠罩住，讓肉增添煙燻香氣。

10

將肉放在用炭火加熱過的烤網上烤。當肉的表面油脂發出沸騰聲時就翻面，之後還要再反覆翻幾次。由於只是要將表面烤熟，所以加熱時間僅約 1 分鐘。

11 煎烤完成

適度地讓油脂滴落後，除了肉的表面在風味、口感都非常好之外，內部也是充滿肉汁，可以讓人強烈地感受到油脂和肉的美味。將兩端切掉後，再上菜。

Q10
如何煎烤出一分熟的瘦肉？

主廚／小林邦光（レストラン コバヤシ）

A

用牛脂將肉包住，防止肉急遽受熱

由於火不能直接碰到肉，所以能夠溫和地加熱，烤出一分熟的肉，
連中心部位的熟度都一樣。另外，這樣做也能夠防止肉變得乾燥，
保持柔嫩肉質，適度地增添焦香的油脂風味。

將加熱時間縮到非常短，透過餘熱來慢慢加熱

會進行「煎烤盤（約 1 分半）、烤箱（2 分鐘）、餘熱（15 分鐘以上）、
上火式烤箱（約 30 秒）」這 4 步驟的加熱。
與總計約 4 分鐘的加熱時間相比，透過餘熱來加熱要花費 15 分鐘以上，
藉此來呈現牛肉味濃郁的瘦肉滋味。

牛肉瘦肉的特色為，很有牛肉風味的濃郁滋味、強烈的鮮味，以及柔嫩口感。為了發揮其魅力，千萬不能過度加熱。這次我要介紹的是，在我修業結束後，經過反覆嘗試，才掌握到「使用牛脂來煎烤出一分熟瘦肉」的方法。

前置作業的重點在於「去除肉的水分，讓美味凝聚」，以及「讓肉恢復常溫，以縮短加熱時間」這 2 點。加熱會透過煎烤盤、烤箱、烤箱的餘熱，以及上火式烤箱這 4 步驟來進行。只要稍微過度加熱的話，不僅口感會變硬，還會使肉的味道輸給香氣，而無法呈現出瘦肉原本的美味。因此，藉由用牛脂將肉包住來進行間接加熱，不但能溫和地進行加熱，還能縮短加熱時間，也不會破壞牛肉原本的美味。

首先，將用牛脂包住的肉放在煎烤盤上並開大火，一邊冒出火焰，一邊加熱。由於牛脂會形成緩衝材，使肉不會急遽受熱，且能夠防止肉變得乾燥，所以能烤出柔嫩多汁的狀態。另外，不要用牛脂將肉完全包住，而是刻意保留幾個空隙，創造能讓肉的表面直接和火接觸的部位，藉此就能為肉增添芳香風味與輕微苦味。

接著，用烤箱加熱約 2 分鐘。這步驟與其說是在將肉加熱，倒不如說是為了「透過之後的餘熱來加熱」而做的準備。從烤箱將肉取出後用鋁箔紙包起來，放在溫暖的場所靜置 15 分鐘以上，慢慢地將中心部位加熱。想要讓接近肉表面的部分與中心部分的熟度相同的話，這項步驟很重要。經過靜置後，由於表面溫度會下降，所以最後要用上火式烤箱加熱約 2 分鐘，再次提升表面溫度後，再上菜。由於帶有香氣與熱騰騰的感覺，所以「雖然不喜歡一分熟牛排，但卻喜歡這道料理」的客人也不少。

網烤和牛臀肉　附上各種根莖類蔬菜
苦瓜·綠芥末醬汁

烤到一分熟的牛臀肉牛排。醬汁只簡單地使用肉汁（jus de viande），突顯了瘦肉的濃郁滋味與強烈風味。附上將根莖類蔬菜放入無水奶油與各種酒醋中醃漬而成的「醃漬根莖類蔬菜」，增添來自發酵作用的酸味與鮮味。

肉汁（jus de viande）
❶將大量沙拉油放入鍋中加熱，加入切段的牛筋。用會冒煙的大火來煎烤，確實地使其上色。
❷加入切成小方塊狀的大蒜、切成粗末的火蔥、百里香。
❸將沙拉油放入另一個鍋子中加熱，放入切段的牛跟腱，用會冒煙的大火來煎烤，使肉的表面變得乾燥。
❹洋蔥去皮，橫向切成 3 等分後，用鋼板瓦斯爐煎到燒焦。
❺將②、③、④、丁香放入已加了水的大鍋子中，用大火加熱。另外，加入③的時候，要先將鍋中的油倒掉。
❻當⑤沸騰後，轉為文火，燉煮約 2 小時。加入經過 3 次汆燙（汆燙後將水倒掉）的豬腳，再燉煮約 4 小時，然後進行過濾。
❼將⑥煮到收汁，直到湯汁產生濃稠感，加入少許干邑白蘭地。

醃泡蔬菜
❶將甜菜根、黃金甜菜根、青蘿蔔、苤藍的皮去除，縱向切成兩半。抹上大量的鹽、砂糖，使其脫水，用廚房紙巾將水分擦掉。
❷將①的甜菜根浸泡在無水奶油、蜂蜜、雪利酒醋中，放入專用袋進行真空處理。同樣地，各自將黃金甜菜根浸泡在無水奶油、蜂蜜、黃芥末中，青蘿蔔浸泡在無水奶油、蜂蜜、綠芥末中，苤藍浸泡在無水奶油、蜂蜜、白酒醋中，並進行真空處理。放入冰箱內靜置 1 天。
❸將②放入 80°C 的蒸氣烤箱中加熱。去除熱氣後，放入冰箱內儲藏約 3 週。

苦瓜醬汁
❶苦瓜去皮，切成厚片，煮到變軟。
❷將①和葡萄籽油、綠芥末一起放入攪拌機中打成泥。

盛盤
❶將切成薄片的醃泡蔬菜立在盤子左側，蔬菜內裝著苦瓜醬汁。使用向日葵花瓣、紫蘇花穗來當作裝飾。在切成薄片的松露上挖出一個小圓孔後，將松露放在醃泡苤藍上。
❷在①中放上切成適當大小的「網烤和牛臀肉」，撒上粗鹽。淋上肉汁（jus de viande）

1 切出肉塊

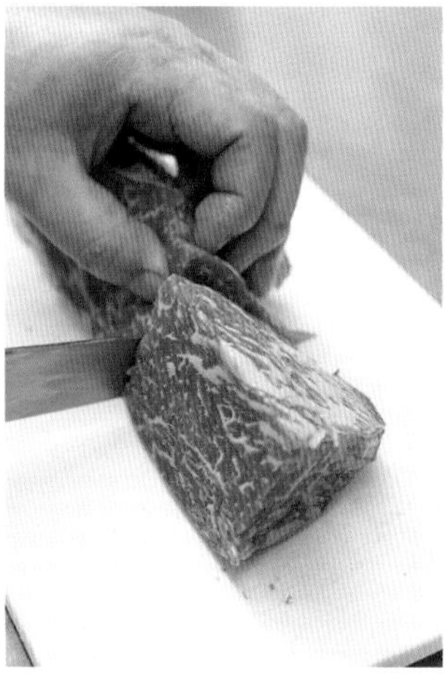

從牛（黑毛和種）的臀肉塊的邊緣切出三角柱狀的肉塊，去除表面的油脂。若長邊在 10 公分（約 200g）以上的話，就不容易熟。

2 撒鹽讓肉脫水

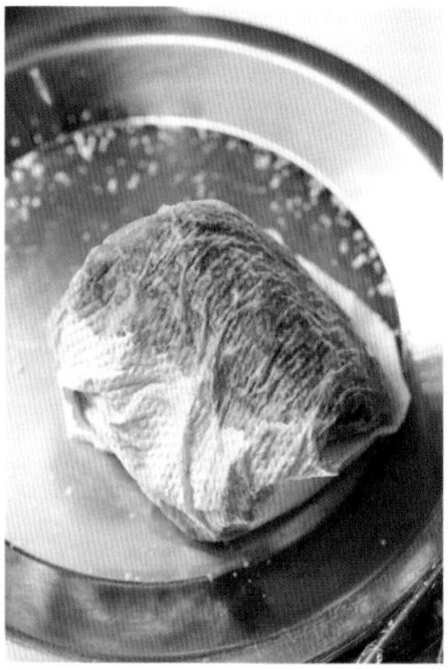

在肉塊的每處都撒上鹽，用廚房紙巾包起來，在常溫下靜置 1 小時。中途，要數次更換廚房紙巾。此時要一邊確實地去除水分，一邊讓鹽融入肉中。

3 包上牛脂

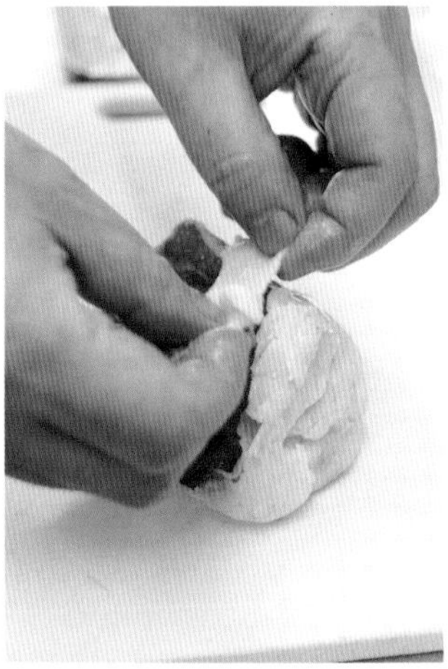

拍打牛腿肉周圍的脂肪，拉成薄膜狀。首先，用大張的牛脂將肉包住，在沒有完全包住而露出肉表面的部分上，貼上幾片較小的牛脂片。

4 用風箏線綁起來

為了避免牛脂剝落，所以要用風箏線綁起來。重點在於，不要確實地將整塊肉包起來，在貼上小牛脂片的部分，要保留幾個可以看到肉的空隙。

5 用煎烤盤來煎烤

透過用大火加熱過的煎烤盤，來煎烤整塊肉，將牛脂烤到焦。小林主廚使用的是，用得很順手，且鍋中有開了個小孔的煎烤盤。火焰會從小孔中竄出，在短時間內為肉增添芳香風味。

6

周圍的牛脂完全燒焦，裡面的肉只有表面有受熱。從牛脂縫隙可以看到肉表面的部分也燒焦了，這樣可以為肉增添適度的香氣與輕微苦味。

POINT

使用在店內熟成的肉

這次使用的黑毛和種牛臀肉，從送到店內後，就用廚房紙巾包起來，放在冰箱內熟成了約 1 週。藉此，可以去除多餘水分，還能使肉的風味凝聚，提升鮮味。

7 用烤箱來烤

用 200°C 的烤箱來加熱 2 分鐘，提升整體的溫度。接著，為了要透過餘熱來完成加熱步驟，所以此時的加熱進度要達到 30%。

8 確認溫度

用手觸摸肉，確認表面是否已充分變熱。若溫度還不夠高的話，還要再放入烤箱中加熱，每次加熱 1 分鐘，直到溫度達標。

9 讓肉在溫暖的場所靜置

將鋁箔紙蓋在肉上，讓肉在溫暖的場所靜置 15 分鐘以上，慢慢地透過餘熱來加熱。另外，在本店內，會讓肉在設置於鋼板瓦斯爐上方的靜置專用架上休息。

10 用上火式烤箱來烤

當肉的中心部分變熱的同時，表面溫度會下降，因此上菜前，要將肉放在距離上火式烤箱熱源非常近的位置加熱，再次提升表面溫度，使表面變得熱騰騰的。

11

由於在讓肉休息時，內部的加熱步驟就結束了，所以使用上火式烤箱的加熱時間約為 30 秒。觸摸過，確認很燙後，就可以結束加熱。

12 取下牛脂

取下牛脂，切出 1 人份的肉。包含讓肉休息的時間在內，總共的加熱時間約為 19 分鐘。

Q11
如何煎烤出柔嫩多汁的瘦肉？

主廚／有馬邦明（パッソ・ア・パッソ）

A

只需使用文火，在平底鍋上加熱 1 分鐘

若用大火來加熱脂肪含量很少的鴿胸肉，就容易迅速地變硬。
煎烤 1 分鐘後，用鋁箔紙包起來，放入 60°C 的蒸氣烤箱中，
一邊讓肉休息，一邊傳遞熱能。

先將肉側稍微煎烤一下，防止彎曲情況發生

從外皮先烤的話，皮會縮成一團，肉質柔軟的鴿胸肉會整個變得彎曲。
首先，先讓肉側朝下，短時間地煎烤表面，先稍微「讓肉燙傷後」（有馬主廚），
再煎烤外皮的話，就能防止彎曲情況發生。

一般來說，瘦肉屬於肌肉纖維很強，且頻繁活動的部位會較硬，而且經過加熱後水分容易流失。也就是說，這種肉很難煎烤到柔嫩多汁。當然，瘦肉也有很多種，像是牛、鹿、野豬的里肌肉等，當肥肉確實附著在肉的周圍上時，即使放入高溫烤箱中，受損情況也很少，因此能夠烤出柔嫩多汁的肉。

另一方面，在烹調肌肉完全外露的鳥禽類腿肉或胸肉時，由於熱會直接接觸到肉，所以「用低溫慢慢加熱」是鐵則。其中，鴿胸肉的肉很柔軟，肉質非常細緻。若用大火加熱，一下子就會變得乾柴。另外，這次為了讓味道凝聚，所以會事先用吸水膜和脫水膜將肉包起來，去除多餘水分，讓肉變得比平常來得容易熟，所以必須特別留意。

我在使用平底鍋煎烤鴿肉時，為了保護肉質，所以會從皮側來將肉的主要部分加熱，而且加熱時間僅約 1 分鐘。接著，用鋁箔紙包起來放入 60°C 的蒸氣烤箱內，或是移到相同溫度的溫暖場所。透過餘熱，慢慢地將整體加熱，當中心溫度達到約 50°C 後，就完成了。另外一項重點為，在煎烤前務必事先讓肉恢復常溫。若不這樣做，由於肉質很細緻，所以在熱能完全傳到中心部位前，外側就會立刻變硬。

這樣煎烤出來的肉，飽滿有彈性，切面則呈現玫瑰色柔嫩多汁的狀態。雖然我認為使用這種加熱方式，會讓鴿肉變得比較好吃，但也有客人會有「想要吃到有更多肉汁的三分熟鴿肉」的想法。在那種情況下，有我的因應方式為，不讓肉脫水，並稍微加長加熱時間。

鴿肉全餐

將一整隻鴿肉的各個部位進行各種烹調，再組合成「鴿肉全餐」。經過極短時間煎烤的胸肉既多汁，肉質又扎實，可以品嚐到凝聚而成的美味。腿肉採用低溫油煮與油炸的方式。肝臟則做成肉派。把邊角肉燉煮過後，塞入洋蔥內。透過以鴿肉高湯為基底的醬汁，來整合各項要素。

油漬腿肉

❶切出鴿腿肉，用如同胸肉的步驟來進行脫水。

❷將略多的香草鹽撒在①上，靜置 1 小時，充分擦拭滲出的水分。

❸把熊油加熱到 80°C，放入②。液體表面會經常保持慢慢產生波紋的狀態，加熱 30 分鐘。

炸腿肉

❶將油漬腿肉的一部分拆開來。

❷將煮過的馬鈴薯弄碎，加入①和刨成絲的帕馬森起司、蛋黃，攪拌，並調整硬度。將形狀弄成平坦的圓柱體。

❸依序將低筋麵粉、打好的全蛋、丁香（粉末）以及大蒜粉混合的麵包粉塗撒在②上，用 170°C 的橄欖油炸到酥脆。

新鮮洋蔥鑲肉醬

❶將鴿子的內臟（心臟、肝臟、砂囊、肺部）與清理時出現的邊角肉切碎。

❷將索夫利特醬（省略解說）、番茄、紅酒加到①中，慢慢地燉煮。用鹽和胡椒來調味。

❸將幾根丁香插進帶皮的新鮮洋蔥內，放入 160°C 的烤箱中，烤 30 分鐘。烤好後，縱向切成兩半，稍微挖出中心部分，將②塞進空出來的空間內。

❹將百里香的枝放在③中，用鋁箔紙稍微包起來，放入 180°C 的烤箱中加熱。

紅酒醬汁

❶在製作油漬腿肉時，要取出在煮過的脂肪下方累積的膠狀肉汁。

❷加入用鴿骨與芳香蔬菜熬出的肉汁清湯（省略解說）與紅酒，煮到收汁。

❸將①和楊梅酒加到②中，再次煮到收汁，進行過濾。用鹽和胡椒來調味。

盛盤

❶將紅酒醬汁淋到已加熱的盤子內，放上切成 2 塊的烤鴿胸肉，附上鴿翅。

❷在①的後方放上新鮮洋蔥鑲肉醬和炸腿肉。將用上火式烤箱稍微加熱，且撒上鹽和胡椒的油漬腿肉放在新鮮洋蔥鑲肉醬上。再把做成球狀（quenelle）的鴿肝肉派（省略解說）放在炸腿肉上。使用百里香來裝飾。

1 去除肉的水分

切出鴿子的胸肉和腿肉。在此步驟中，為了避免去除過多水分，所以要先保留鴿翅，切面也不能太大。讓肉夾在吸水膜中，放入冰箱內靜置 1 小時。

2

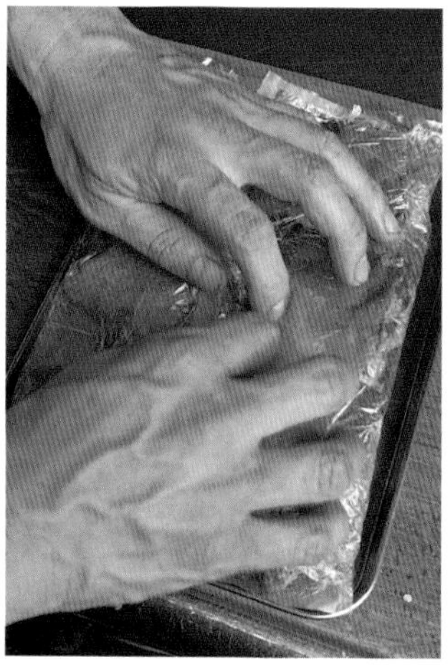

去除吸水膜，用脫水膜再次將肉夾住。放入冰箱內靜置 1 小時，再次去除水分。事先取下腿肉，做成油漬料理（參閱 183 頁）。

3 從胸肉中切出鴿翅

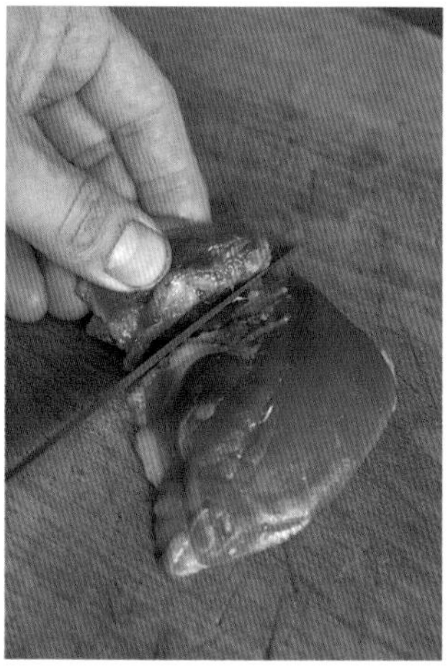

從胸肉中切出鴿翅。使用粗糖和魚醬（garum，義大利的魚露）來醃泡鴿翅。由於鹽會使肉汁流出，所以不撒鹽。讓胸肉以此狀態恢復常溫。

4 撒上鹽和胡椒

在煎烤前，將香草鹽和胡椒撒在胸肉上。香草鹽的作法為，將乾燥香草、香料、鹽放入研磨機中打成粉，混合而成。

5 煎烤胸肉

用中火將鐵製平底鍋加熱，鋪上少許橄欖油。放入肉側朝下的胸肉，煎烤 5 秒後，立刻翻面。此步驟是為了防止肉出現彎曲情況。

6

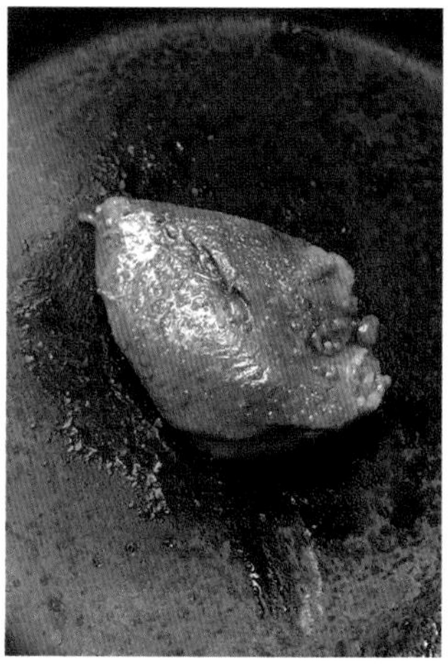

轉成文火，加熱約 1 分鐘，慢慢地將表皮加熱，逼出多餘油脂。由於鴿肉容易變硬，而且有經過脫水處理，比較容易熟，所以之後也要經常保持文火。

POINT

事先去除肉的多餘水分

只要使用吸水膜和脫水膜來去除肉的多餘水分，風味就會凝聚，甜味也會增加。
有馬主廚首先會用吸水膜將肉夾住，去除流出的汁液後，再用脫水膜來去除多餘水分。
依照脫水能力的強度，脫水膜可以分成 3 種。可以依照肉的種類與使用目的來靈活運用。

7

當表皮漂亮地上色後，就再次翻面，將肉的部分加熱 2～3 秒。立刻將肉放到網架上，讓多餘的油脂滴落。在此階段，加熱進度達到 60%。

8 放入低溫的烤箱內

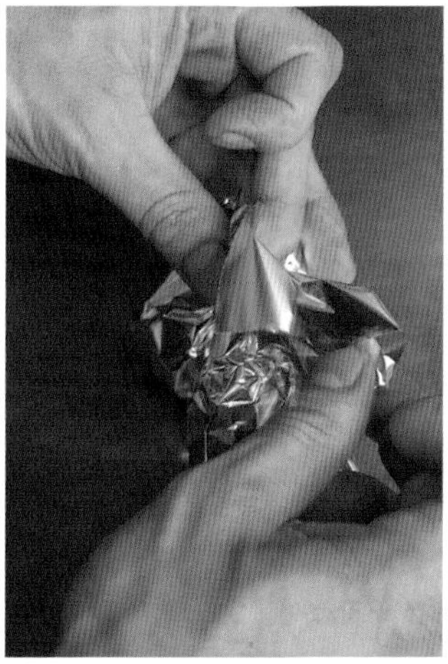

用鋁箔紙將胸肉包起來，放入 60°C 的蒸氣烤箱內。以此狀態讓肉休息約 10 分鐘，透過餘熱來加熱。

9 煎烤完成

當中心溫度到達約 50°C 後，就完成了。將肉縱向切成兩半。由於有事先進行脫水，所以切面雖然柔嫩多汁，但肉汁不會多到流出來。

10 煎烤鴿翅

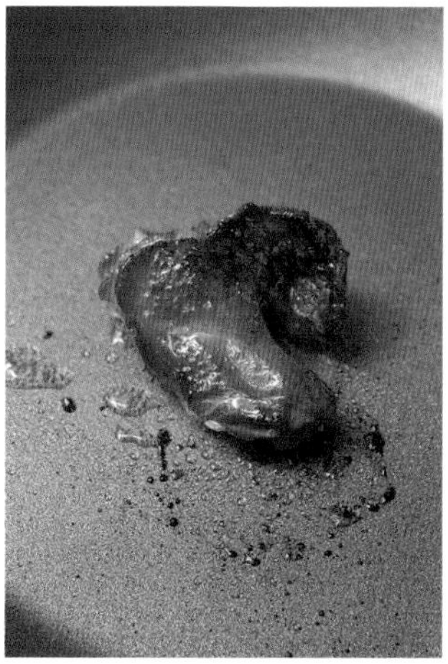

將樹脂加工的平底鍋加熱，不放油，直接將在步驟 **3** 中切出來的鴿翅放入鍋中煎烤。當骨頭邊緣變熟，砂糖焦糖化，表皮呈現焦黃狀態後，就取出。

Q12
如何煎烤出較扎實的瘦肉？

主廚／堀江純一郎（リストランテ　イ・ルンガ）

A

仿效義大利・皮埃蒙特州的傳統，合併使用煎烤盤與蒸氣烤箱，做出感覺像是在「吃烤過的血」的料理

透過「確實加熱過的玫瑰色」這種火候，來突顯
高知縣產「土佐紅牛」的血的香氣與不會過甜的風味，
呈現肉類料理野性的一面與義大利風格。

我的料理基礎是義大利・皮埃蒙特州的鄉土料理。在奈良這片土地上，如何將蘊藏了當地人智慧的鄉土料理，做成本店的料理。這就是這道料理的出發點。因此，在挑選食材時，該食材是否能讓我想起皮埃蒙特，這是我很在意的重點。

依照這種基準，我比較了在日本可以取得的牛肉。最後，我決定使用褐毛和種的土佐紅牛。關鍵在於，「聞到這種肉的香氣後，會讓我想起皮埃蒙特的回憶」（笑）。具體來說，瘦肉特有的血的香氣與不會過甜的風味，和迷迭香、大蒜等香草很搭……。我舉出了好幾個義大利牛肉的共同特色。

這次要介紹的義式切片牛排（tagliata）是能夠代表皮埃蒙特的牛肉料理，在當地受歡迎的熟度很有特色。那就是做成像是在「吃烤過的血」般的料理。以日本人來說，覺得是「玫瑰色」，但當地人則覺得「很生」。先想像將血烤到某種程度的玫瑰色肉，再確實將肉加熱。話雖如此，並不是要完全烤熟，大致上的基準為，將肉切開時，血會稍微滲出到切面，接觸到空氣後，會變得鮮紅。我認為，透過這種煎烤方式，似乎能夠呈現出野性的一面，像是在喚醒人類的「原始記憶」。

烹調方式非常簡單，將臀肉切成 1 人份的大小，約 150g。用煎烤盤將表面煎硬後，放入蒸氣烤箱內。在這道菜中，會加熱約 4 分鐘後，讓肉休息約 15 分鐘，最後再次用烤箱加熱，斜切成略厚的肉片後，就完成了。切面為深紅色，一咬下，口中就會充滿肉的味道……那樣的成品是最理想的。

土佐紅牛臀肉的義式切片牛排（tagliata）　皮埃蒙特風格

「皮埃蒙特的牛普遍會散發富含礦物感的香氣」（堀江主廚）。將這種高知縣產土佐紅牛臀肉放入煎烤盤與烤箱中煎烤後，斜切成肉片。仿效皮埃蒙特的傳統，將肉煎烤得扎實一些，做出「像是在吃烤過的血」的料理。透過香草油和番茄醬汁，來呈現既簡單又直接的瘦肉滋味。

醬汁

將香草油*、大蒜油、使用熱水來去皮後切成小塊的番茄混合，用鹽和胡椒來調味。

*香草油

將切碎的平葉巴西里、鼠尾草、百里香、迷迭香、西洋芹的葉子放入特級初榨橄欖油中，浸漬而成。

盛盤

❶將「土佐紅牛臀肉的義式切片牛排」盛盤，淋上醬汁。

❷附上沙拉（山葵菜、芥菜、紅葉菊苣、菠菜等）和夏季松露切片。

1 將肉切成4公分厚

將牛（高知縣產土佐紅牛）的臀肉分切，切成約 4 公分厚（約 150g）後，讓肉恢復常溫。將肉和迷迭香、大蒜（帶皮）都抹上特級初榨橄欖油。還不要撒鹽。

2 用煎烤盤來煎烤

將煎烤盤加熱到會冒煙的程度。充分加熱後，調成能維持溫度的火力。放上臀肉、迷迭香、大蒜。將鹽和白胡椒撒在肉上。

3 讓肉帶有格子狀烤痕

在煎烤盤上，讓肉轉動 90 度，使肉產生格子狀烤痕。將肉翻面，這面也要撒上鹽和白胡椒，並使其帶有格子狀烤痕。大蒜也要翻面。

4 用蒸氣烤箱來加熱

當肉的內部開始膨脹，而且聽不到水分蒸發聲後，就將肉和大蒜、迷迭香取出，放到派盤上，放入 180°C 的蒸氣烤箱中加熱約 4 分鐘。

5 靜置

從蒸氣烤箱中取出肉，用鋁箔紙將肉、大蒜、迷迭香一起包起來。放在約 50°C 的溫暖場所靜置約 10 分鐘，讓肉休息。

6 重新加熱後便完成

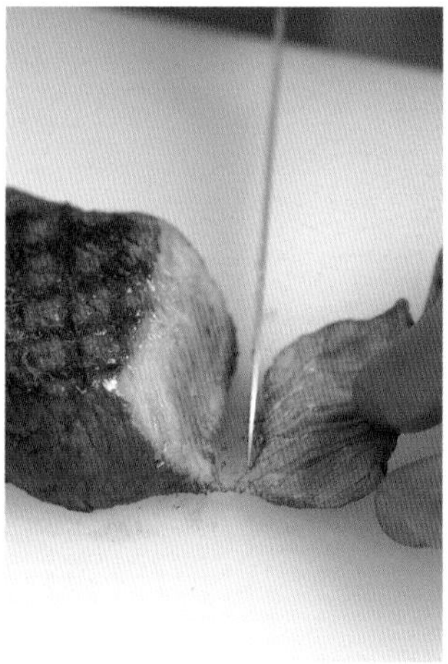

將肉放回 180°C 的蒸氣烤箱內，重新加熱。如同切斷纖維般地，將肉斜切成 8mm 後。理想的狀態為，一切開後，血就會滲出且立刻變紅。

POINT

使用味道濃郁的「土佐紅牛」

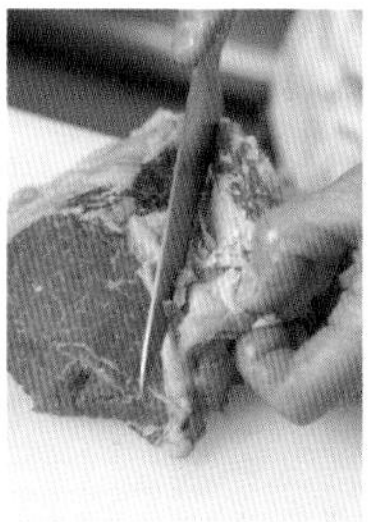

高知縣產的土佐紅牛「會讓我想起皮埃蒙特的牛」（堀江主廚）。
主廚採購的是，經過約 3 週濕式熟成的臀尾肉（臀肉和尾根肉相連而成的部位），重量約為 3 公斤，分切成 4～5 塊來儲藏，須在一個月內用完。

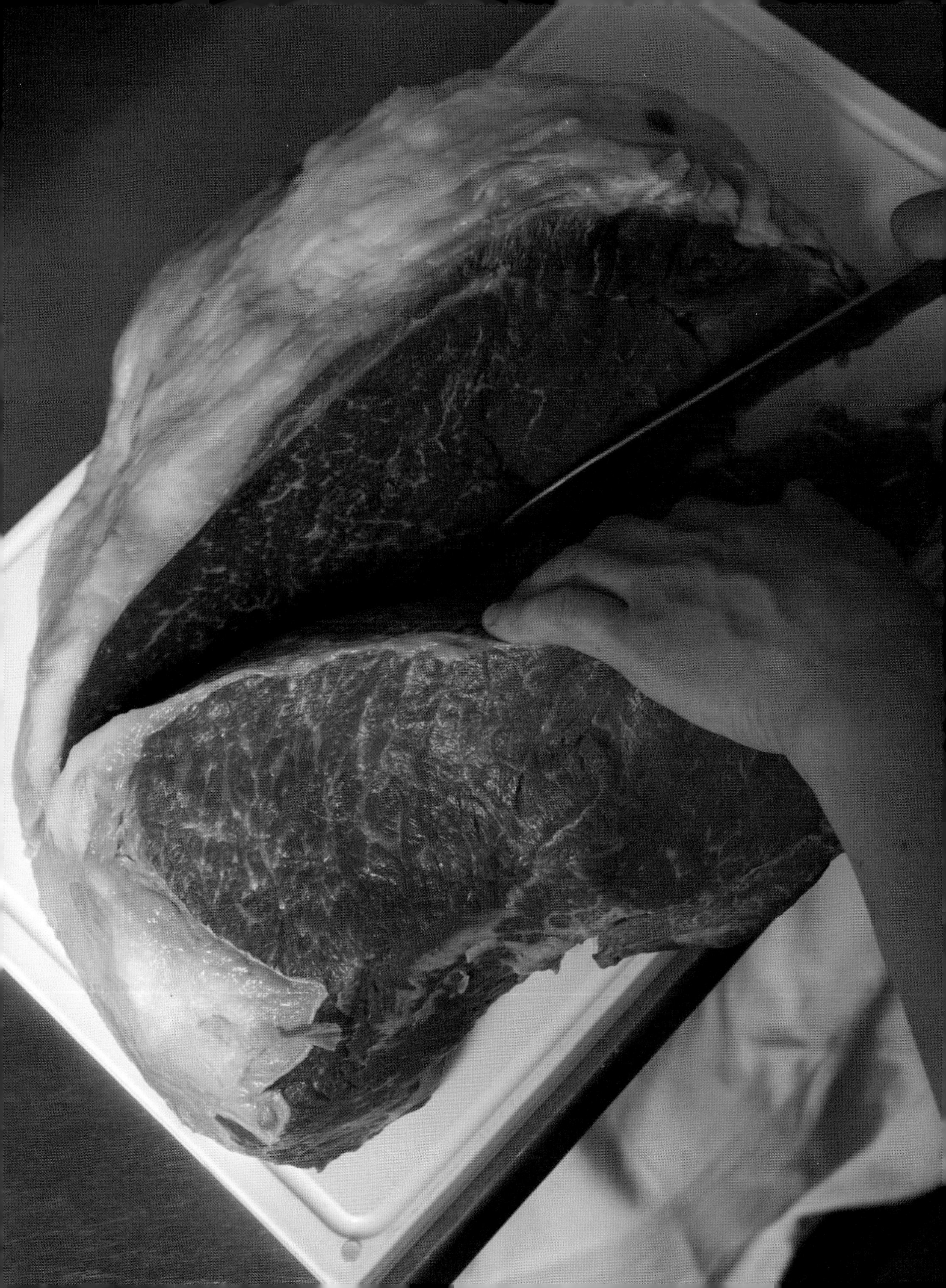

Q13
沒時間讓肉恢復常溫時①

主廚／高山いさ己（カルネヤ サノマンズ）

A

切肉時，要讓肌肉纖維變得與鍋底平行

在煎烤剛從冰箱中拿出來的肉時，不要急遽地加熱，而是要用適當的火力來煎烤，
這樣肉就不會變得緊實。以鍋底為基準，當肉的肌肉纖維呈現縱向時，很容易一下子就加熱，
所以在切肉時，要確認肌肉纖維的方向，使其方向變成橫的。

在烹調肌肉發達且水分較多的瘦肉與脂肪較多的肉時，要改變烹調方式

「不要急遽地提升溫度」雖然這項基本原則是共通的，但要依照肉的性質來變更烹調方式。
舉例來說，在烹調水分較多的瘦肉時，要一邊補充油分，一邊慢慢地加熱。
在烹調脂肪較多的肉時，不要讓表面直接接觸到火，要一邊加熱，一邊避免脂肪氧化。

在煎烤肉前，讓肉恢復常溫是最好的。這是因為，藉由盡量減少肉的表面與內部的溫度差距，就能徹底地將肉煎烤得很均勻。不過，實際在營業時，大多沒空進行這項步驟。在這裡，我要介紹煎烤剛從冰箱中拿出來的肉的秘訣。

首先，由於急遽地對冰涼的肉加熱的話，肉就發生縮水的情況，所以慢慢地用溫和的火力來加熱是很重要的。如果是像這次所使用的短角牛內側腿肉一樣，瘦肉較多且肌肉很發達的話，在煎烤時，要特別注意不要讓溫度升到太高。由於想要溫和地傳遞熱能，所以不使用炭火，而是使用瓦斯爐，在較厚的鐵製平底鍋內，一邊使用奶油來進行油淋法，一邊加熱。

另外，為了慢慢地將肉加熱，留意肌肉纖維的方向也很重要。相對於熱源，當肉的纖維形成縱向時，熱能就容易沿著纖維來傳遞，在短時間內使肉變硬，所以在切肉時，要讓纖維的方向與平底鍋的底面平行。

煎烤時，如同使用較多的油來將整體慢慢地加熱那樣，一邊進行油淋法，一邊煎烤兩面。煎烤 3～4 分鐘後，讓肉在 60～70°C 的溫暖場所靜置相同時間。重複這 2 個步驟 3～4 次，以將肉逐漸地「疊上一層層的熱」的概念來加熱，肉就不會縮水，還能夠煎烤出柔嫩多汁的肉。另外，為了避免油的溫度升到太高而產生「油炸感」，所以在奶油中混入橄欖油也是重點之一。讓肉休息時，跟煎烤時相反，要先讓肉的纖維呈現縱的方向，再放到調理盤上，讓肉汁在整塊肉中轉移。每次在讓肉休息時，將肉翻面也是重點之一。藉此，肉汁就能有效率地到達肉的中心。

生煎短角牛內側腿肉

這是日本短角種的經產牛內側腿肉，瘦肉的味道很強烈，帶有適度咬勁。使用較厚的平底鍋煎烤而成。將肉切成能同時呈現燒烤面與內部的美麗瘦肉，撒上刨成絲的格拉娜·帕達諾起司、弄碎的白胡椒粒。附上和肉一起烤的大蒜與野生芝麻菜，呈現出簡約的風格。

盛盤

❶為了不將「生煎短角牛內側腿肉」的纖維切斷，所以橫向切成兩等分。在盤上擺放成可以同時呈現肉的烤痕與較生的紅肉部分。
❷在步驟①中有烤痕那面撒上刨成絲的格拉娜·帕達諾起司，在另一側的切面撒上稍微弄碎的白胡椒粒。附上野生芝麻菜與烤肉時事先取出備用的大蒜。
❸在肉與盤子上滴上特級初榨橄欖油。

1 切出肉塊

使用岩手縣產日本短角種的經產牛（月齡 74 個月），味道非常強烈。將這塊以瘦肉為主的內側腿肉（約 11 公斤）的脂肪去除，切出位於最內側的中心部分。

2

切出一盤分量（約 250g，厚度約 6 公分）的肉塊。煎烤時，為了避免肉縮水，所以要事先保留一部分的筋。由於鹽會促使肉汁流出，所以在煎烤前不要撒鹽。

3

為了不讓肉急遽地受熱，煎烤時的肌肉纖維方向是重點所在。在切肉時，只要讓肌肉纖維與平底鍋的鍋底平行，就能減緩加熱速度。

4 一邊進行油淋法一邊煎烤

將奶油放入較厚的鐵製平底鍋中，開中火。等到大泡沫消失，且出現顏色後，就加入等量的橄欖油。將鍋子傾斜，讓油積存在靠近自己這邊，放入肉。

5

一邊進行油淋法，一邊將整塊肉加熱。當其中一面的紅色部分消失後，就翻面，另一面也同樣地一邊進行油淋法，一邊煎烤。

6 靜置

兩面總計煎烤 3～4 分鐘後，就將肉以直立方式放在已架上烤網的調理盤內，用碗將肉蓋住，放在 60～70°C 的場所靜置 3～4 分鐘。在此階段，加熱進度達到 50%。

POINT

使用較厚的鐵製平底鍋

較厚的平底鍋很適合用來慢慢地將肉加熱。
高山主廚使用的是，厚度 2.3mm 的釜淺商店製「生鐵平底鍋」。
煎烤用油是由奶油和橄欖油混合而成，可以防止溫度急遽上升與燒焦。

7

直接使用平底鍋內的油，再次重覆 2 次 5～6 的步驟。只有上下兩面會接觸到平底鍋，一邊使用湯匙將油淋在肉的側面上，一邊加熱。

8

將上下翻面讓肉休息

讓肉在調理盤內休息時，要將肉的纖維轉成縱向。這一點在所有步驟中都一樣。不過，每次讓肉休息時，都要將肉的上下翻面，使肉汁均勻地進行循環。

9

在第 3 次讓肉休息時，將弄碎的帶皮大蒜放入煎肉用的平底鍋內，讓香氣轉移。將休息好的肉放回鍋中，一邊進行油淋法，一邊煎烤。

10

撒鹽

最後，在肉的所有表面都撒上些許鹽（西西里島產海鹽）。將肉放在調理盤上，蓋上碗，直到上菜前，讓肉在 60～70°C 的場所休息。

11

用大火來收尾

在上菜前，取出平底鍋中的大蒜，放入肉，用大火將表面加熱。直到肉烤好為止，煎烤時間與讓肉休息的時間總計約為 20～22 分鐘。

這次使用的是以瘦肉為主的肉。若煎烤的是，脂肪含量較多、水分較少的黑毛和種之類的肉，重點在於，為了防止水分流失，所以不要讓火直接接觸到肉。高山主廚採用的方法為，將鹽麴塗在肉上，包覆上新鮮香草，宛如坐墊般地將脂肪鋪在平底鍋上，然後再放上肉，間接地進行加熱。

Q14
沒時間讓肉恢復常溫時②

主廚／河井健司（アンドセジュール）

A

合併使用平底鍋與上火式烤箱，溫和地進行加熱

使用平底鍋來煎烤表面，加熱時間很短不會使肉縮水（兩面各約 1 分鐘）。
出現香氣後，移到上火式烤箱內。加熱約 5 分鐘後，
讓肉休息約 10 分鐘，以不會對肉造成負擔的方式，對中心部位加熱。

使用厚平底鍋，緩慢地傳遞熱能

想要緩慢地將肉加熱時，最好使用熱能傳導方式很緩慢的厚平底鍋。
河井主廚使用的是，已用了很久的樹脂加工平底鍋，厚度約 5mm。
「比鐵製來得輕巧好拿，由於樹脂已剝落，
所以能將肉煎烤成焦香的黃褐色。」（河井主廚）

如同本店這樣，採用並非「由主廚決定的全餐」，而是由客人來決定菜色的營業模式時，大多沒有時間讓肉恢復常溫。這次，我要介紹的是，在此情況下，我所使用的煎烤方式。使用的肉為黑毛和種的尾根肉。

前置作業的重點在於，要先分辨肉的纖維方向後再切肉。藉由將肉的纖維切成與熱源平行，加熱速度就會變慢，在煎烤時能夠避免肉變得太硬。

在加熱方面，首先，使用平底鍋和上火式烤箱來加熱表面。此時，平底鍋最好使用厚平底鍋，這樣就能盡量減緩熱能的傳遞速度。接著，透過靜置的方式來加熱中心部位，最後再次用平底鍋來煎烤，將肉煎烤出香氣。這些就是基本流程。

在煎烤冰涼狀態的肉時，必須溫和地加熱。話雖如此，仍想要煎烤出焦香酥脆的肉。因此，一開始先以不會使肉縮水的簡短時間，一邊讓肉沾附奶油的風味，一邊用平底鍋將表面煎出香氣。此時的溫度約為 170°C。由於溫度上升過多的話，奶油會燒焦變色，所以請將奶油的顏色變化當成溫度管理的基準。當肉的兩面都煎烤到上色後，就將肉移到派盤內，然後放入上火式烤箱。在此階段，肉的中心部位幾乎完全沒有受熱。使用上火式烤箱加熱約 5 分鐘後，讓肉在溫暖的場所休息，慢慢地將中心部位加熱。在上菜前，將肉放到一開始煎烤肉時的平底鍋內，利用留下的油迅速地煎烤表面，藉此來突顯奶油風味。使用上火式烤箱再次加熱成熱騰騰的狀態後，就能上菜。

生煎和牛尾根肉

使用帶有適度大理石紋脂肪的仙台牛尾根肉。沒有讓肉恢復常溫，直接將肉煎烤完成。為了搭配來自黑毛和牛獨特油脂的美味，使用了酸味突出且爽口的紅酒醬汁。附上嫩煎牛肝菌菇、用料理噴槍炙燒過的玉米，以及油醋醬拌過的紫菊苣（radicchio）。

紅酒醬汁

❶以 4 比 1 的比例將紅酒和波特酒混合，加入鍋中，煮到沒有液體。

❷將雞高湯（省略解說）和燉煮牛肋骨排的煮汁*加到①中，來呈現濃郁風味，使用鹽和胡椒來調味。

*燉煮牛肋骨排的煮汁

使用以本店所提供的雞肉汁（jus de volaille）為基礎製作而成的「燉煮牛肋骨排」的煮汁。

配菜

❶將牛肝菌菇清理乾淨後，切成一口大小，放入已將橄欖油加熱的平底鍋中嫩煎。加入大蒜、奶油來增添香氣，撒上鹽。

❷用冷水來煮玉米。煮好後，用料理噴槍來炙燒表面，削下玉米粒，使其成為一口大小。撒上鹽。

盛盤

❶在「生煎和牛尾根肉」中，要拿掉事先保留的脂肪，將肉切成約 1 公分厚的片狀。在切面上撒上略多的鹽和胡椒。

❷將紅酒醬汁鋪在盤中，放上①的肉。附上配菜與紫菊苣，撒上切成適當大小的蝦夷蔥。將油醋醬（省略解說）淋在紫菊苣上。

1 去除多餘油脂

將牛（黑毛和種「仙台牛」）的尾根肉切成約 2 公分厚，調整形狀，重量為 100g。為了避免肉直接接觸平底鍋，所以保留了一部分的油脂（上菜前會去除），其餘則切除。

2 用大火來煎烤表面

將略多的鹽撒在肉上。在用了很久且鐵氟龍已剝落的樹脂加工厚平底鍋內，鋪上沙拉油，用大火來加熱，放入肉塊。花費約 1 分鐘，將肉的表面煎出香氣。

3 用文火～中火來加熱

將單面確實煎烤到上色後，為了增添香氣，加入去皮的大蒜和奶油。將大火轉成文火～中火，以不會讓奶油變成褐色的溫度來加熱。

4

將肉翻面，一邊加入奶油與大蒜的香氣，一邊用文火～中火來煎烤表面約 1 分鐘。再次翻面，迅速地煎烤後，將肉移到派盤上。將平底鍋中殘留的油取出備用。

5

肉的表面呈現焦香酥脆的褐色狀態。另一方面，中心部位仍幾乎沒有受熱。

6 用上火式烤箱來加熱

將肉連同派盤放入上火式烤箱中，加熱約 5 分鐘。時間過長的話，肉會變得乾柴，所以要特別留意。當加熱進度達到 50～60％後，就從上火式烤箱中取出。

7 靜置

將肉移到溫暖的場所，將肉靜置約 10 分鐘。在這段期間，透過餘熱來慢慢地對肉的中心部位加熱。最後，要讓中心溫度達到約 60°C。

8 用平底鍋來收尾

用文火將步驟 **4** 的平底鍋中的油加熱，放入靜置後的肉，將表面煎到香酥。再次放入上火式烤箱中稍微加熱，讓肉變得很熱後，就能上菜。

是否要恢復常溫的判斷基準為何？

直接將冰冷的肉進行加熱的話，肉無法均勻地受熱，容易出現肉縮水的情況，所以一般來說，先恢復常溫，再進行煎烤，才是最理想的。不過，河井主廚說「依照肉的種類，那樣做未必是最佳選擇」。舉例來說，使用帶有很多大理石紋脂肪的黑毛和種的腰脊肉時，在恢復常溫的過程中，脂肪會溶出，難得的美味就會流失。另外，當肉帶有很多大理石紋脂肪，且份量較小時，一恢復常溫後，就要在短時間內加熱，反而不易使用。「從冰箱中拿出來的瞬間，就表示加熱已經開始了，每次只要一邊辨別肉的狀態，一邊判斷是否要讓肉恢復常溫即可。」（河井主廚）

不用讓帶有很多大理石紋脂肪的肉恢復常溫，而是直接煎烤

將黑毛和種的腰脊肉切成 2 公分厚，去除油脂，調整形狀，讓重量處於 100g。在平底鍋中將沙拉油加熱，放入兩面撒了略多鹽的肉，用中火來煎烤（左圖）。煎烤約 1 分鐘後，加入大蒜、奶油，將肉翻面，再繼續煎烤 2〜3 分鐘（中）。讓肉在溫暖的場所休息約 4 分鐘（右）。上菜前，再次用平底鍋迅速地煎烤，使其冒出香氣。

Q15
如何使用低溫的平底鍋來煎烤肉類？

主廚／**中原文隆**（レーヌ デ プレ）

A

減少與鋼板瓦斯爐的接觸面，透過使用文火來加熱的平底鍋，慢慢地傳遞熱能

運用位於鋼板瓦斯爐旁邊的小落差，將平底鍋擺成傾斜的狀態，在平底鍋與鋼板瓦斯爐之間製造出空隙。如此一來，平底鍋的一部分就會處於沒有直接受熱的情況，將肉放在此處，一邊頻繁地翻面，一邊花時間來持續加熱，透過熱來將肉包住。

在修業地點的飯店，我第一次品嚐到使用低溫長時間加熱而成的肉。那種味道在用大火煎烤過的肉中是找不到的。細緻的風味與柔滑質感深深吸引了我。在該飯店內，專任廚師是使用特製的厚煎烤板來煎烤，但在個人店面的受限環境中，很難採用相同的煎烤方式。因此，我想說的是，使用泛用性很高的平底鍋，是否能夠重現同樣的成品呢？最後想出來的就是這次的方法。

我使用的是，具有厚度、保溫性能很高、容易保持固定溫度的鐵製平底鍋。不過，若直接接觸到火的話，溫度會過高，所以必須減緩火力。我在鋼板瓦斯爐與旁邊的瓦斯爐之間找到一個約 1 公分的落差，並決定運用此落差。將平底鍋傾斜地擺放在此處，在鋼板瓦斯爐和平底鍋之間製造出一個空隙。如此一來，雖然與兩者接觸的部分都會變熱，但瓦斯爐側的懸空部分則處於不會直接受熱的狀態。我將肉放在體感溫度約 70℃ 的場所，一邊頻繁地翻面，一邊加熱，透過熱來將肉包住。

此烹調法的困難之處在於，直到煎烤完成前，需花費很多時間。這次的鹿肉花費了 1 小時 20 分，若是帶骨鴿肉的話，必須花費約 2 小時。在本店，由於廚房只有我一人，而且店內的菜單為「由主廚決定的全餐」，所以藉由在營業前開始煎烤肉的話，就能應付此問題。整個流程為，在客人進入店內的 18 時 30 分～19 時，完成大約 90％的加熱步驟。在營業時，讓肉在溫暖的場所休息，等到要上菜前，再煎烤表面端給客人。

雖然都是低溫加熱，但這與真空烹調法不同，正因為使用平底鍋來煎烤，才能感受到那種獨特的香氣與多汁口感。最重要的是，能體會到「親自煎烤肉的樂趣」，這點讓我感到很開心（笑）。客人也會開心地說「從來沒有吃過這種口感與味道呢」。

低溫烤美作產夏鹿
佐辣椒與黑橄欖

透過低溫的平底鍋，花費約 1 個半小時煎烤而成的鹿里肌肉。搭配上鹿的肉汁、萬願寺辣椒醬汁、橄欖粉一起品嚐這道料理。附上各種美麗的綠色辣椒，來呈現出夏日氣息。

萬願寺辣椒醬汁

❶將切成細條狀的萬願寺辣椒放入 200°C 的沙拉油中進行短時間的加熱後，把油瀝掉。立刻放進熱水中去除油分，然後浸泡在冰水中，急速冷卻。

❷將①、磨好的山葵醬、醬油、鮮奶油、鹽、胡椒放入攪拌機中打成泥狀。

配菜

❶將「低溫烤美作產夏鹿」切成兩等分，在切面上撒上鹽和胡椒。

❷將①盛盤，周圍放上烤過的萬願寺辣椒、細辣椒、紫辣椒。

❸在②的周圍附上萬願寺辣椒醬汁、黑橄欖粉、鹿的肉汁（皆省略解說）。

❹撒上櫻桃蘿蔔的葉子、萬願寺辣椒的葉子、白蘿蔔的花。

1

讓鹿肉恢復常溫

將鹿（岡山・美作產）的里肌肉清理乾淨，去除多餘的筋。切出一塊約 120g（2 人份）的里肌心。將肉放在已架上烤網的調理盤內約 1 小時，讓肉恢復常溫。

2

透過落差來減緩熱能

利用鋼板瓦斯爐與一般瓦斯爐之間的 1 公分落差來進行加熱。將鐵製平底鍋擺放成傾斜狀，讓握把側的一部分位於在落差上，在鋼板瓦斯爐和平底鍋之間製造出一個空隙。

3

用非常弱的文火來加熱

用文火來加熱鋼板瓦斯爐。平底鍋內塗上了橄欖油。將肉放在較靠近平底鍋握把的位置。不要撒鹽。要傳向平底鍋的熱能，只會從有和鋼板瓦斯爐接觸的部分傳過來。

4

要調整平底鍋與肉的位置，讓平底鍋與鋼板瓦斯爐的連接處的溫度約為 100°C，放肉的位置則約為 70°C。當肉稍微上色後，就翻面。

5

反覆地進行翻面

一邊每隔 2～3 分鐘翻一次面，一邊繼續上色，讓顏色變得更深。照片中的狀態為從開始烤算起，經過約 15 分鐘。「感覺就像是，為了不讓水氣球破掉，謹慎地將裡面的水加熱」（中原主廚）。

6

要觀察肉的上色情況，反覆地調整肉的擺放場所。不過，還是要經常將肉放在「鋼板瓦斯爐和平底鍋沒有直接接觸的場所」。藉此，就能防止肉縮成一團與燒焦。

POINT

使用蓄熱性能較高的平底鍋

使用較厚的鐵製平底鍋，重點在於，能一邊保持一定溫度，一邊加熱。
材質與平底鍋尺寸的契合度也很重要。
中原主廚分別使用了直徑 20 公分與 24 公分的平底鍋。

7 煎烤切面面積較小的面

從開始烤經過 45 分鐘後。在煎烤切面面積較小的面時，不要用夾子將肉持續夾住，而是要讓肉靠在平底鍋的直立部分上，減輕對肉造成的負擔。

8 加熱進度達到約80%

從開始烤經過約 1 小時後。從此時開始，為了避免過度加熱，所以要增添翻面次數。當整體都煎烤到焦香上色後，加熱進度就會達到約80%。

9 讓肉在溫暖的場所休息

從平底鍋中取出肉，將肉放到已架上烤網的調理盤內。將其放在鋼板瓦斯爐上方的架子等約 50°C 的場所，靜置約 30 分鐘，讓加熱進度達到 90%。

10 在常溫下靜置

將肉移到常溫的場所存放。在實際的營業情況中，要在預約時間前，事先完成加熱工作，讓肉休息到前菜上桌，直到魚料理上桌前，大多會將肉放在常溫下。

11 使用焦化奶油來進行最後加熱

將奶油放入用大火加熱過的平底鍋內，製作焦化奶油。放入休息過的肉，讓整塊肉都沾附奶油香氣。加熱時間僅約 10 秒鐘。

12 煎烤完成

煎烤到焦香上色的部分非常薄，切面呈現均勻的玫瑰色。即使立刻切肉，肉汁也不會流出。透過最後的加熱，讓外側變得熱騰騰的，內部則是微溫的狀態。

Q16
如何將整隻雞炸到酥脆多汁？

主廚／**南茂樹**（一碗水）

A

淋上熱水或調味醬後使其風乾，製作酥脆的雞皮

首先將熱水淋在已經處理好的雞上，使皮呈現緊繃的狀態。
淋上由麥芽糖和醋混合而成的調味醬，讓雞風乾半天後，雞皮會變得更加緊繃。

將雞浸泡在油中，一邊不斷地淋上油，一邊慢慢地提升溫度

讓雞腿與雞胸等部位只有一部分浸泡在 120～130°C 的油中，
一邊換面，一邊不斷地將油淋在外露的肉上，將肉加熱。
慢慢地提升油溫，最後讓溫度達到 180°C，完成口感很好的肉。

中華料理大多很重視口感，酥脆的口感特別受歡迎。在炸全雞時，基本原則為，先創造出皮的口感，然後再使肉變得多汁。在火候方面，與西洋料理中的「玫瑰色」不同，要連中心部位都完全烤熟，大致上就是「一咬下去，可以感受到稍微滲出肉汁」的概念。

雖然雞皮厚一點比較好，但在日本能買到的雞，若皮很厚的話，體積也會很大。由於要炸大型全雞是很難的事，所以考量後，選擇使用去除內臟，重量為 1.5 公斤的雞。在烹調的重點方面，首先，在炸之前，要進行 3 項能使皮變得酥脆的步驟。第 1 步驟為，將熱水淋在皮上。目的在於使皮變得緊繃，但要特別注意不要淋太多，避免皮下的油脂溶出。第 2 步驟為，淋上由麥芽糖和醋混合而成的調味醬。第 3 步驟為，將雞吊起來使其風乾。只要進行這些步驟，在炸雞肉的時候，皮就會變得很酥脆。

油炸時間略長，約為 20 分鐘，但前半段與後半段的目的不同。前半段的目的為，慢慢地將肉加熱，使用 120～130°C 的油來炸。將雞放在漏勺中，讓以不易熟的腿肉與胸肉為主的一部分浸泡在油中，不斷地淋上油將整體加熱，此時氣泡會從肉的表面冒出，要確認氣泡的大小與量。當氣泡變小，量也減少，表面稍微上色後，由於熱開始在內部循環了，所以要進入後半段。在後半段中，要對肉進行最後的加熱，慢慢地提升油的溫度，最後透過約 180°C 的油來炸出酥脆口感。

雖然這次我從頭到尾都使用油炸方式，來進一步地提升肉的香氣，但如果事先將肉蒸過，讓加熱進度達到 70% 後，再淋上麥芽糖調味醬，讓雞風乾，就不用炸那麼久，也能做出外皮焦香、肉質多汁的料理。

炸全雞　南乳風味

將雞切成兩半，一半維持原狀，另一半分切成小塊，將兩者都盛盤。塗在腹部上的紅腐乳的複雜風味會逐漸滲透到肉中，雖然直接吃也很美味，但搭配醬汁的話，會更有滿足感。醬汁也是使用紅腐乳製成，獨特的發酵氣味與鹹味很特別。

盛盤

將「炸全雞」的半雞與分切好的部位全都盛盤。放上香菜當作裝飾，附上裝在容器中的紅腐乳醬汁*。

*紅腐乳醬汁

紅腐乳的作法為，將發酵過的豆腐進行鹽漬，然後再放入由紅麴和黃酒等混合而成的液體中，使其進一步發酵。加入切碎的大蒜、砂糖、老酒、清湯，攪拌均勻，加熱後，做成醬汁。

1 將全雞清理乾淨

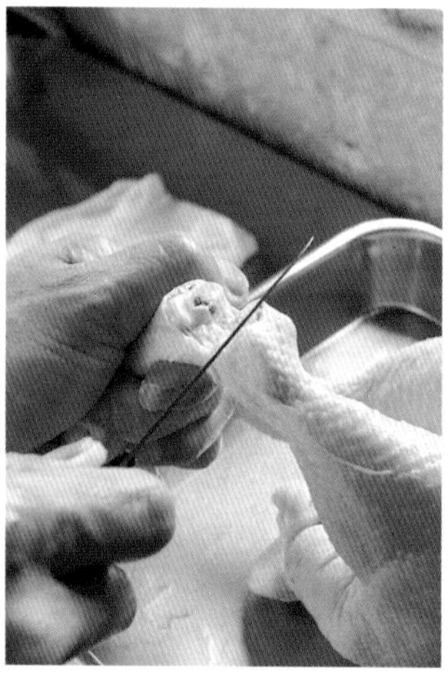

盡量使用皮較厚的全雞（去除內臟）。切除雞腳，同時也去除雞的肌腱。去除臀部周圍的脂肪，將腹部內擦乾淨。將雞槌（連接胸肉的雞翅）的關節折斷，把側面打開來。

2 製作調味醬

把切成適當大小的火蔥、大蒜、蔥、薑放入鍋中炒，等到變色且冒出香氣後，加入紅腐乳、老酒、鹽，攪拌均勻。當整體的味道融合後，就放涼備用。

3

將 **2** 塗抹在腹部內。腿的根部不易入味，要仔細地塗，但不要把皮弄破。只要將醬料塗在裡面，在加熱時，風味就會慢慢地轉移到肉中。擦掉表面所沾到的調味醬。

4 用針將腹部縫起來

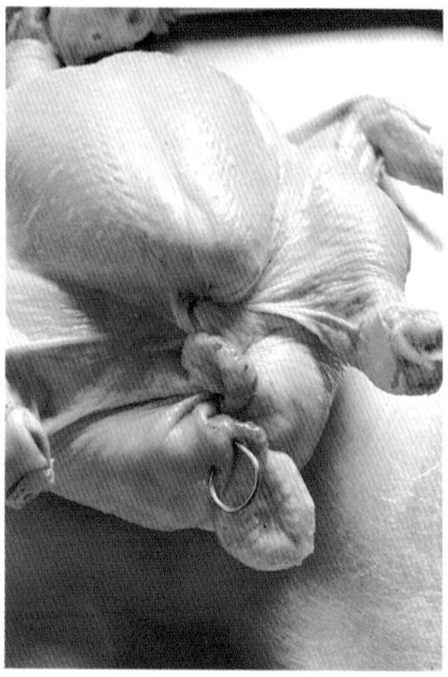

在臀部與頸部附近，使用暗針縫法來關閉腹部。由於加熱時，如果塗在腹部的調味醬流出的話，油就會燒焦，所以要確實地將腹部縫起來。

5 淋上熱水

將雞的肩胛骨掛在鉤子上，形成懸吊狀態，將熱水淋在整隻雞上，讓皮變得緊繃。腋下等部分，也要仔細地淋上熱水。大致上的基準為，背部與胸部各 2 次、腿部 1 次、腋下 1 次。

6 淋上調味醬並晾乾

把麥芽糖和醋混合加熱，做成調味醬。仔細地將調味醬淋在處於懸吊狀態的整隻雞上。透過調味醬，在油炸時，皮會變得酥脆且有光澤。

POINT

也要確認香氣與加熱狀態

淋上油來進行加熱時，當整隻雞逐漸上色的同時，塗在腹部的紅腐乳也會開始散發香氣。
這是一個信號，表示熱能已在雞的腹部內循環。
逐漸地提升溫度，不要使表面燒焦。

7

吹風使其變得乾燥

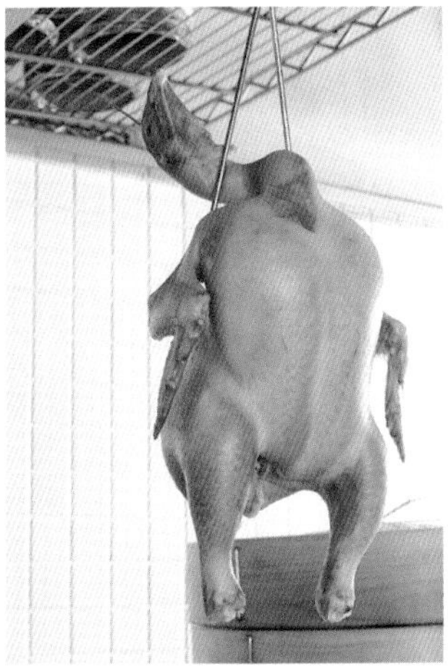

將雞吊在廚房內通風良好的場所半天，使表皮變得乾燥。在高溫高濕的夏天，可以使用送風機來讓雞吹風，確實地將雞皮吹乾。照片為乾燥後。外皮呈現緊繃的狀態。

8

淋上低溫的油

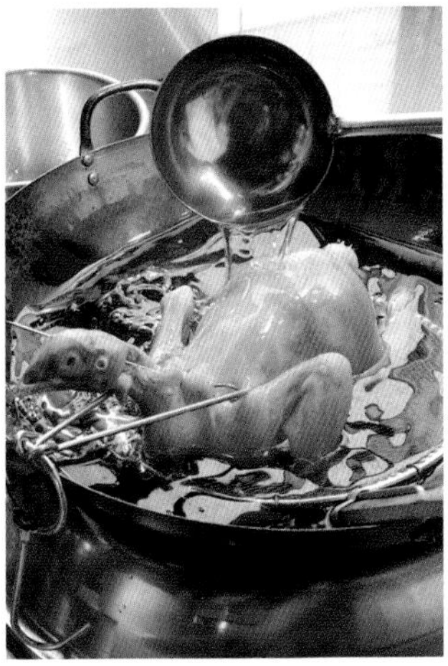

將步驟 **7** 那隻仍帶著鉤子的雞，以胸部朝下的方式，放到漏勺上。讓胸部與腿部浸泡在 120～130°C 的花生油中，一邊將油淋在上面，一邊將整隻雞加熱。

9

中途，一邊吊著雞，一邊變更要淋上油的面。從肉的表面滲出的水蒸氣會以氣泡的形式出現，隨著加熱，氣泡的量會變少，氣泡也會變小。

10

最後用高溫的油來加熱

經過約 10 分鐘，當整體都上色，塗在腹部的紅腐乳開始散發香氣後，就一邊注意，不要讓表面燒焦，一邊將溫度提升到 180°C。在這段期間，也要持續不斷地淋上油。

11

油炸完畢

將肉放到廚房紙巾上。加熱時間總計將近 20 分鐘，表皮整體呈現深褐色，炸得很酥脆。藉由使用花生油，就能輕易地將油瀝乾。

12

分切

將軀體縱向切成兩半，擦掉塗在腹部內的調味醬。從半雞中切出頭部、腿部、雞翅，全都連同骨頭切成適當大小。

Q17

如何做出很有存在感的炸肉排？

主廚／北村征博（ダオルモ）

A

透過厚切的三分熟馬腰內肉與酥脆的麵衣來呈現飽足感

透過能夠生吃的馬腰內肉，來製作能品嚐到馬肉風味的厚切炸肉排。
在表面塗上略粗的麵包粉，將表面煎烤出香氣，與三分熟的肉形成對比。

不要讓肉直接碰到高溫的油，讓容易變得乾柴的肉呈現多汁口感

將麵衣當作緩衝材，將肉放入把奶油與特級初榨橄欖油加熱後所形成的泡沫狀油脂中，
一邊讓肉在油中游動，一邊進行半煎炸。
透過間接的加熱，來讓容易乾柴的馬肉呈現柔嫩多汁的口感。

說到義大利料理中的炸肉排，將小牛肉拍薄後，以半煎炸的方式製作而成的「米蘭式炸肉排」很有名。不過，我要介紹的是，能夠完全呈現出肉質美味的炸肉排，感覺就像是在「品嚐肉塊」一般，所使用的肉是馬肉。只要是可以生吃的馬肉，就可以做成內部為三分熟的厚切肉排。部位採用的是腰內肉。腰內肉的脂肪較少，很有馬肉風味，能夠直接傳遞帶有鐵質的瘦肉的美味。不過，雖說都是腰內肉，但特色會依照部位而有所差異。肉較緊實的部分鮮味較強，口感也很扎實。另一方面，位於正中央的部分是最柔軟的部位，味道很溫和。在本店內，會將前者做成炭烤料理，後者則會被做成炸肉排。

在烹調方面，首先必須提升馬肉的存在感。買來的肉要先用脫水膜包住 2 天去除水分，然後用防水紙包起來約 5 天，讓肉熟成提升鮮味。藉由事先去除某種程度的水分，在裹上麵衣時就不會變得含有水分，在加熱時也不用擔心水分隨意地流出。接著，要製作具有存在感的炸肉排時，麵衣是很重要的元素。考慮到與柔軟肉質之間的平衡後，將自製佛卡夏麵包磨成較粗的麵包粉，以半煎炸的方式，製作出香酥的麵衣。

加熱時，要讓約一半的肉泡在油中。將相同比例的奶油和特級初榨橄欖油混合，一邊讓麵衣沾附奶油的香氣，一邊完成這道料理。以這樣的方式，一邊搖晃平底鍋，一邊讓溫度保持在 180℃，均勻地進行加熱。由於麵衣會成為緩衝區，不會使肉直接地受熱，所以能夠讓容易變得乾柴的馬肉呈現柔嫩多汁的口感。熱騰騰的麵衣又香又脆，相較之下，肉則呈現微溫的柔軟狀態，這種對比也很吸引人。

馬腰內肉炸肉排

在這道炸肉排中，藉由讓肉裹上芳香的麵衣，來突顯三分熟的馬腰內肉的柔嫩多汁。在咀嚼時，也能感受到多汁瘦肉的美味。附上「油醋醬拌芥菜等蔬菜」做成的沙拉，透過其苦味、辣味、酸味，來襯托肉的美味。

盛盤

❶將「馬腰內肉炸肉排」的油脂瀝乾，只在其中一面確實撒上鹽，然後盛盤。

❷在切成適當大小的芥菜、細葉芹、野生芝麻菜、蝦夷蔥、蒔蘿中拌入油醋醬後，放在炸肉排旁邊，在炸肉排上撒上黑胡椒。

1 讓肉熟成一週

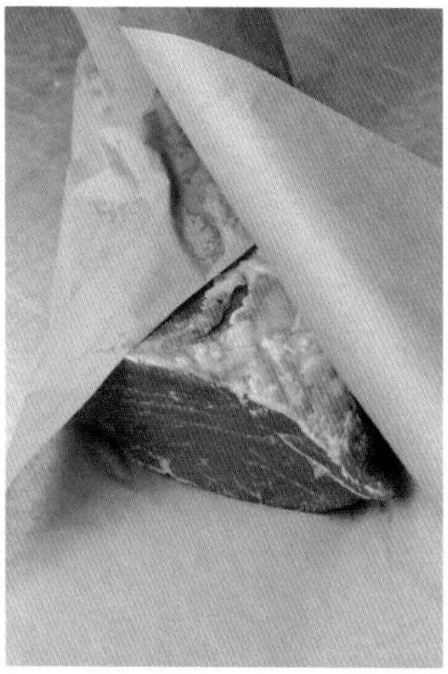

用脫水膜將馬（熊本縣產）的腰內肉包起來，放置 2 天，去除水分。透過用來儲藏肉或魚的防水紙來把肉包起來，放入冰箱內擺放 5 天，讓肉熟成，提升美味程度。

2 切成3公分厚

使用腰內肉中央附近的柔軟部分。若要讓內部達到三分熟，就要切成 2 公分厚。不過，若先讓柔軟的肉裹上麵衣後再煎烤的話，由於整體會變寬，所以要將肉切成 3 公分厚。

3

從 **2** 當中切出 1 人份（約 80g）的肉。將附著在表面上的油脂、薄膜、筋等去除乾淨，讓肉質呈現均一的狀態。

4 讓肉恢復常溫

為了提升之後的加熱效率，並讓加熱工作能確實進行，所以在加熱前，要先讓肉恢復常溫。此時，為了避免肉變得乾燥，所以要先用保鮮膜包起來，再置於常溫下（照片為拿掉包鮮膜後的狀態）。

5 讓肉裹上麵衣

讓整塊肉沾上薄薄一層麵粉後，將肉放入打好的全蛋液中，讓肉沾附蛋液。若直接將鹽撒在肉上的話，由於會產生水分，使麵衣變得濕潤，所以請不要事先撒上鹽和胡椒。

6

將肉壓入麵包粉中，讓肉沾滿麵包粉。麵包粉的做法為，先讓自製的佛卡夏麵包變得乾燥，再磨成較粗的粉末。目的在於，同時傳達肉的味道以及麵衣的口感與香氣。

POINT

透過瘦肉的美味來呈現個性的馬肉

帶有鐵質的瘦肉美味是馬肉的原味。馬肉熱量低，蛋白質高，含有豐富的礦物質與維生素。馬肉會出現在義大利料理與法國料理中。在日本的話，人們比較熟悉的是，熊本和長野的鄉土料理。由於市面上有販售可以生吃（依照產地，有些會先冷凍）的馬肉，所以在生肉規範變得嚴格的日本，馬肉受到很大的關注。日本有熊本與福島產，國外的話，大多為加拿大產。

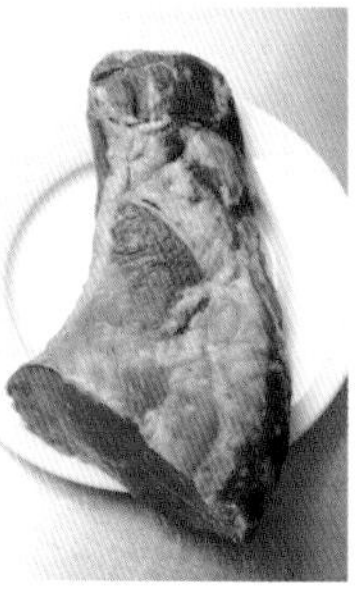

7

一邊浸泡在油脂中一邊煎烤

為了一邊增添奶油的香氣，一邊發揮馬肉的風味，並讓油變得不容易燒焦，所以會將等量的特級初榨橄欖油倒入平底鍋中加熱。

8

當奶油變色後，就將肉放入。一邊保持中火，一邊進行半煎炸。在油的分量方面，以「能讓一半的肉浸泡在油中」為基準。

9

將溫度維持在「能讓油脂稍微起泡」（北村主廚）的 180°C 左右。要一邊晃動平底鍋，調整溫度，避免溫度升到太高，一邊翻面，將兩面都煎到上色。

10

側面也要煎烤

將兩面都煎烤到香酥、上色後，用夾子將肉立起來，把側面也確實煎烤到上色，並沾附奶油風味。

11

撒上鹽和胡椒

外側很燙，內側接近三分熟的狀態。只在其中一面確實撒上鹽和胡椒，讓表面變得稍微白白的。吃的時候，可以感受到麵衣、鹽味、肉的美味。

Q18

如何煎烤有包餡料的肉？

主廚／古屋壯一（ルカンケ）

A

留意餡料的適當分量，不要太多，也不要太少

這是體型很小，肉質、味道都很細緻的鵪鶉。為了發揮其原味，
所以要將餡料的量控制在肉重量的一半以內，避免鵪鶉的存在感被消除。
另外，還會搭配上，能為清淡的肉補充油分、水分、鮮味，
且能讓肉煎烤得柔嫩多汁的食材。

以「一人吃一隻」的概念來說，鵪鶉的大小剛剛好，所以本店也常使用這種鳥肉。由於味道比較清淡，所以會塞入餡料來補充油分，透過這種形式來讓客人品嚐到由柔嫩多汁的肉質和餡料的味道結合而成的美味。

由於這次塞入的是做成香腸狀，而且有點大的包餡料理（farce），所以要將背部切開來。若是使用米和蔬菜做成的柔軟且細小的包餡料理的話，即使是採用壺拔法（以不弄破外皮的方式來取出骨頭或內臟的方法），也沒有問題。不過，無論如何，主角都是鵪鶉，所以為了不破壞肉的味道，請將餡料的量控制在肉重量的一半以下。

鵪鶉一旦加熱過度，就容易變硬，想將這種肉煎烤得柔嫩多汁的話，重點在於反覆進行「油淋法」與「靜置」這 2 個步驟，慢慢地將肉加熱。把熱奶油淋在肉上，讓肉被熱能包覆，在讓肉休息時，則會透過餘熱來加熱。只要讓用於油淋法的奶油持續處於慕斯狀的話，就能保持一定的溫度，肉就不會受損。另外，在煎烤肉時，加熱時間與靜置時間大致上是相等的。不過，在烹調鵪鶉時，讓靜置時間長一點，應該會比較剛好。

在反覆進行「油淋法」與「靜置」的次數方面，若有先讓肉恢復常溫的話，以 2～3 次為基準，若肉是剛從冰箱中拿出來的話，則要進行 3～4 次。目標為，讓中心溫度達到約 60°C，餡料中的鵝肝醬會形成黏稠的融化狀態。不過，雖說都是鵝肝醬，但這次若直接塞入生的鵝肝醬的話，溫度就容易上升。如果塞的是曾加熱過的法式凍派的話，就會具備溫度不易上升的特性。如果不想讓「已冰鎮過，要拿來當作前菜的鵝肝醬」融化的話，可以使用法式凍派，或是將生的鵝肝醬的表面煎烤到上色後，再塞入。依照目的與用途來思考包餡料理（farce）也很重要。

鵪鶉包餡料理
松露風味

將餡料包進布列塔尼產的鵪鶉肉，並煎烤到柔嫩多汁。由松露、鵝肝醬、法式白香腸（Boudin blanc）所組成的餡料很香，擁有入口即化的口感。為了搭配此餡料，所以使用了透過純葛粉來增添濃稠感與透明感的馬德拉酒醬汁。此醬汁能夠更進一步地突顯鵪鶉的濃郁美味。附上塗抹了松露的玉棋

松露醬汁

❶將切片松露放入法式清湯（consommé，省略解說）中加熱，然後將加熱過的松露放入攪拌機中攪拌。

❷將馬德拉酒醬汁（省略解說）加入①中混合。加入用水溶解的葛粉，稍微攪拌。

盛盤

❶將「鵪鶉包餡料理」橫向切成兩半。

❷將松露醬汁淋到盤子內，放上①。

❸附上塗抹了切碎黑松露的玉棋（省略解說）。

1 製作餡料

將切片松露擺放在保鮮膜上，擠上加了松露的法式白香腸。放上生的鵝肝醬，撒上鹽和胡椒，宛如用松露將其包起來般樣，捲成棒狀。

2

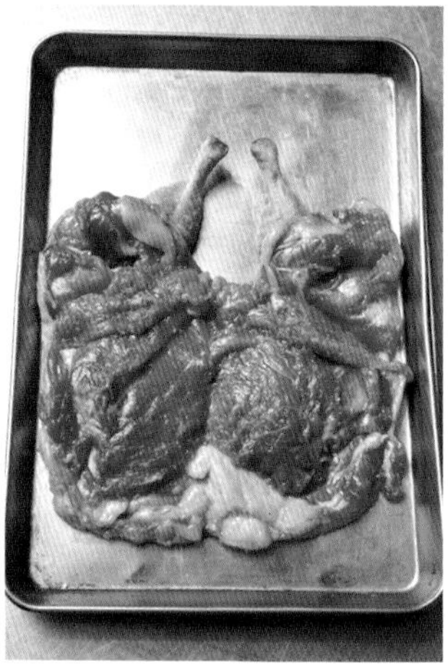

將鵪鶉（布列塔尼產）的背部切開，去除腿部以外的骨頭。切出下脯肉，將其疊在胸部較薄的部分上，使厚度變得相同。撒上鹽和白胡椒，靜置 3 小時以上。

3 塞入餡料

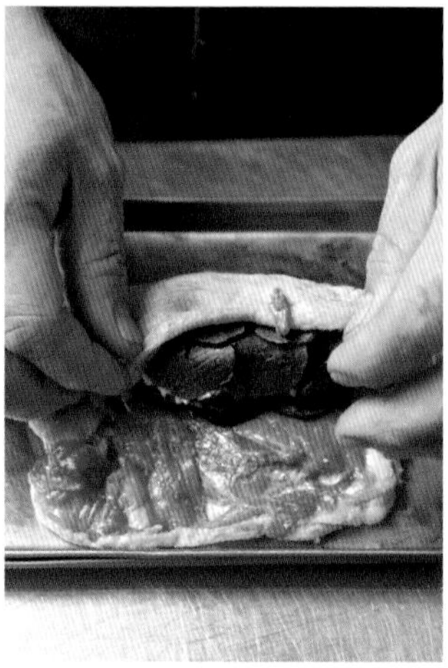

以外皮朝下的方式來擺放鵪鶉，在腹部中央，縱向地放上 **1**，一邊從兩側將肉拉長，一邊蓋上肉，將餡料包起來。將頸部的皮拉長，蓋在腹部上，調整形狀。

4

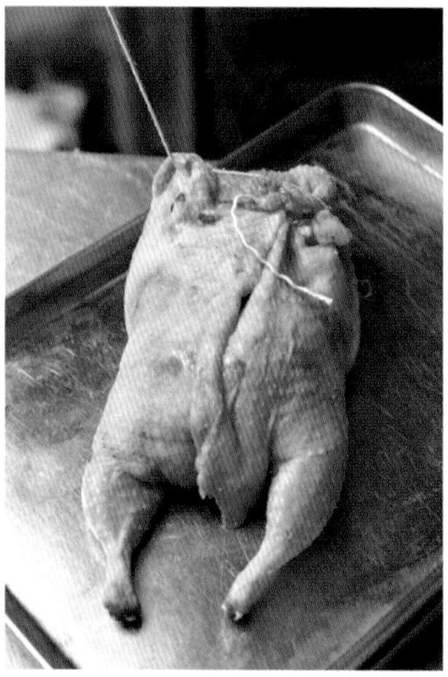

使用風箏線將頸部的皮縫在腹部上。同樣地用線將腹部朝著肛門縫起來。由於是用一條線來縫，所以縫好時，可以一下子就將線拔出。

5

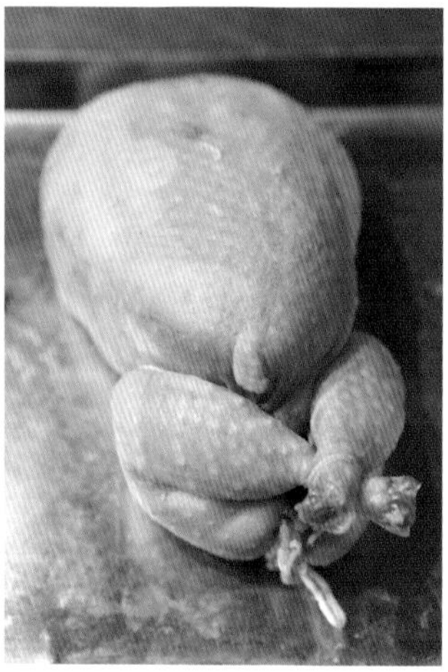

讓腿部倒向頸部方向，使腳尖交叉，用風箏線綁起來。在此狀態下，腹部的肉不會鬆弛，也不會過於緊繃，是最理想的狀態。

6 煎烤到上色

將沙拉油加入平底鍋中，用大火加熱，放入稍微撒上鹽和胡椒的 **5**。從側面上色，一邊將肉轉動，一邊將凹凸不平的部分加熱。

POINT

一邊讓肉休息，一邊慢慢地將內部加熱

鵪鶉肉的肉質很細緻，一加熱就容易變得乾柴。因此，要透過加熱成慕斯狀的奶油來進行油淋法，當肉快要變得緊實時，就立刻讓肉遠離熱源，並讓肉休息。重複進行「油淋法」、「靜置」這 2 道步驟。
透過餘熱來慢慢地將餡料所在的中心部分加熱。具備這樣的觀念也是很重要的。

7 靜置

若油變少了，就要補充新的油，將整體加熱。當整體都煎烤到上色後，就把鵪鶉移到已架上烤網的調理盤內，放在溫暖的場所讓肉休息 1～2 分鐘（使用鋼板瓦斯爐上方的架子，溫度約為 80°C）。

8 一邊進行油淋法一邊煎烤

將步驟 **6** 的平底鍋中的油倒掉，放入 2 大匙的奶油，使用鋼板瓦斯爐來加熱。當奶油變成榛果色後，將背部朝下的鵪鶉放回鍋中，以胸肉、腿肉為中心，進行油淋法。

9

繼續進行油淋法約 2 分鐘，當肉表面的彈性增加後，就將肉移到調理盤內，再次讓肉在溫暖的場所休息 5 分鐘。在此階段，加熱進度會達到約 50%。

10

再次加熱。一邊讓奶油保持慕斯狀，一邊以「容易變得乾柴的胸肉」和「被摺疊起來的腿肉縫隙」為中心，進行油淋法。持續進行約 3 分鐘，直到下腹部產生彈性。

11

讓肉休息 5 分鐘。在此階段，加熱進度會達到約 70%。中心溫度達到約 60°C，直到鵝肝醬開始融化前，再重覆進行 1～2 次相同步驟，最後再讓肉休息一次。

12 加入松露

將黑松露切片放入步驟 **10** 的平底鍋中加熱。將鵪鶉的風箏線拆掉後，把背部朝下的鵪鶉放入鍋中，淋上松露和奶油，讓肉沾附香氣。

Q19
如何做出不會失敗的酥皮餡餅？

主廚／手島純也（オテル・ド・ヨシノ）

A

餡料選用風味與口感都很豐富的食材

將「有咬勁的肉、多汁的碎肉、濃郁的鵝肝醬」這些美味要素，
搭配上香脆的堅果。使用具備各種風味與口感的食材，
做成吃起來富有變化的華麗料理。

預先加熱不易熟的食材

先將不易熟的肉塊等食材預先加熱後，再包入麵皮中。
調整各食材的熟度，讓所有食材都能同時烤好。
藉由煎烤，不僅能提升肉與鵝肝醬的風味，還能去除多餘油脂，避免肉因受熱而縮成一團。

酥皮餡餅的魅力在於，滿滿的美味多汁餡料與酥脆千層酥皮（feuilletage）的整體感。不過，要將「肉塊或碎肉等混合而成的餡料」和「以麵粉和奶油為基底的麵皮」這 2 種性質完全不同的食材同時烤熟是很難的事情。我認為，雖然外面烤得很好，但「內部的火候不夠」，或是「麵皮的內側不夠熟」等失敗情況也很常見。

重點在於，要將用於餡料的肉預先加熱，把料理成形後的燒烤過程分成幾個步驟，慢慢地將麵皮和餡料加熱。這次是透過 4 個加熱步驟，才順利烤出成形的乳鴿修頌（Chausson，一種千層酥）。透過不同的風味與口感來呈現層層堆疊的美味，餡料中使用了肉塊、碎肉、鵝肝醬等多種要素。其中，乳鴿的胸肉和鵝肝醬要在成形前預先加熱。目的在於，配合酥皮餡餅烤好的時機，讓餡料也同時散發香氣。

接著是燒烤。用 180°C 的蒸氣烤箱慢慢地加熱後，放入 230°C 的烤箱中，使用約 1/3 的時間來加熱，然後讓肉休息。接著再用 280°C 的蒸氣烤箱來進行瞬間加熱，就完成了。一開始，先使用蒸氣烤箱來一口氣將麵皮烤硬，接著使用烤箱來慢慢地加熱整體，然後透過餘熱來對內部加熱，最後使用蒸氣烤箱來使麵皮變得結實。另外，餡料中使用了 2 種碎肉，一種是乳鴿的肉，另一種則是豬五花肉。如果直接使用後者的話，油脂容易流出，與肉分離，所以要事先煎烤到快要燒焦的程度，一邊去除水分，一邊提升風味。

在製作酥皮餡餅時，必須細心地進行這類步驟。我認為，從餡料製作到成形、燒烤，全都由 1 人來進行，比較能烤出穩定的品質。

包入法國朗德省產乳鴿的修頌

此修頌的魅力在於，以充滿肉汁的乳鴿胸肉為首，集結了各種美味的餡料，以及用來包覆餡料的千層酥皮。也會附上炭烤腿肉與燒烤下脯肉，做成一道可以盡情品嚐乳鴿滋味的料理。使用乳鴿骨頭與內臟製成的醬汁，會透過干邑白蘭地與紅酒醋來呈現清爽口感。藉由3 種豆類來增添溫和甜味與清爽風味。

醬汁

❶使用花生油來拌炒乳鴿骨頭、翅膀、脖子，和稍微弄碎的帶皮大蒜一起放入 230°C 的烤箱中加熱。
❷當①烤好後，就移到鍋中，用大火炒到上色。
❸依序將干邑白蘭地、紅酒加到②中，讓各自的酒精成分揮發，煮到收汁。
❹將紅酒醋加到③中加熱，加入小牛高湯、鴿子肉汁、家禽清湯，放入鵝肝醬法式凍派（全都省略解說）與事先取出的鵝肝醬，使其融化。
❺拍打乳鴿的肺部與肝臟，和血塊一起放入④中，讓香氣轉移（infuser）。
❻當血的風味轉移後，就進行過濾，用鹽、黑胡椒來調味，使用奶油來增添濃稠感與風味。加入干邑白蘭地、紅酒醋來呈現清爽感。

莙蓬菜

❶將莙蓬菜的莖和葉子分開，把莖汆燙。
❷將①和葉子一起放入平底鍋中，使用奶油醬（beurre battu）*來加熱。將葉子捲在莖上。

*奶油醬（beurre battu）
透過煮到收汁的雞高湯來讓奶油增添黏稠感。

雞油菇

將雞油菇和切碎的火蔥、大蒜一起放入鍋中，用奶油來嫩煎。加入切碎的巴西里，攪拌均勻。

盛盤

❶將整個「包入法國朗德省產乳鴿的修頌」盛盤，端到客人面前。
❷將鹽和胡椒撒在乳鴿的腿肉與下脯肉上。腿肉採用炭烤，將表皮烤到很香。下脯肉採用燒烤（grillé）的方式。
❸在盤中，將毛豆泥（省略解說）、先各自汆燙過，然後放入奶油醬中稍微加熱的蠶豆、毛豆、青豌豆、莙蓬菜、雞油菇排成半圓形狀。淋上醬汁。
❹將切成一半的修頌和②盛盤。把磨碎的黑胡椒粒、鹽（法國．蓋朗德產）撒在修頌的切面上。

1 肢解乳鴿

將乳鴿（法國產）肢解，切出胸肉（將邊角肉、肝臟的一部分、心臟、砂囊做成餡料。腿肉和下脯肉做成配菜。骨頭、翅膀、脖子與剩餘的肝臟、肺部則用來製作醬汁）。

2 拌炒焦香餡料（farce à gratin）

在平底鍋中鋪上花生油，開大火，一口氣將焦香餡料（farce à gratin，參閱 217 頁下方）炒出很香的風味，連內側鍋緣都會附著上食材殘渣（Suc）。

3 與醃泡鴿肉混合

將 **2** 和醃泡鴿肉（參閱 217 頁下方）當中的香草拿掉，然後混合，做成較粗的餡料。混入全蛋、濃稠小牛高湯、開心果。使用時，要再重新混入步驟 **1** 的內臟食材。

4 煎烤胸肉與鵝肝醬

將鹽和胡椒撒在乳鴿的胸肉與鵝肝醬上，進行嫩煎。將胸肉兩面煎到稍微上色。去除鵝肝醬的多餘油脂，煎出香味。將兩者的油擦掉，放涼備用。

5

將煎好的 2 片胸肉削平，夾入鵝肝醬與黑松露切片。將邊緣切掉，把形狀調整成長方體後，用保鮮膜包起來，放涼備用。

6 用麵皮包住，使其成形

在厚度 3mm 的千層酥皮上放上一個直徑 9 公分的圓形模具，塞入步驟 **3** 的餡料，讓高度達到 1 公分。放上 **5**，毫無空隙地塞入 **3**，拿掉圓形模具，將形狀調整成圓頂狀。

POINT

逐步地提升燒烤溫度

用 180°C 的蒸氣烤箱來將麵皮烤硬，然後用 230°C 的烤箱，慢慢地將整體加熱，接著透過餘熱來對內部加熱。
最後，使用 280°C 的蒸氣烤箱來將麵皮烤到香酥。

7

在圓頂周圍塗上蛋黃，將千層酥皮摺起來，完全包住整個餡料。讓麵皮和圓頂狀餡料緊緊貼合，切出邊緣。將蛋黃塗在表面上，加入花紋。

8 用蒸氣烤箱來烤

將 **7** 放入冷凍庫，迅速地使其變得緊實後，擺放在烤盤上。用 180°C 的蒸氣烤箱加熱 13～14 分鐘，讓加熱進度達到 70%。藉由熱氣的對流，麵皮就會一口氣膨脹。

9 移到烤箱內

連同烤盤一起移到 230°C 的烤箱內，至少加熱 4 分鐘。與蒸氣烤箱不同是，在不會過度乾燥的烤箱內，可以一邊保持水分，一邊加熱，讓加熱進度達到 80%。

10 靜置

將餡餅連同烤盤一起放在烤箱或鋼板瓦斯爐的旁邊等溫暖的場所，讓餡餅休息。休息時間與 **9** 的加熱時間相同。透過餘熱來將內部加熱。在確認加熱程度時，要從頂部插入金屬籤。

11 使用高溫的蒸氣烤箱來加熱

由於休息過後，麵皮就會變得柔軟鬆弛，所以要用 280°C 的蒸氣烤箱來加熱約 1 分鐘。使麵皮變得結實，並增添焦香味與顏色。

12 燒烤完成

塗上無水奶油，呈現光澤後，立刻端上桌。先讓客人看過後，再拿到廚房分切，盛盤。切之前，要再放入 280°C 的蒸氣烤箱中加熱約 10 秒，使餡餅變得熱騰騰的。

醃泡鴿肉（上圖）

將去皮的乳鴿肉、清理過的乳鴿內臟（肝臟、心臟、砂囊）、去皮的雞胸肉、去膜的豬五花肉、鵝肝醬，全都切成 1 公分的塊狀，與切成薄片的大蒜、百里香、月桂葉（生）、巴西里、干邑白蘭地、白波特酒、白酒、鹽、白胡椒混合，用保鮮膜將表面蓋住，醃泡一晚。

焦香餡料（farce à gratin，下圖）

將去膜的豬五花肉、豬的背脂、清理過的雞肝切成 1 公分的塊狀。將這些食材與切成薄片的大蒜、百里香、月桂葉（生）、巴西里、雅馬邑白蘭地、干邑白蘭地、紅波特酒、白酒、鹽、黑胡椒混合，用保鮮膜將表面蓋住，醃泡一晚。

Q20
如何做出清爽的酥皮餡餅？

主廚／小林邦光（レストラン コバヤシ）

A

藉由去除鵝肝醬的油脂來呈現清爽感

事先將用於製作餡料的鵝肝醬加熱，去除油脂。
不使用蛋和麵包粉來當作黏性配料，而是要利用加熱牛跟腱時所沾附上的奶油的凝固效果。
既能去除油膩感，又能呈現濃郁風味與整體感。

去除兔肉的腥味與雜味，透過柑橘和百里香來增添香氣

基於「肉的腥味與雜味會引發油膩感」（小林主廚）這一點，
所以要使用在肉當中腥味較少，而且肉質細緻的兔肉，而且還要進行醃泡，去除腥味與雜味。
醃泡液中會使用柑橘、百里香、巴西里的莖等，透過清爽的味道與香氣來呈現清爽感。

酥皮餡餅的魅力在於，餡料的柔嫩多汁口感與餡餅中蘊藏的香氣，以及餡餅和餡料的整體感。不過，大概是因為油膩感吧？所以在夏天，很少在餐廳內看到這道料理。因此，我這次要介紹的是，很有夏日氣息的清爽酥皮餡餅。

餡料使用的是，雖然具備細緻的風味與香氣，但味道卻很濃郁的兔肉。透過油封柑橘皮和百里香來醃泡背肉、胸肉、腰內肉，在進行脫水的同時，也能去除腥味。會這樣做是因為，肉的雜味與腥味會讓人產生厭倦感與油膩感。之後，要一邊讓肉沾附奶油香氣，一邊煎烤，將肉的美味鎖住。藉由在此時讓加熱進度達到約 50%，之後用烤箱烤時，就能將所有食材都同時烤好。

餡料中還會再加入兔子的肉與內臟、小牛的邊角肉、使用白酒和干邑白蘭地調味過的牛跟腱。一般來說，大多會使用蛋和麵包粉來當作黏性配料，不過由於黏稠的風味會使人吃膩，所以不放入這類食材，而是加入少許牛跟腱，使用其膠質來代替黏性配料。這也是重點所在。

另一項重點為，鵝肝醬。對於酥皮餡餅來說，鵝肝醬的油分與濃郁風味是不可或缺的要素，但此食材也會帶來油膩感。因此，要將鵝肝醬預先加熱，去除多餘油脂，將油脂減少到頂多能讓人稍微感受到濃郁風味的程度。另外，在配菜方面，也要重視清爽感。個人使用的是，帶有南法風格的胡蘿蔔、茴香，先使其焦糖化，然後增添在兔肉的調味上也會使用到的柑橘、百里香，一邊讓味道呈現整體感，一邊讓食材沾附清爽的香氣。接著再淋上由保樂苦艾酒和兔子肉汁混合而成的醬汁，讓整道料理呈現既濃郁又酸甜的風味。

兔肉與鵝肝醬的酥皮餡餅
焦糖化的根莖類蔬菜
柑橘風味

這道酥皮餡餅很重視清爽感，使用千層酥皮來將「透過柑橘和百里香來呈現清爽風味的兔肉、去除了油脂的鵝肝醬」等包起來烤製而成。使用茴香與柑橘等很有南法風格的食材來調味與製作醬汁，在食材的使用上，很能呈現出夏日氣息。

保樂苦艾酒醬汁

❶將切成粗末的洋蔥、火蔥、保樂苦艾酒、白酒加入鍋中，煮到產生濃稠感。

❷將兔子肉汁（省略解說）、切成薄片的蘑菇、番茄加入①中，再次煮到收汁後，進行過濾。

配菜

❶將大量橄欖油放入鍋中加熱，加入「去皮後，只留下根部，且去除了葉子的帶葉胡蘿蔔」、「縱向切成三等份的茴香根」，撒上鹽，用文火加熱，將表面煎到上色，且帶有香氣。

❷將切成一半的牛肝菌菇與切成滾刀狀的牛肝菌菇加到①的鍋中，用文火來加熱。

❸等到胡蘿蔔的表面變得焦黑後，加入百里香、巴西里的莖、月桂葉、切成適當大小的柑橘，然後將橘子汁、義大利香醋、橄欖油淋在鍋中各處。

❹蓋上鍋蓋，蒸煮約 20～30 分鐘。將鍋中累積的水分當成柑橘風味的肉汁，取出備用。

奶油

❶在酸奶油中加入萊姆汁、卡宴辣椒、鹽，攪拌均勻。加入打成 5 分硬度的鮮奶油，確實攪拌到泡沫能夠立起來為止。

❷將食品穩定劑（麥芽糊精）加到蛋白中，確實攪拌。

❸將①和②混合，加入磨碎的柑橘皮。放入冷凍庫，使其確實冷卻。

盛盤

❶將「兔肉與鵝肝醬的酥皮餡餅」切出 1 人份，放在盤子的其中一邊。放上配菜，淋上柑橘風味的肉汁。

❷將奶油放在胡蘿蔔上，使用磨碎的柑橘皮、萊姆皮、蒔蘿來作為點綴。

❸淋上保樂苦艾酒醬汁。

1

肢解兔肉

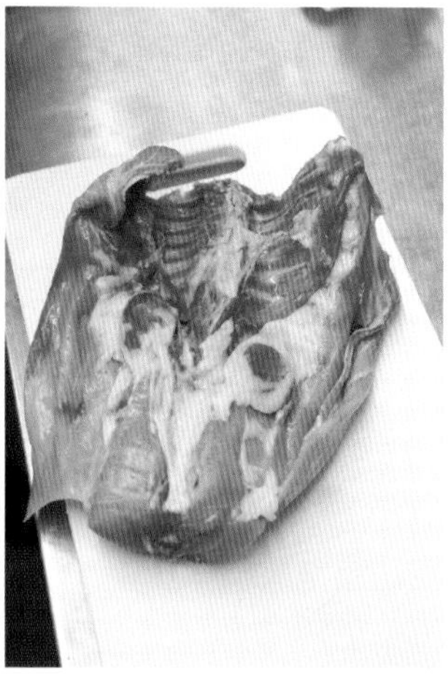

使用味道和香氣都很濃郁的法國產兔肉。將肝臟、腎臟，連同周圍那些已沾附內臟風味的肉，切成較厚的肉塊。取出用於製作餡料的肉備用。只把較明顯的筋去除掉。

2

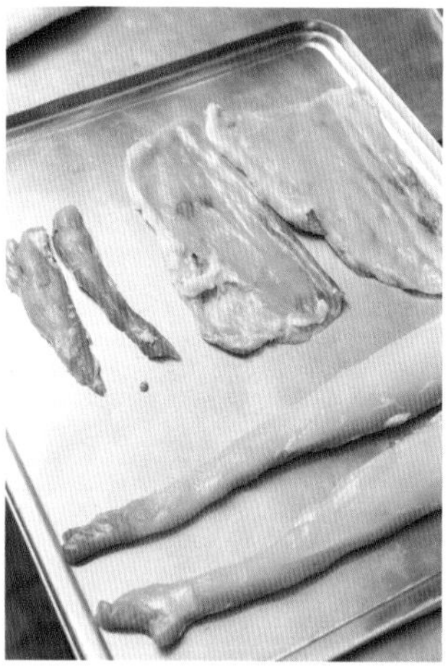

從背部下刀，去除背骨和脂肪，將背肉、胸肉、腰內肉進行分切。為了發揮口感，所以直接使用原本大小的背肉。取出邊角肉，用來製作餡料。

3

醃泡兔肉

使用鹽、胡椒、白波特酒、油封柑橘皮、蜂蜜、百里香等來醃泡 2 個半小時，讓肉入味。加入蜂蜜是為了讓肉具有彈性。

4

預先加熱

將已擦乾水分的肉放入鍋中，一邊煎烤，一邊讓肉沾附大量的奶油。一邊注意不要讓肉上色，一邊讓加熱進度達到約 50%。讓味道與香氣鎖在肉中。

5

醃泡內臟類

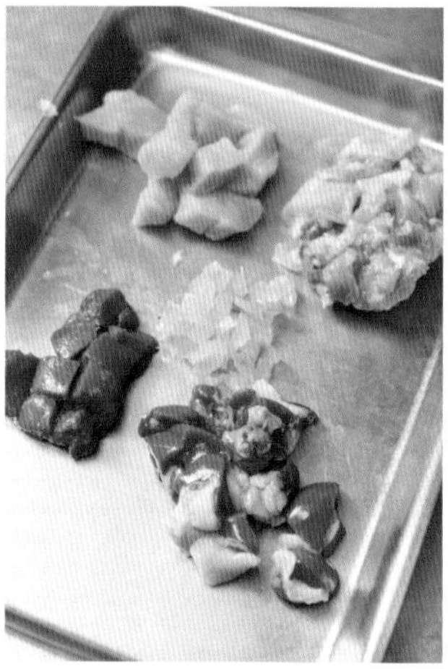

將兔子胸肉周圍的邊角肉、肝臟、腎臟、小牛的里肌肉、迅速汆燙過的牛跟腱都切成小塊狀，使用鹽、胡椒、白酒、干邑白蘭地來醃泡 2 個半小時。

6

將鵝肝醬加熱

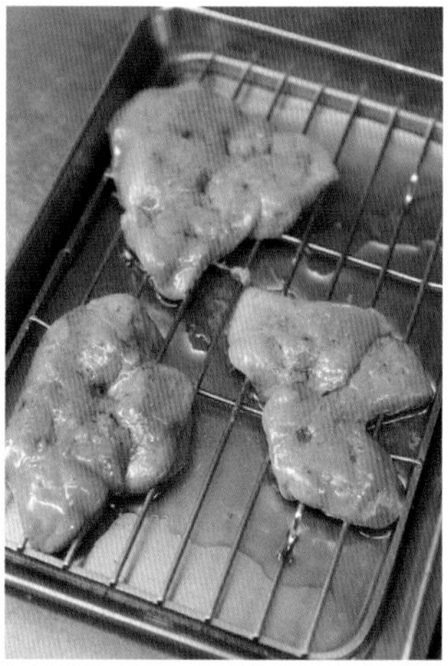

撒上鹽和胡椒，並使其恢復常溫後，將鵝肝醬放入溫度 80°C、中心溫度設定為 41°C 的蒸氣烤箱中加熱。放入已架上烤網的調理盤內，讓油脂滴落。將形狀調整為圓柱狀，放入冰箱中冷藏 2 小時。

POINT

配菜也要呈現清爽感

透過百里香、巴西里的莖、橘子汁、義大利香醋等來為焦糖化的胡蘿蔔、茴香、牛肝菌菇增添清爽的風味與香氣。然後再用和萊姆汁等混合後再冷凍起來的冰涼酸奶油來提味，讓整道料理呈現清爽感。

7 使餡料成形

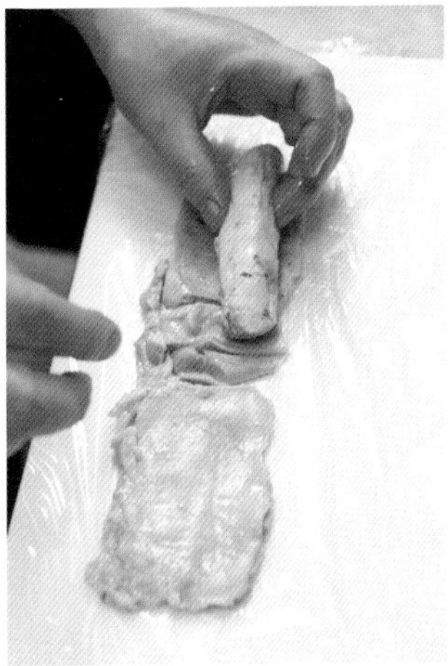

將兔子的胸肉與腰內肉放在保鮮膜上，再放上背肉。這些預先加熱過的肉上所沾附的奶油冷掉後就會凝固，奶油之後會發揮黏附食材的作用。

8

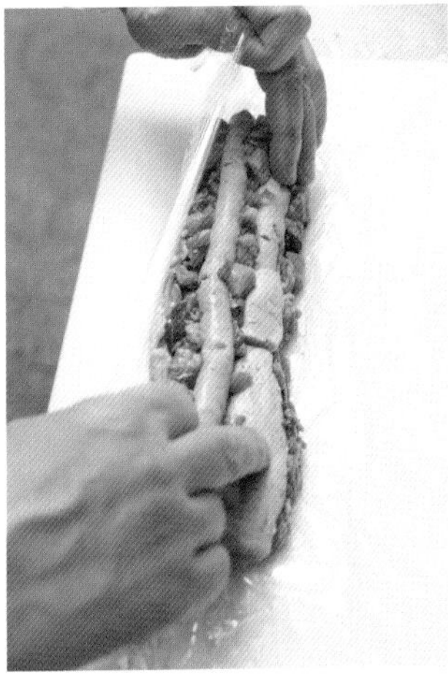

將 5 鋪在背肉的兩側，其中一邊放上鵝肝醬，撒上百里香。用保鮮膜將其包成圓筒狀，開一個孔把空氣排出後，再捲上另一張保鮮膜。放入冰箱冷藏約 30 分鐘。

9 用千層酥皮包起來

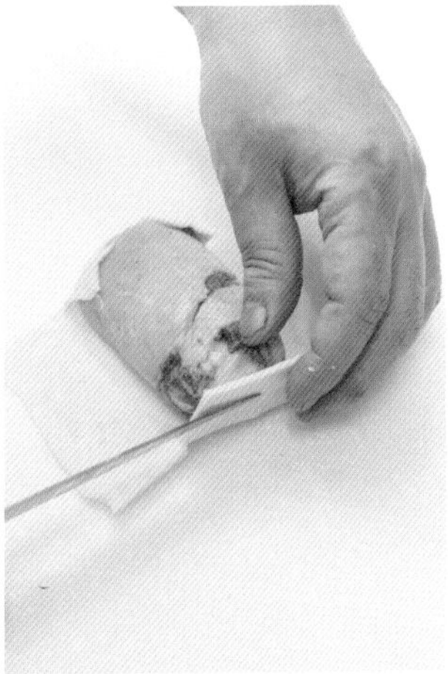

將餡料分成三等分，然後各自用被切成十字型的千層酥皮包起來。為了呈現清爽感，所以要將麵皮的量控制在最低必要限度。由於麵皮會因受熱而變得鬆弛，所以包的速度要快。

10 用蒸氣烤箱來烤

由於「烤好後的白色外觀也能呈現清爽感」，所以塗上非常薄的蛋液後，就放入蒸氣烤箱內。蛋液是由蛋黃、水、牛奶、少量的鮮奶油混合而成。

11

設定成「烤箱內溫度 175°C、中心溫度 54°C、風量 3」後，插上食物溫度計，開始烤。經過約 15 分鐘後，中心溫度會上升到 54°C。確認表面有稍微上色後，就取出。

12 燒烤完成

加熱完畢。麵皮與餡料的加熱程度剛剛好，裡面的鵝肝醬與牛跟腱開始融化，烤好的成品很有整體感。

使用大量奶油來呈現風味的千層酥皮。由於包含熟成時間在內，直到完成為止，需花費約 2 天，所以要從烹調日反推回去，事先準備好材料。

Q21
如何做出令人印象深刻的包餡料理？①

主廚／**安尾秀明**（コンヴィヴィアリテ）

A

外皮本身也要使用風味豐富的食材

由於包餡料理能夠一邊將香氣鎖在裡面，一邊加熱，
所以除了餡料以外，用來當作外皮的食材最好也要使用風味豐富的食材。
這次透過鹽漬葡萄葉來增添清爽的香氣與鹹味。

塞入各種優質的餡料，在風味與口感上做出變化

在能夠一口氣鎖住食材原味的包餡料理中，餡料會變得很重要。
將不同風味與口感的食材搭配在一起，做出吃到最後也不會膩的美味料理。

包餡料理會藉由「包覆」來將香氣鎖住，或是讓包材成為緩衝素材來進行溫和的蒸烤，保留住食材的美味。若想要讓人印象更深刻的話，就搭配使用不同風味與口感的食材。不過，由於包好後就不能再對餡料進行調整，所以事先就要製作出「已完成的味道」，去除腥味、多餘水分、油脂的工作也是不可少。另外，在使餡料成形時，要先在腦中畫出一個剖面圖，將食材擺得很密合，而且也要考慮到，在將做得很大的包餡料理切成小片，端給客人時，在每個切面中，餡料的平衡度都要相同。

包餡料理的另一項魅力在於，透過包材來讓料理呈現各種變化。可以使用的材料有很多種，例如千層酥皮、妃樂酥皮等麵皮、網油、紙、由「鹽和蛋白」或「鹽和麵粉和香草」混合而成的鹽釜等。這次，我要將中華料理中的包餡料理「叫化雞」進行改良。「叫化雞」原本的作法為，用黏土將整隻雞包起來烤。由於黏土不易受熱，所以熱能的傳遞速度會更加緩慢。另外，我還使用了用來增添風味的鹽漬葡萄葉，以及加熱時能避免食材汁液流出的耐熱膜。包入了肢解好且醃泡過的雞肉、碎肉、日本後海螯蝦（Metanephrops japonicus）、煮過的香菇。

雖然包餡料理的加熱程度很難想像，但我會進行推測：若只有餡料的話，在幾°C 下應該需要加熱幾分鐘？若再加上包材部分的溫度與時間的話，會變得如何呢？以此為線索，進行調整。其實，這次是我第一次使用黏土來烹調。由於質感很接近鹹派皮（pate brisee），所以我以鹹派皮為基準，由於黏土更厚，且不易受熱，因此我提升了溫度，也延長了加熱時間。雖然包餡料理的製作很仰賴經驗，但我認為只要從類似的料理中尋找提示，研究火候，再反覆進行調整即可。另外，最後還要運用餘熱來加熱。由於原本就是很溫和的加熱方式，所以藉由讓料理休息，就能使餡料變得更加多汁。

做成「叫化雞」的比內雞
用挪威海螯蝦做成的法式迷你可樂餅(Cromesquis)
用西葫蘆做成的培根蛋麵(Carbonara)

以柔嫩多汁的雞肉為中心，讓內臟、日本後海螯蝦、開心果等各種食材融為一體的包餡料理。附上「將雞的肉汁與香菇水煮到收汁後製成的醬汁」與「用日本後海螯蝦做成的美式龍蝦醬」。另外附上加熱時所流出的燒烤汁，推薦和料理一起吃。

雞肉醬汁
將泡過乾香菇（天白冬菇）的香菇水加到若雞肉汁（省略解說）中，煮到收汁，用鹽來調味。

用挪威海螯蝦做成的法式迷你可樂餅
❶將弄碎的挪威海螯蝦肉、白醬、「使用挪威海螯蝦的頭、殼、尾部做成的美式龍蝦醬」（皆省略解說）混合。
❷將①揉捏成小球狀，依序抹上低筋麵粉、打好的全蛋、麵包粉。用 180°C 的橄欖油炸出香味。
❸將②插在挪威海螯蝦的螯上。

用西葫蘆做成的培根蛋麵
❶將奶油放入樹脂加工的平底鍋內加熱，放入切成細長麵條狀的西葫蘆，撒上鹽。稍微變軟後，加入少量雞高湯，以燉煮的方式稍微拌炒一下。
❷將少許的松露風味汁加到①中，加入切成小塊狀的煙燻斯卡莫札起司*，讓食材沾上起司。
❸將雞的卵巢加到②中，稍微加熱。

*煙燻斯卡莫札起司
使用櫻花木屑煙燻過的斯卡莫札起司。

盛盤
❶將「做成『叫化雞』的比內雞」連同葡萄葉一起切成厚度約 1.5 公分的圓片。把耐熱膜上所累積的燒烤汁倒入玻璃杯中。
❷在盤子中央，以畫圓的方式淋上雞肉醬汁，在其周圍，則以畫弧線的方式淋上美式龍蝦醬。在雞肉醬汁上放上①，裝盛配菜。在用西葫蘆做成的培根蛋麵上撒上切碎的鹽漬生胡椒和鹽（英國．馬爾頓產），附上夏季松露薄片。
❸將①的玻璃杯裝在台座上後，放在②的盤子上，建議慢慢地與料理一起品嚐。

1 準備包材

準備葡萄葉（經過 1 週的鹽漬，沒有去除鹽分）、耐熱膜、黏土（將消毒過的泥土和麵粉、水混合，揉捏成麵糰，將硬度調整到與耳垂差不多）這 3 種包材。

2 準備雞碎肉與醃泡液

將全雞肢解，把下脯肉和腿肉的一部分做成粗絞肉，並用來製作餡料。將胸肉、剩下的腿肉、心臟、砂囊、肝臟、雞皮和日本後海螯蝦一起使用紅波特酒、鹽、砂糖醃泡一晚。

3 排放餡料並包起來

將耐熱膜攤開，讓已擦拭過表面的葡萄葉（比較漂亮的那面朝下），做成一個大小約為寬 40 公分×深 25 公分的面。為了能夠將餡料緊緊地包起來，在擺放葉子時，不要留下空隙。

4

在 **3** 的上面攤開雞皮，擺上 2 片胸肉，放上一部分的餡料，並將表面弄得平整。另外，還要將火蔥、嫩煎蘑菇、全蛋、開心果混入餡料中。

5

在前方與深處各擺放 1 根腿肉，中間放上 **2** 的心臟和砂囊。為了讓食材容易互相緊貼在一起，所以各項食材都要沾上一部分的餡料。將肝臟擺在心臟與砂囊上。

6

將 **2** 的日本後海螯蝦放在深處，中央部分放上瀝乾汁液後切得有點厚的燉煮香菇（省略解說），接下來將腿肉疊放在前方。使用剩下的餡料來覆蓋表面，將縫隙填滿。

POINT

依照包材的材質與厚度來決定加熱溫度與時間

包材具備緩衝材的功能，讓人能夠溫和地對餡料加熱，透過餘熱，可以做出更加多汁的餡料。
依照包材的材質與厚度，加熱程度會有所差異，所以要先計算餘熱的時間後，再設定加熱溫度與時間。

7 捲成圓筒狀

連同耐熱膜將餡料捲成圓筒狀，在兩端與中間幾處用耐熱細繩綁起來。調整方向，讓閉合處與容易變得乾柴的胸肉朝上（這是因為，在加熱時，熱能會從下方的烤盤傳過來）。

8

在烘焙紙上上尺寸約為厚 1 公分×寬 50 公分×深 30 公分的黏土，放上 **7**。使用烘焙紙，從上方將黏土蓋住，用手指將連接處弄碎，使厚度變得一致。

9 用蒸氣烤箱來烤

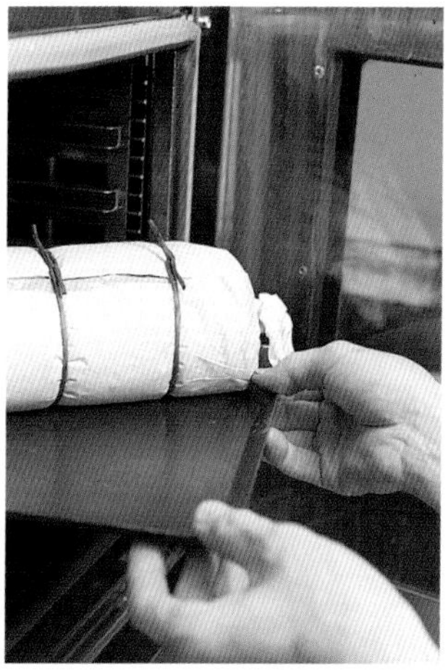

用烘焙紙緊緊地包起來後，使用與 **7** 相同的耐熱細繩綁起來。放在烤盤上，放入 220°C 的蒸氣烤箱中加熱 40 分鐘。中途，要將前方與深處對調，讓料理均勻地受熱。

10 靜置

透過 **9** 的烤箱，讓加熱進度達到 80～90%。將料理連同烤盤一起放在烤箱上方的架子上等溫暖場所，讓料理休息約 10 分鐘，透過餘熱來將內部加熱。

11 燒烤完成

拆掉烘焙紙後，拿給客人看。黏土只要加熱好幾個小時後，就會硬得跟石頭一樣。這次的黏土沒有到乾巴巴的地步。拿回廚房，用刀子切出切口，將料理打開。

12

透過黏土的作用，加熱的火力很溫和，裡面形成蒸烤過的狀態，所以餡料柔嫩多汁。由於耐熱膜上多少會累積一些燒烤汁，所以要將這些汁液放在料理旁。

包餡料理的醍醐味在於，「裡面會包著什麼樣的料理呢？」這種期待感，以及打開料理時所冒出的香氣。若不方便在客人面前打開的話，請先將包好的料理拿給客人，再拿回廚房分切，然後將盤子和切好的料理端上桌即可。

Q22
如何做出令人印象深刻的包餡料理？②

主廚／岸本直人（ランベリー Naoto Kishimoto）

A

將用葉子包住的羔羊肉和湯一起放入蒸氣烤箱中蒸烤，打造出香氣豐富且具有整體感的料理

用無花果的葉子將煎烤過表面的羔羊肩肉包住，放入裝了湯的碗中，蓋上紙蓋，放入蒸氣烤箱中加熱。由於肉放在烤網上，不會浸泡在液體中，但在加熱的過程中，肉會受到蒸烤。藉此，兩者的香氣就會互相轉移，提升整體感。

我認為，用其他食材來將肉包起來烤，能夠呈現出豐富的香氣與肉的柔嫩度。這次，我使用了羊肉和無花果來實踐這項目標。

首先，將捲成圓筒狀的羔羊肩肉煎烤上色後，用無花果的葉子包起來。將其放入碗中，蓋上紙蓋，放入蒸氣烤箱中加熱。這道料理的特色在於，會將已透過無花果和松露來增添香氣的法式清湯倒入碗中。由於肉放在水面上方的網架上，所以沒有浸泡在法式清湯中。不過，藉由將肉放在密閉的碗中進行蒸烤，無花果葉和法式清湯的風味就會轉移到肉中。

不把肉浸泡在法式清湯中的原因在於，主廚認為，在空氣中加熱火力比較溫和，品質也比較穩定。相反地，若將肉浸泡在液體中的話，就會如同燉煮那樣，口感容易變得乾柴，品質也容易變得不穩定。

蒸好後，將料理連同碗一起端到客人面前，打開紙蓋，讓客人享受冒出來的香氣。這種呈現方式也是包餡料理的醍醐味。暫時將料理拿回廚房，去除無花果的葉子後，最後用炭火來烤肉，增添香氣。將碗中剩餘的法式清湯倒入裝肉的容器中後，就完成了。讓客人同時品嚐到柔軟的肉，以及羔羊的鮮味、無花果的甜味、松露的濃郁香氣融為一體的法式清湯。

本店在使用這種烤箱烹調法時，全都是使用蒸氣烤箱。理由在於能夠嚴格地控制溫度與時間，所以只要反覆嘗試，掌握資料的話，就能夠時常維持一定的品質。儘管如此，在那種情況下，也要和這次一樣，事先將肉的表面煎烤到上色，鎖住美味，最後再用炭火來烤，用心地加入餐廳才能做到的事，做出令人印象深刻的料理。

用無花果葉將茶路綿羊牧場產的羔羊肩肉包起來烤
帶有松露香氣的法式清湯

將北海道產羔羊的肩肉捲成圓筒狀，用無花果的葉子包起來，放入蒸氣烤箱中烤。此時，用來放肉的碗的底部裝了無花果和松露風味的法式清湯，藉由蓋上紙蓋，就能做成香氣豐富的蒸烤料理。在客人面前將蓋子打開，讓客人享受冒出來的芳香。將過濾後的煮汁淋在分切好的肉上，做成一道有湯汁的料理。

盛盤

❶將「無花果葉包烤羔羊肩肉」碗中剩餘的湯汁進行過濾，用鹽和胡椒來調味。
❷將分切好的羔羊肩肉擺放在深盤內，附上夏季松露與無花果的薄片。將粗粒黑胡椒粉撒在肉上，放上迷你香草來當作點綴。
❸將②端到客人面前，倒入①。

1 使肉成形

將羔羊的肩肉切開，去除骨頭，把筋清理乾淨。捲成直徑 4 公分的圓筒狀，用風箏線綁起來（在此狀態下，重量為 400g）。撒上鹽和胡椒，在肉上摩擦大蒜，增添香氣。

2 將肉煎到上色

將橄欖油和大蒜放入鐵製平底鍋中加熱。香氣產生後，把肉放入，將整體煎到上色。此時只要加熱表面，加熱進度連 10%都不到。

3 靜置

將肉煎出漂亮的顏色後，把肉放到已架上烤網的調理盤內，在常溫下靜置。一邊讓多餘的油脂滴落，一邊讓肉休息約 10 分鐘。

4 將法式清湯倒進碗中

將加了無花果的皮、松露、柑橘的皮、百里香、提姆胡椒粉（Poivre Timut，帶有柑橘香味的尼泊爾產胡椒）的法式清湯（省略解說）倒入耐熱玻璃碗中。

5

準備一個直徑比碗的口徑小的小圓網，疊上幾片無花果的葉子，放上 **3** 的肉。從上方蓋上無花果葉，緊緊地將肉包住。

6 將肉放入碗中

將 **5** 的肉連同網子一起放入 **4** 的碗中。不過，為了不讓肉浸泡在湯汁中，要讓網子停在某種程度的高度。

POINT

也要為法式清湯增添香氣

碗中所裝盛的法式清湯內加入了無花果的皮、松露、柑橘的皮、新鮮百里香、胡椒等，香氣非常豐富。
藉由讓肉和湯一起蒸烤，就能更進一步地創造出風味豐富的香味。

7

用蒸氣烤箱來烤

將烘焙紙蓋在碗上，把碗封住，放入 190°C 的蒸氣烤箱中加熱 5 分鐘。然後，放在溫暖的場所使其休息 5 分鐘，透過餘熱來讓加熱進度達到約 80%。

8

將碗放入已加熱到 210°C 的蒸氣烤箱內，2 分鐘後取出。為了進行表演，要透過上火式烤箱，在紙蓋的表面上製造出焦痕。將碗端到餐桌上，在客人面前將蓋子弄破。

9

暫時離開客人的用餐區，回到廚房，對肉進行最後的加熱。拿掉紙蓋，將無花果葉打開來，取出肉。事先取出法式清湯備用。

10

用炭火烤

用炭火稍微烤一下肉。一邊增添香氣，一邊讓多餘油脂滴落。將用來綁肉的風箏線拆掉，肉分切成 1.5 公分厚。

從事先準備工作到完成為止，岸本主廚在各種情況下都使用了蒸氣烤箱。「一打開門，即使熱氣漏出來也無妨，只要關上門，立刻就會恢復原本的溫度，所以在同時進行多項烹調工作時，也很方便。」（岸本主廚）

Q23

如何做出連外皮都很好吃的包餡料理？

主廚／河井健司（アンドセジュール）

A

為麵皮本身增添風味，打造出清爽口感

將「以高筋麵粉為主，加入鷹嘴豆粉、鮮奶油、橄欖油等製作而成的麵皮」烤成酥脆的口感。
光吃麵包就很好吃，這點毋庸置疑，還要以「能媲美風味強烈的羔羊肉，
而且風味很豐富的味道」為目標。

使用烤箱加熱前，先用平底鍋將肉的表面煎香

用麵皮將羔羊背肉包起來放入烤箱前，先煎烤被脂肪包覆那面的背肉，
然後將油淋在整塊肉上，進行油淋法。藉此來提升肉的風味，
讓肉和同樣提升了風味的麵皮之間呈現出整體感。

包餡料理這種烹調方式的魅力之一在於，藉由麵皮將肉包起來把香氣鎖住，透過蒸烤的方式溫和地對中心部位加熱。不過，只讓麵皮發揮緩衝材的作用實在是太可惜了。我認為，「餡料與麵皮融為一體的美味」才是包餡料理的魅力所在。這次，我會著重這一點，直接用麵皮將帶骨羔羊背肉包起來，做成包餡料理。

首先，由於必須將麵皮做得好吃，所以要將鷹嘴豆粉、橄欖油等加到高筋麵粉中，做出味道豐富的麵皮，呈現出類似義大利料理當中的佛卡夏麵包的酥脆口感。雖然羔羊肉大多會搭配鹹派皮（pate brisee）或千層酥皮（feuilletage），但由於肉的香味很強烈，所以我想要做出風味豐富且不輸給羔羊肉的麵皮。

另外，為了呈現出麵皮和肉的整體感，所以配合各自的加熱程度是很重要的。要將麵皮烤到沒有麵粉感的芳香狀態。另一方面，雖然直接吃的時候，會將羔羊肉烤成玫瑰色的狀態，但這次要配合芳香麵皮的口感，必須將肉加熱到某種程度。具體來說，一開始要用平底鍋來確實煎烤脂肪和肉的表面，等到香氣產生後，再用麵皮將肉包起來，對中心部位加熱。此時，若因為擔心麵皮燒焦而用低溫來加熱的話，就無法將肉加熱，也無法使麵皮呈現酥脆口感。所以，要將烤箱溫度設定成略高的 240°C，加熱約 10 分鐘後，讓料理在溫暖的場所休息，透過餘熱來加熱中心部位。最終，要將肉加熱到五分熟（á point），讓麵包呈現香酥口感，肉也具備扎實的咬勁。

烤麵包包羔羊肉

用麵皮將風味強烈的澳洲產羔羊肉包起來，烤成很有飽足感的一道料理。搭配上「在羔羊肉汁中加入大蒜泥，並煮到收汁而製成的醬汁」與「散發著羅勒與大蒜香氣的香蒜醬」，並附上半乾番茄，來呈現出南法風格。

羔羊醬汁

將「羔羊的肉汁（省略解說）」，以及「直接帶皮烤後，濾成泥狀的大蒜泥」加入鍋中，煮到收汁，讓湯汁剩下一半。用鹽來調味。

盛盤

❶從「烤麵包包羔羊肉」中切出一根骨頭的分量，擺放在盤子中央，在切面上撒上鹽。
❷將羔羊醬汁和香蒜醬*淋在盤中的空白處。附上舒可利萵苣（Sucrine）*，放上半乾番茄作為點綴。
❸將油醋醬（省略解說）淋在②的舒可利萵苣（Sucrine）上，放上羅勒葉當作裝飾。

*香蒜醬
將羅勒和大蒜弄碎，加入特級初榨橄欖油混合而成。

*舒可利萵苣（Sucrine）
一種法國原產的蘿蔓萵苣。

1 進行羔羊肉的事前處理

使用風味比日本產品種來得強烈的羔羊（澳洲產）背肉。切出約 3 根骨頭的大小（約 190g），切除背脂，只留下厚度 5～6mm 的背脂。

2

由於骨頭周圍的筋和脂肪不易熟，而且吃的時候會殘留在口中，所以要將這些部分削掉。「儘管脂肪會散發香氣，但卻容易融化」，所以要在脂肪上劃出格子狀的切口。

3 將表面煎烤出香氣

為了漂亮地完成骨頭的部分，所以要先用鋁箔紙包起來，只將鹽撒在脂肪上。將沙拉油倒入平底鍋中加熱，放入脂肪朝下的肉，用中火～大火將肉煎到焦香。

4

當油脂溶出，香氣也產生後，轉成文火，一邊將油淋在被背脂包覆那面上，一邊將肉的整個表面均勻地加熱。

5 讓肉冷卻

只將表面煎烤到香酥上色，中心仍為冰冷的狀態。由於肉的表面如果很熱的話，麵皮就會變得鬆弛，所以此時要先讓肉確實冷卻後，再進行下一個步驟。

6 塗上橄欖醬

當肉冷卻後，用剪刀剪出肉的背骨和附著在邊緣的肋骨。將鹽撒在整塊肉上，塗上橄欖油，增添風味。

POINT

確實地將肉加熱，提高存在感

在烹調羔羊肉時，大多會將其烤成玫瑰色的狀態，
但這次我要將羔羊烤到更熟一點的狀態。最後，會讓肉達到約五分熟（á point），
以突顯肉的咬勁。即使和麵皮一起吃，也能感受到肉的存在感。

7 **用麵皮將肉包起來**

以高筋麵粉為基底，加入鷹嘴豆粉和橄欖油等來做成麵皮（參閱本頁下方）。用擀麵棍擀成約 3mm 厚。放上脂肪朝上的羔羊肉。

8

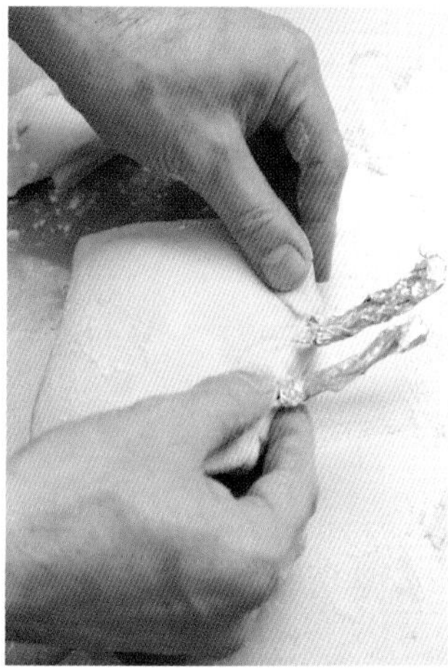

從肉的周圍，以蓋上麵皮的方式，將肉包起來。如果肉和麵皮之間有空氣的話，就會出現烤不均勻的情況，所以要一邊使用刮刀，讓麵皮緊貼在肉上，一邊把肉包起來。

9

將高筋麵粉撒在整個麵皮上，放入冰箱約 5 分鐘，讓麵皮變得緊實。要烤之前，從冰箱中取出，為了將麵皮烤得飽滿蓬鬆，所以要先在麵皮上劃出切口

10 **用烤箱來烤**

用 240°C 的烤箱烤 6 分鐘後，進行翻面，然後再加熱 4 分鐘。要烤到麵皮變得膨脹蓬鬆，整體呈現淡褐色。

11 **靜置**

從烤箱中取出，移到溫暖的場所。「在這段期間，透過餘熱來確實加熱，讓肉的中心溫度達到 55°C，大約為五分熟。」（河井主廚）

12 **燒烤完成**

為了使肉的溫度相同，所以中途要翻面。讓料理休息總計約 10 分鐘後，取下鋁箔紙，用刀子切出一根骨頭的分量，和配菜一起盛盤。

麵皮的製作方法為，將高筋麵粉 200g、鷹嘴豆粉 50g、細白砂糖 30g、鹽 3.5g、乾酵母 7.5g、全蛋 25g、鮮奶油 12g（乳脂肪含量 35%）、橄欖油 15g、水 100g 混合，用食物調理機來攪拌，在常溫下使其發酵約 45 分鐘後，放入冰箱儲藏。藉由加入分量為高筋麵粉 25%的鷹嘴豆粉，就能做出具有深度與飽足感的味道。

Q24
在短時間內如何做出讓肉沾附食材香氣的鋁箔紙料理？

主廚／**新山重治**（礼華 青鸞居）

A

用鋁箔紙將切成薄片的肉包住，透過高溫的油來加熱

為了讓肉容易熟，所以將肉切成薄片，並拌入調味醬，然後與副食材一起用鋁箔紙包起來，
放入已加熱到約 170°C 的油中加熱。
不斷地用湯勺把油淋在浮起的表面上，藉此就能從各個方向，將高溫的熱能間接地傳遞給食材。
花費約 2 分鐘，將肉的內部加熱。

將食材放到大量的油中加熱，這項動作在中華料理中叫做「炸」。主要方式為，直接將食材放入油中炸，讓食材沾附油的香氣，並產生酥脆的口感。在這裡，我要介紹的是，在短時間內轉移香氣的方法，也就是「用鋁箔紙將食材包起來，讓油間接地將高溫的熱能傳遞給食材的技巧」。如此一來，被包入鋁箔紙中的食材的香氣就會轉移到肉中，調味醬的味道在加熱時也會滲進肉中。另外，由於油的上升溫速度比水來得快，所以溫度會比「透過隔水加熱來烹調相同食材」來得高，且能夠在短時間內完成加熱。再加上，與烤箱的熱能、水蒸氣不同，油是看得到的，所以可以使用湯杓，自由地運用這些油。藉此，就能從各個方向進行加熱，並調整火力的強弱。

由於要在短時間內將食材加熱，所以只要選擇「筋、皮、油脂都很少，就算切成薄片也不會失去原味的肉」就行了。這次使用了豬的腰內肉。讓肉吸收調味醬的味道，並加入作為副食材的蘑菇類。只要副食材容易吸收調味醬的味道與肉汁，而且又像這次一樣，選用具有水分的食材，就不會發生「肉變得乾柴」、「調味醬很快就燒焦」的情況。為了在料理中添加香味、風味、油脂，所以會搭配使用松露與奶油來呈現奢華的風格，同時我也有注意到，此手法也能應用在西式料理等其他料理中。

用鋁箔紙將食材包起來，並封住開口後，放入油中 2 分鐘，一邊用湯勺淋上油，一邊均勻地進行加熱。完成後，會散發出松露的香氣，一咬下肉，肉汁就會在口中擴散開來，松露的芳香跟著撲鼻而來。和吸附了調味醬與肉汁的蘑菇一起品嚐，就能感受到豐富的風味。

用鋁箔紙將 asano 豬與蘑菇、松露包起來炸

將熱騰騰的料理盛盤，端到客人面前。服務生當場將鋁箔紙打開後，松露的香氣就會冒出。柔嫩的豬腰內肉和蘑菇充分地沾附了「由蔥油與奶油等油脂的濃郁滋味和蠔油的鮮味融合而成的調味醬」。使用帶有清爽香味與辣味的獅子唐青椒仔來提味。

盛盤

「用鋁箔紙將 asano 豬與蘑菇、松露包起來炸」連同鋁箔紙一起盛盤，端到餐桌上。在客人面前將鋁箔紙邊緣捏住，一口氣將鋁箔紙拉開來，讓客人首先感受到冒出的香氣。

1 切出肉塊

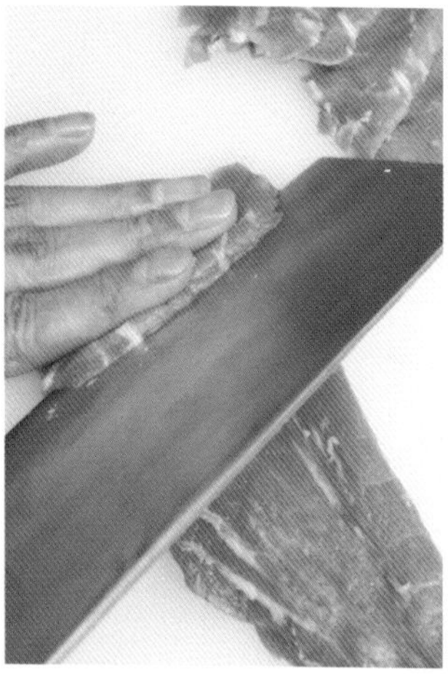

將豬（栃木縣產 asano 豬）的腰脊肉上多餘的筋和油脂去除掉，切成厚度將近 1 公分的薄片。此外，在雞肉或牛肉等肉質比較柔嫩的肉當中，筋和油脂較少的部位也很適合。

2 切副食材

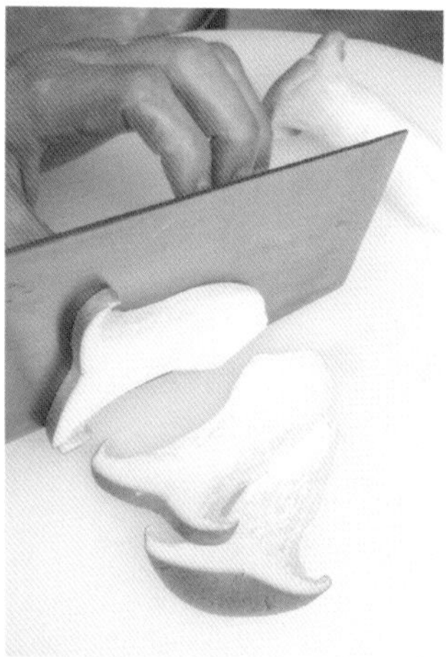

將杏鮑菇切成和肉一樣厚。把金針菇切成一半長後，使其鬆開。為了在短時間內將食材完全加熱，所以要盡量事先就把食材切成薄片或細絲。

3 預先將肉調味

將 **1** 的肉、濃口醬油、老酒、蠔油、砂糖、胡椒、蔥油加入碗中混合。加入蔥油是為了幫味道比較清淡的腰脊肉補充油分和風味。

4

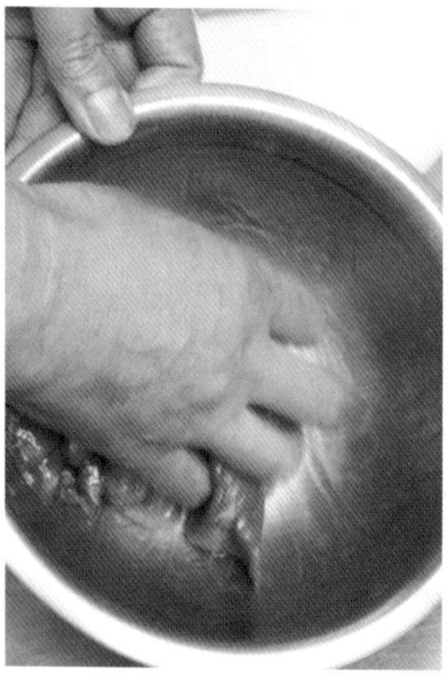

用手充分揉捏，讓整體入味。充分混合後，加入太白粉水，攪拌均勻。藉此就能讓調味醬產生黏稠度，使肉充分地沾附醬汁。

5 將餡料包起來

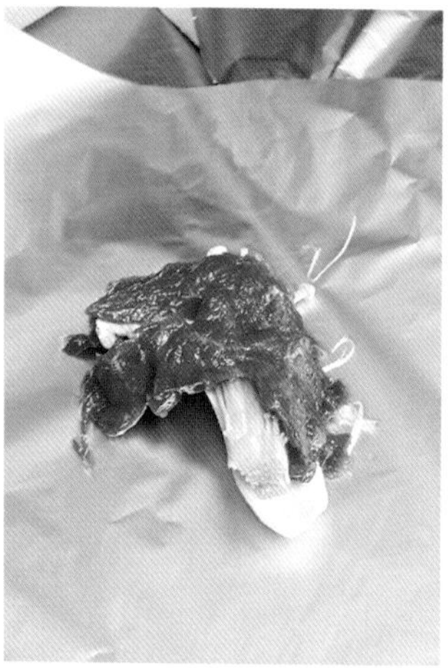

剪出一張約 30 公分見方的鋁箔紙。將步驟 **2** 的杏鮑菇和金針菇放在中央，再把步驟 **4** 的肉放在其上方。

6

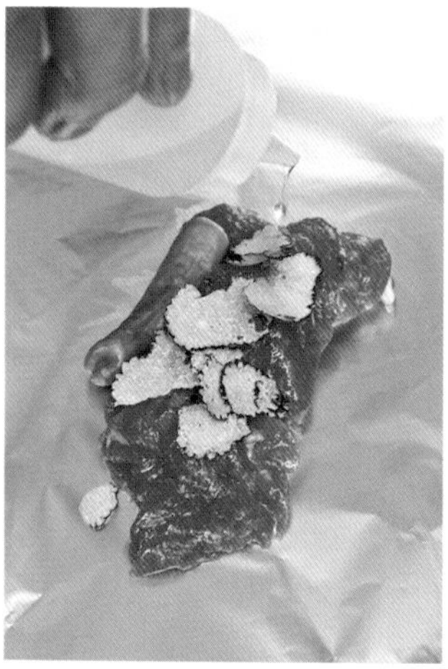

為了均勻地加熱食材，所以不要讓肉重疊。放上少許夏季松露薄片與奶油，滴上幾滴松露油，放上獅子唐青椒仔。

POINT

將香氣豐富的食材和會吸附肉汁的食材包在一起

和肉包在一起的食材，最好選擇像松露那樣具備豐富香氣的。
另外，杏鮑菇和金針菇容易吸收加熱時所流出的肉汁，所以也很適合。
為了不讓肉汁流出，而且也不要讓油流進裡面，所以要確實地將鋁箔紙密封起來。

7

如同包餃子那樣，將鋁箔紙折成兩半，從邊緣往內側折。為了不讓餡料移動，所以要特別留意，鋁箔紙與餡料之間不能留下空隙，而且也不能將餡料壓碎。

8 用油來加熱

將大豆油放入中式炒鍋，用文火來加熱。基本上，油的種類不拘。當溫度到達 150～160°C 時，放入 **7**。為了避免鋁箔紙黏在鍋底，所以油的量要多一些。

9 淋上油

由於包起來的鋁箔紙會浮在油上，所以會經常處於只有底部被加熱的狀態。為了均勻地加熱，所以要用湯勺，將油淋在頂部。在這段期間，也要保持文火。

10

不斷地持續淋上油。油溫會上升到 160～170°C。受熱後，鋁箔內的空氣會膨脹。當鋁箔紙包膨脹後，就代表裡面的餡料大致上熟了。

11 將油充分瀝乾

將油淋在鋁箔紙連接處的內摺部分上時，若小泡沫破裂的話，加熱就完成了。將其放在已架上烤網的調理盤內，把油充分瀝乾。

12 完成

肉的熟度很均勻，呈現出柔嫩多汁的口感。肉和鋁箔紙的連接處，以及調味醬上，會稍微帶有焦痕，並會散發出宛如直接火烤般的香氣。

Q25

如何透過短時間的加熱來製作燉煮料理？

主廚／奧田透（銀座 小十）

A

主要的加熱會透過煮沸過的燉煮汁的餘熱來進行

將肉的表面做成「半敲燒」，透過只煮沸過幾分鐘的燉煮汁來加熱。
將冷卻後的肉放入煮沸過的燉煮汁中，再次將湯汁煮沸後，關掉爐火，在常溫下靜置約 1 小時。
此餘熱是加熱的關鍵，能溫和地將熱能傳遞給肉，讓味道滲進肉中。

讓燉煮汁帶有貼近肉類油脂的芳醇滋味和能呈現清爽口感的鮮明滋味

思考燉煮汁與肉類油脂的鮮味和甜味的契合度，讓燉煮汁也帶有豐富的甜味、鮮味、香氣。
不過，味道過於濃郁的話，會讓人覺得膩，所以使用的材料只限於味醂、酒、濃口醬油，
打造出沒有雜味與凝聚感的鮮明滋味。

這次要介紹的烹調手法的誕生契機為，我心想除了燒烤料理以外，還有什麼方式可以用來製作日本料理的主菜呢？說到「燒烤」以外的烹調方式，立刻就會想到「燉煮」，不過即使製作日本料理當中的東坡肉等燉煮料理，總覺得還是少了點「肉的風味」。因此，我想若不長時間使用濃郁的調味醬來燉煮的話，是否能夠做出能讓人感受到肉類「質感」的燉煮料理呢？最後，我想出來的方法為，盡量縮短燉煮時間，將餘熱當成主要加熱方式。具體來說就是，將烤過的肉放進煮沸過的燉煮汁中加熱。再次將燉煮汁煮沸後就關火，並讓肉連同鍋子在常溫下休息。之後再盛盤時，只會將加熱過的燉煮汁淋在切好的肉上。由於會先等到烤過的肉冷卻後，再將肉放入燉煮汁中，所以燉煮汁的溫度會暫時下降，不過由於會將燉煮汁重新煮沸，所以加熱時間僅有幾分鐘。相對地，讓肉休息的時間也比較長，將近 1 小時。在這段期間，會透過餘熱慢慢地將內部加熱，味道也會滲入肉中。由於使用的是 A3～A4 等級的黑毛和種的腰脊肉，所以肉會處於內部布滿網狀脂肪的狀態。我心想在這種狀態下，不是能夠很有效率地沿著脂肪來傳遞熱能嗎？

另外，雖然一開始會用炭火來烤肉，但使用的是沒有事先恢復常溫的冰涼肉，藉此來讓肉的內部沒有受熱。另一項重點在於，由於目的是讓肉的表面帶有「梅納反應引發的香氣」與「炭火的獨特煙燻香氣」，所以能使表面和三分熟的中心部位產生口感上的差異。主廚的目標為，做出「宛如烤牛肉般的燉煮料理」。即使將肉浸泡在燉煮汁中一個小時以上，加熱程度也不會改變，但隨著時間經過，醬油的味道會變得強烈，酒的香氣則會減少。請大家務必要重視「保留了食材質感的燉煮料理才能呈現的新鮮滋味」。

燉煮和牛里肌肉
賀茂茄子　芥末

奧田主廚在設計「日本料理當中的主菜」時，想出了這道燉煮和牛里肌肉。藉由燉煮汁來縮短煮肉的時間，打造出芳香的表面與帶有美麗玫瑰色的內側，呈現非常多汁的口感。用來當作配菜的是，能夠強調牛肉的存在感，而且本身很有特色的賀茂茄子。茄子會用湯汁煮過。放在肉上的芥末能夠為料理增添清爽口感。

賀茂茄子

❶去掉賀茂茄子的蒂頭和外皮後，縱向切成扇形。放入水中，去除澀味。
❷將二次高湯（省略解說）、鹽、淡口醬油、少許的濃口醬油放入鍋中加熱。
❸當②沸騰後，就放入①，稍微煮一下。
❹把③從爐火上拿開，將廚房紙巾當作小鍋蓋，放入鍋中。將鍋子放入冰水中，使其急速冷卻。
❺上菜前，將④連同湯汁一起加熱。

盛盤

將「燉煮和牛里肌肉」切成約 7mm 厚，和切成一口大小的茄子一起裝入容器內。淋上燉煮和牛里肌肉的湯汁，將芥末放在最上面。

1 切除牛肉的脂肪

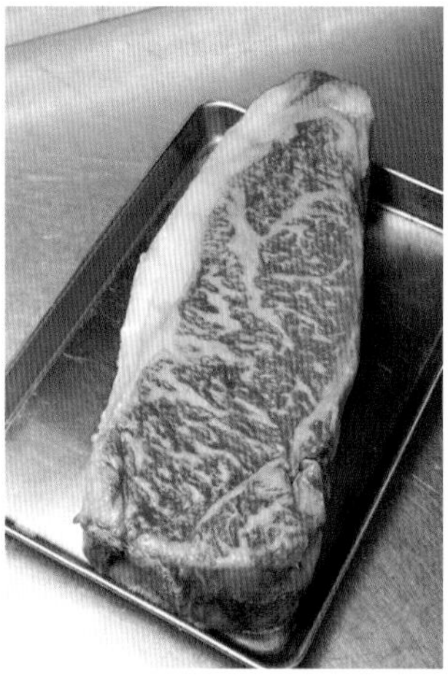

這是黑毛和種的腰脊肉，即使只有少量，也能呈現「美味感」。在這種肉當中，主廚使用的是，雖然帶有許多細緻柔軟的大理石紋脂肪，但脂肪沒有像 A5 那麼多的 A3 或 A4 等級的肉。

2

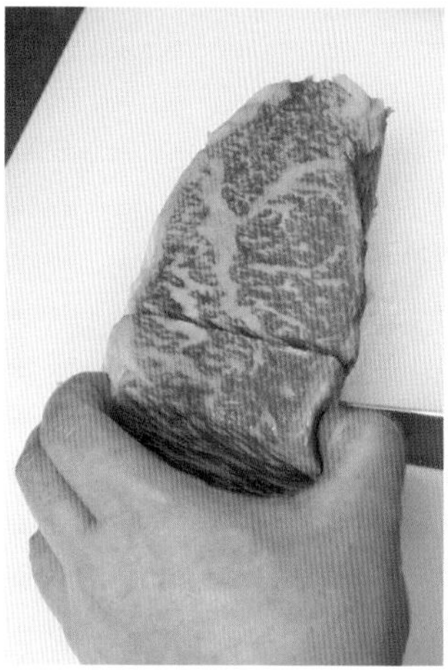

去掉周圍的脂肪，從肉質均一的中心附近切出寬度 5～6 公分的肉。為了讓肉呈現出帶有漸層感的熟度，所以要將肉切成約 3 公分厚。

3 用炭火來烤冰冷的肉

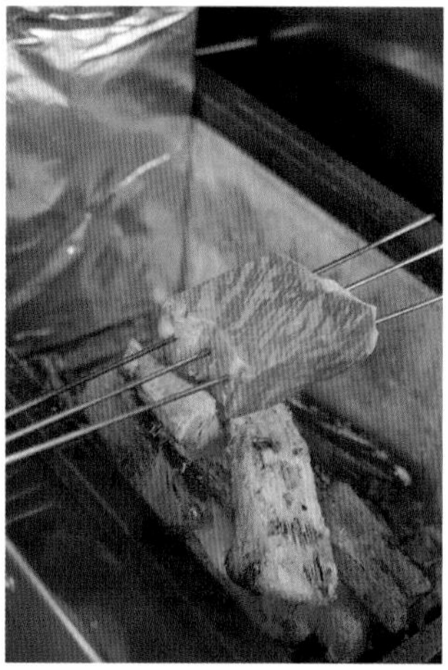

若讓脂肪較多的肉恢復常溫的話，一下子就會熟，所以要使用冰冷狀態的肉。不撒鹽，將三根金屬籤插在肉厚度一半的位置，使用強烈的炭火，將肉做成「半敲燒」。

4

將朝向炭火那面烤到芳香上色後，就翻面，依序烤四個面。此加熱步驟與其說是在提升肉的溫度，倒不如說是在為表面增添炭烤香氣與煙燻香味。

5 擦掉油脂

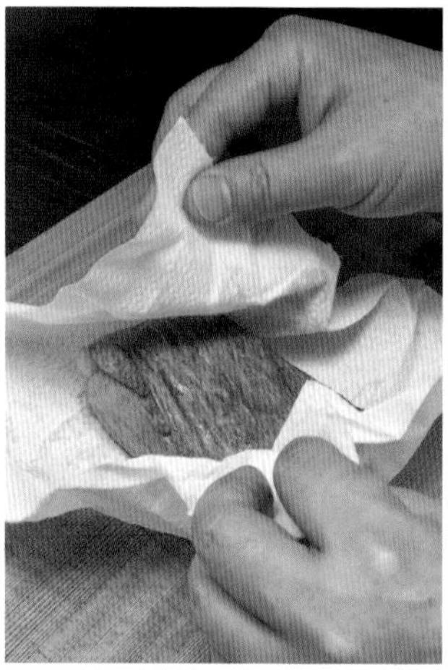

拔出金屬籤。由於肉的脂肪較多，所以烤過後，油脂會浮現在表面上。用廚房紙巾將油脂包起來擦掉，讓煮好的肉不會顯得油膩。

6 製作燉煮汁並將其煮沸

將味醂和酒放入鍋中加熱，讓酒精成分完全揮發。冷卻後，加入濃口醬油。味醂、酒、濃口醬油的比例為 2 比 1 比 1。

POINT

使用不會過於油膩且又柔嫩的肉

為了在短時間內將肉煮到柔軟，而且帶有與東坡肉不同的多汁口感，所以使用帶有大理石紋脂肪，且肉質柔軟的黑毛和種腰脊肉。不過，與燒烤不同，由於烹調時，油脂不太會滴落，所以選擇使用 A3～A4 等級的肉，讓完成的料理不會顯得油膩。

7

將 6 煮沸，製作具備豐富甜味、鮮味、香氣，以及適度鹹味的燉煮汁。由於醬油經過加熱後，風味容易改變，所以要最後才加入醬油，盡量縮短醬油的加熱時間。

8

將肉放入鍋中再次把燉煮汁煮沸

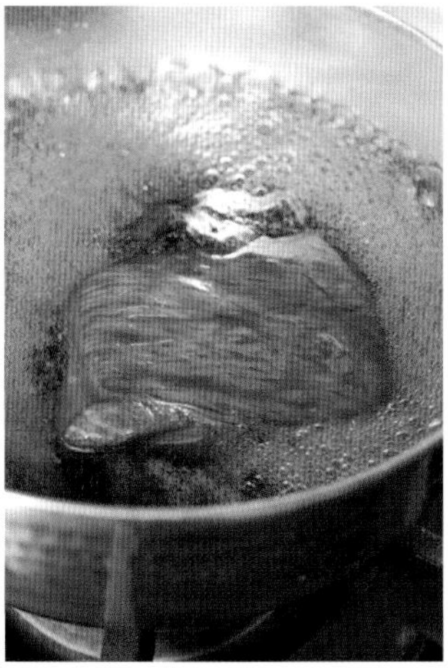

當燉煮汁沸騰後，放入冷卻後的肉。藉由放入冷卻後的肉，鍋中的溫度會暫時下降，要再次將燉煮汁煮沸。另外，在燉煮汁的量方面，要使用快要能夠將肉蓋過的量。

9

透過餘熱來加熱

沸騰後，將肉連同鍋子一起從火爐上拿開，在溫暖的場所讓肉休息，透過餘熱來加熱。在這段期間，要將廚房紙巾蓋在肉上，避免肉的表面變得乾燥。

10

翻面

一邊透過燉煮汁的熱度來溫和地將肉加熱，一邊逐漸地讓燉煮汁的味道滲透到肉中。若周圍溫度很高的話，熱能的傳遞速度就會過快，所以要特別留意。為了呈現均勻的味道，中途要將肉翻面。

11

切肉

當燉煮汁冷卻到跟常溫一樣後，就取出肉，進行分切。為了讓肉好咬斷，並讓客人品嚐到與「燉煮料理」不同的口感，所以要將肉切成約 7mm 厚，內部呈現類似三分熟的色調。

12

使用高湯來稀釋燉煮汁

將鍋中剩餘的燉煮汁進行過濾，使用二次高湯來稀釋後，迅速煮沸。將滾燙的湯汁淋在常溫的肉上，就能呈現出入口即化的油脂的美味與甜味。

Q26

如何做出帶有明確鮮味的燉煮料理？

主廚／**磯谷卓**（クレッセント）

A

徹底地去除浮沫和油脂，仔細地過濾煮汁

讓醃泡液沸騰後去除浮沫，燉煮前再次仔細地去除浮沫和油脂。
將燉煮後的煮汁進行過濾後，煮到收汁，做成醬汁。
使用不織布進行過濾，就能打造出更加帶有光澤且鮮明的味道。

慢慢地煎烤醃泡了 4 天的肉，製作出「鍋底精華（Suc）」

用紅酒和芳香蔬菜將肉醃泡 4 天，讓香氣、鮮味、酸味充分地滲進肉中後，再慢慢地煎烤。
一邊去除多餘的油脂，一邊製作出附著在鍋底的美味成分「Suc」。
將醃泡液等加入鍋中，藉由燉煮來產生強烈的鮮味。

燉煮料理的魅力在於，從頭到尾都使用同一個鍋子來烹調，徹底地凝聚食材的味道與香氣。這次製作的是法式料理中的經典燉煮料理「紅酒燉牛肉」。這道料理的基本作法為，在鍋中拌炒用紅酒醃泡過的肉和蔬菜，然後和鍋底精華一起燉煮，打造出具有深度的味道。不過，這樣做容易給人樸素的印象。因此，我會在各個步驟中徹底地去除浮沫和油脂，將燉煮過的煮汁仔細地過濾，呈現鮮明的鮮味與滑順的口感，打造出很有美食學（gastronomy）風格的料理。

若要將肉的纖維燉煮到入口即化，肉會容易變得乾柴，所以如何保持肉本身的鮮味和口感是很重要的。將食材放入銅鍋內，使用 170～180℃ 的烤箱來加熱。為了避免肉的鮮味過度流出，所以煮汁的量要控制在剛好能將肉淹沒的程度。使用小鍋蓋與一般鍋蓋這兩層構造來將鍋子密封起來，一邊防止水分蒸發，一邊在鍋中產生安靜的對流，透過「燉湯（mijoter，用文火來燉煮）」的概念來進行加熱。由於烤箱內是個閉密空間，所以熱氣會悶在裡面，從各個方向，均勻地將食材加熱。我認為，透過比瓦斯爐更加溫和的加熱方式來使肉變軟，也不太需要擔心只有鍋底會燒焦。

另外，肉使用的是黑毛和種母牛的「小腸」。這種肉屬於腰內肉的一部分，筋較多且帶有適度的脂肪和膠質，適合用於燉煮。使用紅酒和芳香蔬菜來醃泡。不過，如果只醃泡 1、2 天的話，無法感受到風味的明顯變化。這次我將肉醃泡了 4 天，做成濃郁的味道。使用的紅酒是用帶有清爽香味的佳美葡萄釀製而成。由於酸味較強烈，所以煮汁中會加入較多芳香蔬菜，最後還會加入黑醋栗香甜酒（Crème de Cassis）和砂糖來增加甜味，藉此來抑制酸味，讓味道達到平衡。

紅酒燉牛肉

將醃泡了 4 天的牛小腸燉煮成很深的顏色與味道，讓紅酒滲透到肉的內部。其表面被醬汁所包覆。醬汁凝聚了鮮味，而且味道很鮮明。配菜是焗烤馬鈴薯。為了沾附醬汁來吃，所以會擺放在離燉牛肉很近的位置。另外，還會附上蒸烤過的迷你萵苣，透過其多汁的味道與口感來呈現清爽感。

焗烤馬鈴薯

❶馬鈴薯去皮，切成 1.5 公分厚，淺淺地削掉中心部分。
❷將牛奶、鮮奶油、弄碎的大蒜、肉荳 、鹽放入鍋中，加入①的馬鈴薯與削掉的部分，煮 15 分鐘。
❸從②當中取出馬鈴薯。將液體煮乾，煮成濃稠的醬汁。
❹將③的醬汁淋在馬鈴薯上，用上火式烤箱將表面烤出烤痕。

蒸烤萵苣

❶將奶油放入鍋中加熱，加入切成適當大小的生火腿。香氣冒出後，就取出生火腿（取出備用）。
❷將縱向切成扇形的迷你洋蔥、切成絲的胡蘿蔔加到①中。加入切成兩半的迷你萵苣（Avenir*），撒上鹽（法國．蓋朗德產）。加入雞的肉汁清湯（省略解說），蓋上鍋蓋，進行蒸烤。
❸將奶油加進②中，用鹽來調味。撒上切碎的蒔蘿。

*Avenir
蘿蔓萵苣與奶油萵苣的混種。

盛盤

❶將焗烤馬鈴薯盛盤。放上「紅酒燉牛肉」的肉，淋上醬汁，將金箔放在上面當作裝飾，撒上現磨黑胡椒。
❷把蒸烤萵苣擺在①旁邊，放上事先取出備用的生火腿。

1 切出肉塊

使用的肉是牛小腸（照片右側）。牛小腸是附著在牛（A5 等級的黑毛和種母牛）的腰內肉中心上的細長部位。去除腰內肉周圍的油脂後，切出厚度約 4～5 公分（約 70g）的肉塊。

2 進行醃泡

將肉排進密閉容器內，放入芳香蔬菜和法國香草束，倒入剛好能蓋過食材的紅酒（佳美葡萄），蓋上蓋子，醃泡 4 天。讓醃泡液滲進肉的內部。

3 煎烤上色

稍微擦掉步驟 **2** 的肉表面的水分，撒上鹽、胡椒。將肉放入已鋪上一層葡萄籽油的銅鍋內，將表面煎出香氣。一邊翻面，一邊將整個表面都煎到深褐色。

4

藉由充分地煎烤來去除多餘油脂，並透過肉的燒烤風味來讓煮汁的味道呈現深度。鍋底會附著帶有鮮味的精華。將氧化後的油脂倒掉，用該鍋子來燉煮食材。

5 拌炒醃泡過的蔬菜

將取出肉的 **2** 區分成醃泡液、蔬菜、法國香草束。將醃泡液煮沸，去除浮沫。把奶油放進 **4** 的鍋中，拌炒這些蔬菜，蓋上鍋蓋，讓蔬菜流出水分。

6 將所有食材混合進行燉煮

將番茄糊、高筋麵粉、少許醃泡液加入鍋中，讓鍋底的精華融化。將肉放回鍋中，加入剩下的醃泡液、小牛高湯，進行燉煮。一沸騰後，就要去除浮沫。

POINT

使用銅鍋、烤箱、二個蓋子，從各個方向溫和地進行加熱

使用烤箱來將熱傳導性能很好的銅鍋加熱，藉此就能從各個方向將熱能傳給鍋內食材。
而且，還要加入分量剛好可以蓋過肉的煮汁，然後蓋上小鍋蓋和一般鍋蓋，
一邊減少水分蒸發，一邊在鍋內創造出安靜的對流，以溫和的加熱方式來使肉變軟。

7 **透過烤箱來進行燉煮**

在加熱時，為了避免肉的表面變得乾燥，所以煮汁的分量需能夠將肉淹沒。把紙（這次使用的是奶油的包裝紙）當成小鍋蓋來使用，蓋在食材上，然後再蓋上鍋蓋，放入 170～180°C 的烤箱中燉煮。

8

把肉煮到能讓金屬籤輕鬆穿過後，加熱就完成了。時間約為 45 分鐘。若立刻將肉取出的話，表面會變得乾燥，所以要讓肉冷卻約 30 分鐘後，再取出。將煮汁過濾後，進行加熱，去除浮沫和油脂。

9 **製作醬汁**

將裝在小鍋中的煮汁煮到收汁，使煮汁分量剩下肉的 8 成左右，讓煮汁變得容易沾附在食材上。透過黑醋栗香甜酒、細白砂糖來增添甜味，撒上鹽。使用不織布來過濾，讓醬汁變得更加滑順。

10 **放入真空包裝內靜置**

將 1 人分約 70g 的肉，以及分量為肉的 8 成的醬汁裝入袋子內，進行真空處理，然後放入冰箱內，擺放 3 天以上。藉由讓肉熟成來使肉入味。預計在一週內使用完畢。

11 **將肉加熱進行收尾工作**

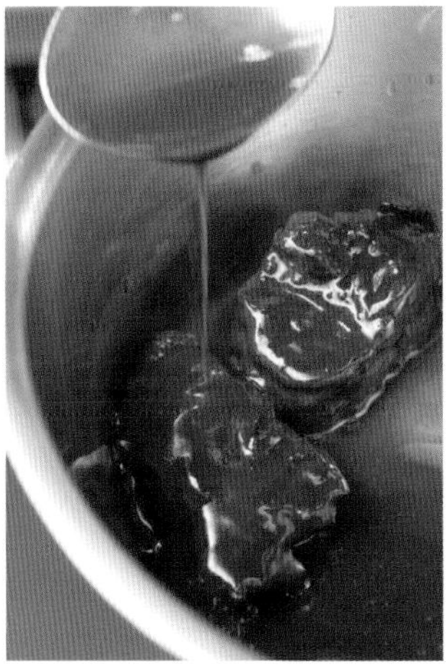

將肉連同袋子一起用 85°C 的熱水來進行隔水加熱後，把醬汁倒入鍋中，透過用玉米粉製作而成的奶油麵糊（beurre manié）來增添滑順的濃稠感。將肉放入鍋中，一邊讓肉沾附醬汁，一邊加熱。

12 **燉煮完成的肉的狀態**

肉沒有柔軟到形狀會崩塌的程度，而且還保有多汁的美味。在纖維質稍微鬆開般的口感中，混入了膠質的 Q 彈口感。

為了做出味道鮮明的煮汁，所以要徹底去除表面的浮沫和油脂。另外，只要稍微燒焦的話，就會產生苦味，所以在加熱時，也要將內側鍋緣清理乾淨。

Q27
如何燉煮出不乾柴的瘦肉？

主廚／中村保晴（ビストロ デザミ）

A

透過醃泡來讓肉入味，縮短加熱時間

用芳香蔬菜、培根、紅酒將鹿肉醃泡一晚，在去除腥味的同時，
也在這個階段讓肉入味，縮短燉煮時間。

將肉燉煮到仍保留了彈性的程度

若要將瘦肉燉煮到很軟的話，肉就容易變得乾柴，
所以這次要讓肉的柔軟度達到仍帶有咬勁的程度。在判斷燉煮程度時，
大致上的基準為，插入金屬籤時，會稍微感受到阻力。

一說到「燉煮」的話，也許會產生肉被煮到入口即化的印象。不過，牛、鴨等的瘦肉若經過長時間燉煮的話，纖維就會鬆開，使肉變得乾柴，味道也容易流失。我認為，想要品嚐到瘦肉特有的濃郁滋味的話，燉煮時間應以 2 小時為限，保留某種程度的咬勁會比較好。

這次，我使用蝦夷鹿五花肉來製作紅酒燉肉。我很在意「肉經過燉煮後就會縮水」這一點，所以會將肉切成 4 公分寬，比目標成品來得更大一些。此時，為了發揮其甜味與鮮味，做出入口即化的口感，事先保留適度的脂肪也是重點。

接著，用芳香蔬菜、培根、紅酒等將肉醃泡一晚，一邊去除腥味，一邊補充香氣與鮮味。為了幫肉增添芳香風味，還要將肉的表面煎烤到上色，鎖住美味。不過，由於醃泡過，比較容易燒焦，一旦燒焦，就會溶進煮汁中，導致澀味產生，所以必須特別留意。

燉煮時，先將「煮到收汁後並進行過濾的醃泡液、家禽高湯、小牛高湯」等液體加入鍋中混合，而且量要略多一些，然後再將肉放入。蓋上鍋蓋時，最好要在鍋蓋與鍋子之間夾進一張鋁箔紙，提升密閉程度，防止水分蒸發。將肉、蔬菜、煮汁的美味關在鍋子中，使其凝聚的同時，還能避免肉變得乾柴，打造出柔嫩多汁的口感。

在此狀態下，放入 180°C 的烤箱中燉煮 2 小時後，再讓整鍋料理靜置一整天，，使味道互相融合。當客人點菜後，再將料理舀到小鍋中，加入紅酒醋來補充酸味，並使用奶油來增添濃郁度，呈現豐富的風味。

紅酒燉鹿五花肉

這道燉煮料理發揮了蝦夷鹿五花肉的彈牙口感。先用紅酒和芳香蔬菜來醃泡五花肉，提升風味後，燉煮約 2 小時。2 小時是「保留肉口感的燉煮時間上限」（中村主廚）。上菜時，會淋上大量「透過紅酒來呈現爽口感」與「透過奶油增添濃郁風味」的煮汁，附上塞入了烤圓茄魚子醬（caviar d'aubergine）的茄子。

配菜

❶茄子去掉蒂頭後，縱向切成兩半，直接放入 180°C 的沙拉油中油炸。瀝掉油後，將其貼在直徑約 10 公分的鑄鐵鍋的內側。
❷馬鈴薯去皮，切成厚度 5mm 的薄片。放入有加鹽的熱水中汆燙。
❸製作烤圓茄魚子醬（caviar d'aubergine）。將用烤箱烤過且切碎的茄子、汆燙過的切碎菠菜、切成 1 公分塊狀的西洋梨（罐頭）、切碎的帕馬森起司、橄欖油、黑胡椒粒放入碗中混合。
❹將③塞進①的鑄鐵鍋中。把②當成蓋子，蓋在鑄鐵鍋上。
❺將④放入 200°C 的烤箱中烤 10 分鐘。

盛盤

❶從鑄鐵鍋中取出配菜，盛盤，將馬鈴薯放在最下面，撒上切碎的蝦夷蔥。
❷放上「紅酒燉鹿五花肉」，淋上煮汁，撒上磨碎的白胡椒粒。

1
分切肉塊

將約 2 公斤的蝦夷鹿（北海道產）五花肉（冷凍）放在冰箱內 1 天，進行解凍。一邊適度地保留脂肪，一邊去除多餘的脂肪塊。沿著肋骨切，將肉切成寬度 4 公分。

2
醃泡肉塊

將五花肉、洋蔥、胡蘿蔔、西洋芹、大蒜、培根放入密閉容器中，倒入可以蓋過食材的紅酒，醃泡一晚。

3

將 **2** 倒進篩子內，將醃泡液過濾。擦掉五花肉的水分，取出蔬菜類和培根備用。把醃泡液倒入鍋中，用大火煮沸，去除浮沫後，進行過濾。

4
將肉的表面煎烤到上色鎖住美味

將鹽和胡椒撒在 **3** 的五花肉上，抹上高筋麵粉。把橄欖油倒入平底鍋中加熱，等到冒出白煙後，將油倒掉，再重新加入少許橄欖油，把肉放入鍋中。

5

為了讓肉增添芳香風味，並避免肉的形狀崩塌，所以要將肉的兩面煎成深褐色。由於肉經過醃泡，比較容易燒焦，一旦燒焦的話，就會產生澀味，所以要特別留意。

6
製作燉煮料理的湯底

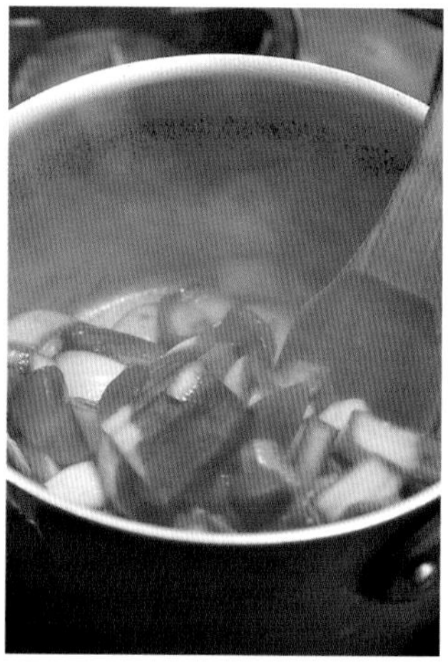

將 **3** 的蔬菜類和培根用橄欖油拌炒，炒到變軟後，撒鹽。然後再用文火加熱約 12 分鐘，加入高筋麵粉，關火。進行攪拌，讓麵粉融入其中。

POINT

燉煮時，要蓋上鍋蓋，防止水分蒸發

由於預計要將煮汁煮到剩下約一半，所以一開始燉煮時，煮汁的量要略多一些，達到鍋子高度的 7～8 成。
而且，還要在開口部位蓋上鋁箔紙，防止水分蒸發，然後蓋上鍋蓋，慢慢燉煮。

7

將少許醃泡液加到 **6** 的鍋子中，讓味道融入，剩下的醃泡液則分成兩次加入鍋中。加入已加熱的小牛高湯和家禽高湯，讓湯汁達到鍋子高度的 7 成。

8

用中火來加熱 **7**，加入 **5** 的肉。沸騰後，去除浮沫。加入番茄糊、百里香、月桂葉、杜松子、黑醋栗香甜酒，將整體攪拌均勻。

9

用烤箱來加熱

將附著在鍋子內側的煮汁去除乾淨後，在鍋子的開口部位蓋上鋁箔紙，提升密閉度。蓋上鍋蓋，放入已加熱到 180°C 的烤箱中，燉煮約 2 小時。

10

將肉和煮汁分開

將金屬籤插在肉上，若硬度達到「稍微保留了一點阻力」這種程度的話，就可以從烤箱中將鍋子拿出。直接在常溫下放涼後，將肉和煮汁分開。

11

讓味道融合

將煮汁過濾後，放入鍋中，用中火煮沸，去除浮現在表面上的浮沫和油脂（照片）。將肉放到調理盤內，淋上煮汁，放入冰箱靜置 1 天以上，讓味道融合。

12

完成

將紅酒醋加入鍋中，煮到收汁後，再加入 **11** 的煮汁。放入五花肉，用中火煮到帶有濃稠感。撒上鹽和胡椒，加入少許奶油來增添濃稠感與風味。

Q28
如何做出具有整體感的燉煮料理？

主廚／**山崎夏紀**（エル ビステッカーロ デイ マニャッチョーニ）

A

透過芳香蔬菜、辛香料、可可……各種要素來呈現複雜的風味

以慢慢加熱的芳香蔬菜為首，放入整顆番茄、大量的西洋芹、肉桂、巧克力、葡萄乾等，
呈現有深度的味道與複雜風味。煮汁湯底中使用了白酒也是特色之一，
能夠實現「雖然風味複雜，但不油膩」的味道。

在加熱比重方面，烤箱占了 7 成，餘熱占 3 成

由於並非要讓肉呈現「柔軟到入口即化般的口感」，
而是要讓肉帶有咬勁，所以要運用「餘熱」。使用烤箱加熱到約 70％後，
蓋上鍋蓋，將料理放在溫暖的場所靜置約 1 小時。
熱能會慢慢地循環，肉不會柔軟到變形。
另外，不用將煮汁煮到收汁，就能呈現整體感，肉也會入味。

由於牛尾這種食材烹調起來很費工夫，而且與骨頭的量相比，肉較少，因此菜單上有牛尾料理的店家並不多。不過，豐富的膠質與從粗骨頭中流出的骨髓的美味，是其他部位所沒有的魅力。我在羅馬修業時，當地有一道使用辛香料等來燉煮牛尾的傳統料理。這次，我要以這道料理為例，介紹「能讓客人留下深刻印象，且又帶有整體感」的燉煮料理的做法。

我認為，燉煮料理最美味的一點在於，在一個鍋中集結各種要素，並將其一起加熱，做出很有深度的味道。而且，另一項重點為，包含鹽在內，在燉煮前就要調整食材的味道。在這道料理中，除了牛尾與作為煮汁湯底的白酒以外，還會使用 4 種蔬菜與 3 種辛香料，以及巧克力、葡萄乾、杜松子，來做出複雜的味道。除了加熱時容易燒焦的巧克力之外，其他食材要在燉煮前就混在一起。

在燉煮料理中，「防止食材在加熱時燒焦」與「在燉煮前仔細地完成前置工作」都是不可或缺的。這是因為，如果鍋中出現令人不舒服的味道，就會反映在成品上。那麼，要如何做才能，在不會讓食材燒焦的狀態下，進行長時間的燉煮，做出「有整體感的味道」與「很入味的肉」，而且還要讓肉呈現出「既柔軟又有咬勁的口感」── 我最後想出來的方法為，透過烤箱和餘熱來加熱。基本概念為，先用烤箱加熱到約 70％後，再透過餘熱來提升「肉的柔軟度」、「味道的深度」等美味程度。製作燉煮料理時，會以「先冷藏保存，等到客人點餐後，再重新加熱」這一點作為前提，將加熱程度控制在 80～90％，等到要上菜前，再加熱到 100％。雖然無論是哪個加熱步驟，都可以直接用火來加熱，但使用烤箱的話，比較容易控制溫度，也不會出現「只有鍋底特別熱」的情況，可以有效率且均勻地完成加熱，所以我認為烤箱是更好的方式。

羅馬式燉牛尾

這道羅馬式燉牛尾是以慢慢加熱而凝聚鮮味和甜味的芳香蔬菜、整顆番茄、白酒作為基底，加入了大量的西洋芹、辛香料、巧克力、葡萄乾等。這道料理的魅力在於，複雜的味道與口感。

盛盤

將重新加熱後的「羅馬式燉牛尾」盛盤。

1 事先汆燙牛尾

將牛尾的脂肪削薄，讓表面只剩一層薄薄的脂肪，用鹽水煮約 30 分鐘，去除腥味和多餘油脂。當油脂較多時，在接下來的煎烤步驟中，也要確實地去除油脂，避免油膩感產生。

2 煎烤表面

擦掉牛尾的水分，撒上鹽和胡椒，用沙拉油來煎烤。煎出香味後，將平底鍋中的油倒掉，在牛尾表面撒上薄薄一層低筋麵粉，再次煎烤。該麵粉會形成麵糊（roux）。

3 將食材放入鍋中

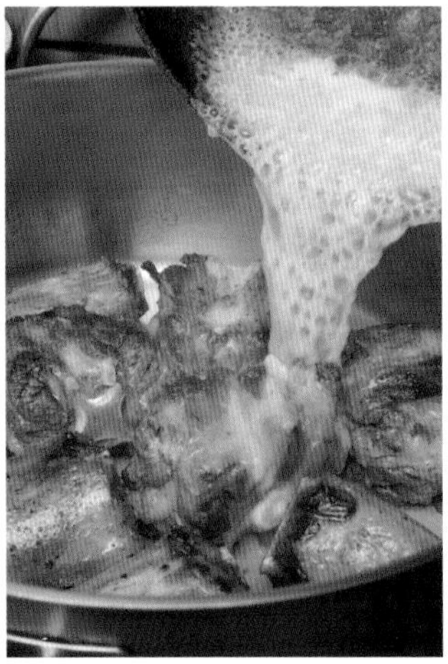

取出牛尾，移到鍋中。將白酒倒入平底鍋中，刮掉鍋底精華後，倒進鍋中。補充白酒，讓一半的牛尾浸泡在湯汁中。白酒要使用味道不甜且爽口的類型。

4 加入索夫利特醬

將索夫利特醬（參閱本頁下方）加入鍋中加熱。凝聚了蔬菜美味、甜味、香味的索夫利特醬，會成為燉煮料理的味道的基礎。

5 決定味道

將西洋芹、整顆番茄、月桂葉、丁香、肉桂粉、鹽加入鍋中，倒入剛好能蓋過食材的水。煮到沸騰一會兒後，預估要將湯汁煮到多濃稠，並決定味道。

6 用烤箱來燉煮

蓋上鍋蓋，放入 250°C 的烤箱中加熱約 2 小時。中途，除了攪拌鍋內食材以外，還要確認水量，多加留意，避免食材燒焦。例如，看到湯汁煮到變少的話，就要添加少量的水。

POINT

風味豐富的索夫利特醬是味道的關鍵

在這道燉煮料理中，慢慢地萃取出蔬菜甜味的索夫利特醬會發揮重要作用。
作法為，將切碎的洋蔥、胡蘿蔔、西洋芹（分枝的部分）、
鹽、橄欖油、水加入鍋中混合，開火。食材變熱後，蓋上鍋蓋，
用 230°C 的烤箱加熱 30～40 分鐘後，便完成。

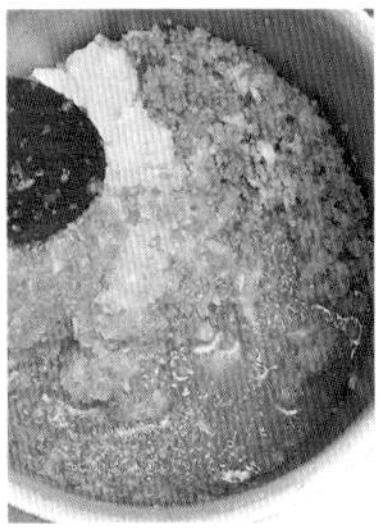

7

這是燉煮 2 小時的肉，從骨邊切下去後，肉會處於快要和骨頭分離的狀態。此時，若肉太軟的話，之後肉的形狀就會崩塌。

8 加入巧克力等食材

從烤箱中取出鍋子，為了使風味和口感變得更加豐富，所以要加入可可含量約為 65～75%的巧克力、泡過水的葡萄乾、杜松子，並攪拌均勻。

9 透過餘熱來慢慢加熱

蓋上鍋蓋，放在瓦斯爐連烤箱的邊緣等溫暖場所約 1 小時。鍋子和鍋內都處於熱騰騰的狀態。一邊透過餘熱來持續加熱，一邊讓所有食材都入味。

10 上菜前將一盤分的料理加熱

由於牛尾含有許多膠質，經過冷藏後，就會凝固成膠狀，所以將一盤分的料理連同煮汁一起裝入袋中保存，會比較方便。上菜前，將袋子和少許的水一起放入鍋中加熱。

11

沸騰後，蓋上鍋蓋，放入 250°C 的烤箱中加熱 20～30 分鐘。加入了食材的煮汁相當濃稠。雖然會加水，但還是要多留意，避免食材燒焦。

12 完成

肉的形狀沒有崩塌，一切下去，肉就會迅速地分開。另外，要挑出牛尾的較細部分，將其拆開，用於製作義大利麵醬等。

由於牛尾的骨頭很硬，不易切成相同的大小，所以要採購已切成 8～10 公分的牛尾。這次採購的分量為 2 公斤（約 2 根的分量）。山崎主廚說「由於黑毛和種的脂肪很多，所以除此之外的品種比較適合」。

人物介紹

三國清三

1954 年出生於北海道。曾任職於「帝国ホテル」（東京・內幸町），後來擔任日本駐瑞士大使館的主廚。曾師事於弗雷迪・吉拉爾代（Frédy Girardet），並在「メゾン・トロワグロ（羅阿訥）」、「アラン・シャペル（米悠涅）」等處持續研究料理。1985 年「オテル・ドゥ・ミクニ」開幕。

オテル・ドゥ・ミクニ

住所／東京都新宿区若葉 1 -18
電話／03-3351-3810
https://oui-mikuni.co.jp

8頁

新山重治

1957 年出生於青森縣。在「キャピトル東急ホテル」（東京・永田町。現在的ザ・キャピトルホテル東急）等處修業。曾擔任「立川リーセントパークホテル」的「楼蘭」等處的料理長，2004 年位於新宿御苑前的「礼華」開幕，2009 年，位於外御苑前的「礼華 青鸞居」開幕。

礼華 青鸞居

住所／東京都港区南青山2-27-18
パサージュ青山1階
電話／03-5786-9399
http://www.rai-ka.com/seirankyo

131頁、234頁

磯谷 卓

1963 年出生於新潟縣。在當地的飯店等處修業後，在 1986 年前往法國。曾在「クロコディル（亞爾薩斯）」、「トロワグロ（羅亞爾省）」等處工作，後來在瑞士的「ジラルデ」持續鑽研料理 5 年。1997 年回國，擔任「クレッセント」的料理長。

クレッセント

住所／東京都港区芝公園 1 - 8 -20
電話／03-3436-3211
http://www.restaurantcrescent.com

17頁、242頁

中村保晴

1963 年出生於茨城縣。曾任職於「ロイヤルパークホテル」（東京・水天宮前）等處，後來前往法國，在巴黎的「アンフィクレス」、「アピシウス」等處修業。回國後，曾擔任「オストラル」的主廚，2002 年成為「オー グー ドゥ ジュール」的主廚。2013 年 4 月自立門戶。

ビストロ デザミ

住所／東京都練馬区上石神井2-29-1
ヨシモトハイツ1階
電話／03-6904-7278

150頁、246頁

濱﨑龍一

1963 年出生於鹿兒島。曾在東京都內的「バスタバスタ」工作，後來前往義大利。在「ダル・ペスカトーレ（曼切華）」等處修業，回國後，任職於「リストランテ山﨑」（東京・乃木坂）。擔任過該店的主廚後，2001 年底自立門戶。

リストランテ濱﨑

住所／東京都港区南青山 4-11-13
電話／03-5772-8520
http://ristorantehamasaki.com

12頁

小島 景

1964 年出生於東京都。1988 年前往法國，在「アラン・シャペル（米悠涅）」等處修業後，前往「ルイ・キャーンズ（摩納哥）」，在法蘭克・塞盧蒂（Franck Cerutti）底下擔任副料理長。2008 年回國，擔任「ブノワ」（東京・表参道）的主廚，2010 年成為現在這家店的主廚。

ベージュ アラン・デュカス 東京

住所／東京都中央区銀座3-5-3
シャネル銀座ビル10階
電話／03-5159-5500
http://http://www.beige-tokyo.com/ja

37頁

橋本直樹

1964 年出生於靜岡縣。學過法式料理後，走上義式料理的道路。1995 年「ココ・ゴローゾ」（東京・本郷）開幕，1998 年「ラ・クローチェ」（東京・茗荷谷）開幕。2007 年「リストランテ フィオレンツァ（現在的イタリア料理 フィオレンツァ）」開幕。

イタリア料理 フィオレンツァ

住所／東京都中央区京橋3-3-11
電話／03-6425-7208
http://www.carpediem1995.com/fiorenza

71頁

岡本英樹

1965 年出生於北海道。曾任職於「シェ・イノ」（東京・京橋），後來前往法國，在「メゾン・トロワグロ（羅阿訥）」等處修業 4 年。回國後，曾擔任福岡的「博多全日空ホテル」料理長，2004 年成為東京・惠比壽「ドゥ・ロアンヌ」的主廚。2012 年 8 月自立門戶。

ルメルシマン・オカモト

住所／東京都港区南青山3-6-7 b-town1階
電話／03-6804-6703
URL／http://chefokamoto.com

32頁、94頁

小林邦光

1965 年出生於東京都。從廚藝學校畢業後，曾在飯店工作，後來在「ロアラブッシュ」（東京・渋谷）修業 4 年。之後，曾在度假飯店工作，然後擔任東京・西日暮里的法式小餐館的料理長。1993 年在東京・平井自立門戶。

レストラン コバヤシ

住所／東京都江戸川区平井5-9-4
電話／03-3619-3910
http://hard-play-hard-rk.com

178頁、218頁

橫崎　哲

1965 年出生於大阪府。曾經是職業拳擊手，30 歲時走上料理這條路。在東京・西麻布的「ラフェドール」等處修業後，於東京・六本木「ビストロ マルズ」擔任料理長 4 年。2004 年自立門戶。

オーグルマン

住所／東京都港区麻布台3-4-14
麻布台マンション103
電話／03-5114-0195
http://aux-gourmands.com

22頁、158頁

岸本直人

1966 年出生於東京都。曾任職於東京・渋谷的「ラ・ロシェル」，1994 年前往法國。在「レスペランス」（勃艮第）等處持續修業。1996 年回國後，曾擔任東京・銀座「オストラル」的副料理長，2006 年開設現在這家店，並同時擔任主廚。

ランベリー Naoto Kishimoto

住所／東京都港区南青山5-2-11
R2-A棟 地下1階
電話／03-6427-3209
URL／http://www.lembellir.com

52頁、226頁

高良康之

1967 年出生於東京都。1989 年前往法國，累積了 2 年的修業經驗。回國後，曾擔任「ル・マエストロ・ポール・ボキューズ・トーキョー」的副料理長，以及「南部亭」（東京・日比谷）和「ブラッスリーレカン」（東京・上野）的料理長。2007 年成為「銀座レカン」的主廚。

銀座レカン

住所／東京都中央区銀座4-5-5
ミキモトビル地下１階
電話／03-3561-9706
http://www.lecringinza.co.jp/lecrin

46頁、170頁

飯塚隆太

1968 年出生於新潟縣。曾在飯店等處工作，後來進入「シャトーレストラン　タイユバン・ロブション」（東京・惠比壽。現在的名稱已變更）。1997 年前往法國，修業約 2 年後，在 2005 年成為「ラトリエ ドゥ ジョエル・ロブション」（東京・六本木）的主廚。2011 年自立門戶。

レストラン リューズ

住所／東京都港区六本木4-2-35
アーバンスタイル六本木地下１階
電話／03-5770-4236
http://restaurant-ryuzu.com

57頁、106頁

奧田　透

1969 年出生於靜岡縣。高中畢業後，在靜岡、京都、德島修業，1999 年在靜岡開設「春夏秋冬 花見小路」。2003 年開設「銀座 小十」，2011 年開設「銀座奧田」（皆位於東京・銀座。小十在 2012 年搬遷到銀座・並木通）。2013 年在法國・巴黎開設「OKUDA」。

銀座 小十

住所／東京都中央区銀座5-4-8
カリオカビル4階
電話／03-6215-9544
http://www.kojyu.jp

74頁、238頁

渡邊雅之

1969 年出生於千葉縣。在東京都內的義大利料理店工作後，前往義大利，在托斯卡尼修業 2 年。回國後，2002 年在東京青山開設「ベッカッチャ」。2013 年，將店面搬遷到東京・赤坂，並成為「ヴァッカロッサ」的主廚。

ヴァッカロッサ

住所／東京都港区赤坂6-4-11
ドミエメロード1階
電話／03-6435-5670
http://vaccarossa.com

79頁、84頁

南　茂樹

1970 年出生於京都府。高中畢業後，利用打工度假簽證，在加拿大生活 1 年。回國後，曾在關西的數間中華料理店修業，後來在「知味 竹爐山房」（東京・吉祥寺）鑽研料理 3 年半。也曾在台灣・台北進修幾個月，於 2002 年自立門戶。

一碗水

住所／大阪市中央区安土町1-4-5
大阪屋本町ビル1階
電話／06-6263-5190

136頁、202頁

曽村讓司

1971 年出生於東京都。曾任職於「ホテルオークラ」（東京・虎之門），後來前往歐洲。在日本駐比利時大使館工作過後，擔任亞洲東方快車（Eastern and Oriental Express）的主廚，負責東方快車的料理。2006 年在東京・惠比壽自立門戶，2012 年將店面遷移到現在的位置。

アタゴール

住所／東京都江東区木場3-19-8
電話／03-5809-9799
http://www.atagueule.com

99頁

堀江純一郎

1971 年出生於東京都。1996 年前往義大利，在托斯卡尼州和皮埃蒙特州修業 9 年。曾在「ピステルナ」（皮埃蒙特）擔任主廚。回國後，在東京・西麻布開設「ラ・グラディスカ」。2009 年，將活動據點遷移到奈良，開設現在這間店。

リストランテ イ・ルンガ

住所／奈良市春日野町16
電話／0742-93-8300
http://i-lunga.jp

186頁

有馬邦明

1972 年出生於大阪府。在義大利料理店修業後，於 1996 年前往義大利。在倫巴底州和托斯卡尼州的店內修業約 2 年。回國後，曾在千葉縣和東京都內的餐廳擔任主廚，在 2002 年自立門戶。2007 年取得河豚調理師執照。

パッソ・ア・パッソ

住所／東京都江東区深川2-6-1
アワーズビル1階
電話／03-5245-8645

117頁、182頁

安尾秀明

1972 年出生於岡山縣。畢業於辻調理師專門學校後，擔任該校的教職員 9 年。中途有前往法國，在該校的法國分校工作 1 年半。離職後，在「レストラン タイス」（兵庫・芦屋）等處擔任料理長。2006 年 6 月自立門戶。

コンヴィヴィアリテ

住所／大阪市西区新町 1 -17-17
電話／06-6532-4880
URL／http://www.convivialite.info

142頁、222頁

河井健司

1973 年出生於東京都。在東京・多摩川的「レストラン サマーシュ」修業後，於 28 歲時前往法國。在巴黎的「ルカ・カルトン」，師事於亞蘭・桑德蘭斯（Alain Senderens）。回國後，曾擔任「オー・シザーブル」（東京・六本木）的料理長。2010 年自立門戶。

アンドセジュール

住所／東京都大田区田園調布 1 -11-10
電話／03-3722-9494
http://www.undecesjours.com

194頁、230頁

荒井　昇

1974 年出生於東京都。從調理師學校畢業後，在東京都內的法式料理店修業。1998 年前往法國，在隆河地區的「ル・クロ・デ・シーム」等處學習一年。回國後，在西點店工作。2000 年，在當地淺草地區自立門戶。2009 年遷移到現在的地點。

オマージュ

住所／東京都台東区浅草4-10-5
電話／03-3874-1552
http://www.hommage-arai.com

27頁、111頁

岸田周三

1974 年出生於愛知縣。曾在「志摩観光ホテル」（三重・志摩）、「カーエム」（東京・惠比壽。現在遷移到銀座）等處工作，後來前往法國。在「アストランス」（巴黎）等處修業，2006 年成為「カンテサンス」的主廚。2011 年成為經營者兼主廚。2013 年將店面遷移到品川・御殿山。

カンテサンス

住所／東京都品川区北品川6-7-29
ガーデンシティ品川 御殿山１階
電話／03-6277-0485
http://www.quintessence.jp

42頁

山崎夏紀

1974 年出生於千葉縣。從調理師學校畢業後，在飯店、市區內的餐廳工作，從 27 歲開始在吉川敏明主廚底下學習約 3 年。2007 年前往義大利，在羅馬工作 6 年，也擔任過主廚。回國後，擔任過「EATALY Japan」的總料理長，2015 年 5 月自立門戶。

エル ビステッカーロ デイ マニャッチョーニ

住所／東京都中央区銀座3-9-5
伊勢半ビル地下1階
電話／03-6264-0457
http://bisteccaro.tokyo

166頁、250頁

北村征博

1975 年出生於京都府。曾在「ラ・ビスボッチャ」（東京・廣尾）等處工作，後來前往義大利。在特倫提諾-上阿迪傑大區（Trentino Alto Adige）等北部地區修業 3 年。回國後，在「ベアート」擔任主廚 3 年，在「トラットリア ブリッコラ」擔任主廚 5 年。2012 年自立門戶。

ダ オルモ

住所／東京都港区虎ノ門5-3-9
ゼルコーパ5-101
電話／03-6432-4073
http://www.da-olmo.com

126頁、206頁

坂本　健

1975 年出生於京都府。大學畢業後，進入京都・七條的「イル パッパラルド」工作。曾擔任該店主廚的笹島保弘在 2002 年開設「イル・ギオットーネ」（京都・八坂）的同時，坂本也成為該店的員工，從 2005 年開始擔任料理長 9 年。2014 年自立門戶。

チェンチ

住所／京都市左京区聖護院　頓美町44-7
電話／075-708-5307
http://cenci-kyoto.com

122頁、154頁

高山いさ己

1975 年出生於東京都。曾在 2000 年和 2002 年前往義大利修業。回國後，擔任「イル・パッチオコーネ」（東京・南青山）的主廚，在 2007 年開設「カルネヤ アンティカ オステリア」（東京・牛込神樂坂）。2015 年，與靜岡縣的食用肉公司「さの萬（Sanoman）」一起開設現在這間店。

カルネヤ サノマンズ

住所／東京都港区西麻布3-17-25
電話／03-6447-4829
http://carneya-sanomans.com

162頁、190頁

手島純也

1975 年出生於山梨縣。在當地的餐廳修業後，於 2002 年前往法國。在巴黎的「ステラ マリス」等處工作 5 年。2007 年回國，擔任芝パークホテル「レストラン タテル ヨシノ 芝」（東京・芝）的料理長。同年 9 月，被調動到和歌山，擔任現在這間店的料理長。

オテル・ド・ヨシノ

住所／和歌山市手平2-1-2
和歌山ビッグ愛12階
電話／073-422-0001
URL／http://www.hoteldeyoshino.com

174頁、214頁

古屋壯一

1975 年出生於東京都。待過「アラジン」（東京・廣尾）、「モンモランシー」（東京・八王子）等處，於 2002 年前往法國。在「オテル・ド・ラ・トゥール」（科雷兹）等處累積經驗。回國後，曾擔任「ビストロ・ド・ラ・シテ」（東京・西麻布）的主廚。2009 年 11 月自立門戶。

ルカンケ

住所／東京都港区白金台5-17-11
電話／03-5422-8099
URL／http://requinquer.jp

102頁、210頁

中原文隆

1977 年出生於滋賀縣。從調理師學校畢業後，曾待過「皇家橡樹酒店（滋賀・大津）」，然後進入京都・御所西的京都布萊頓飯店「ヴィ・ザ・ヴィ」工作。接受滝本将博主廚的薰陶。在 2008 年前往法國，累積了一年的經驗。回國後，於 2012 年自立門戶。

レーヌ デ プレ

住所／京都市上京区中町通丸太町下ル
駒之町537-1
電話／075-223-2337
http://reine-des-pres.com

62頁、198頁

杉本敬三

1979 年出生於京都府。從 8 歲開始就在料亭的廚房內參觀學習，高中時，立志成為法式料理廚師。從調理師學校畢業後，在 19 歲時前往法國，在亞爾薩斯等 4 個地區的 6 間餐廳內工作，從 23 歲開始成為主廚。2011 年春季回國，2012 年 3 月自立門戶。

レストラン ラ・フィネス

住所／東京都港区新橋4-9-1
新橋プラザビル地下１階
電話／03-6721-5484
http://www.la-fins.com

89頁、146頁

一切從挑選食材做起

公開 50 位主廚所使用的肉類品牌

向 50 位法式、義式、中式料理主廚們訊問店內所使用的牛・豬・雞・羔羊的品牌。

摘錄自《月刊專門料理》2017 年 7 月號

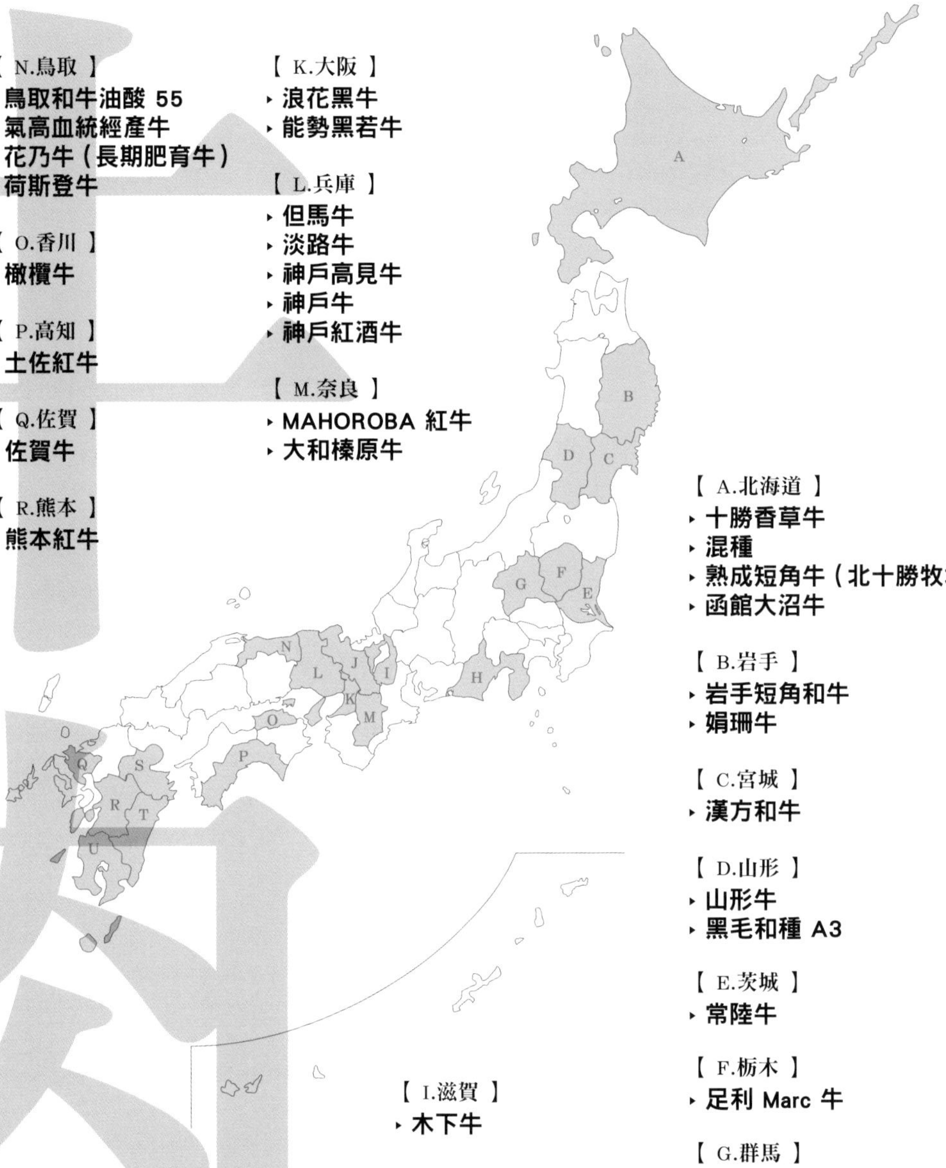

【 S.大分 】
- 草地和牛

【 T.宮崎 】
- 尾崎牛
- 黑毛和種

【 U.鹿兒島 】
- 鹿兒島黑牛
- 薩摩黑牛

【 法國 】
- 巴札斯牛

【 澳洲 】
- 安格斯牛
- 短角牛

【 蘇格蘭 】
- 安格斯牛

【 N.鳥取 】
- 鳥取和牛油酸 55
- 氣高血統經產牛
- 花乃牛（長期肥育牛）
- 荷斯登牛

【 O.香川 】
- 橄欖牛

【 P.高知 】
- 土佐紅牛

【 Q.佐賀 】
- 佐賀牛

【 R.熊本 】
- 熊本紅牛

【 K.大阪 】
- 浪花黑牛
- 能勢黑若牛

【 L.兵庫 】
- 但馬牛
- 淡路牛
- 神戶高見牛
- 神戶牛
- 神戶紅酒牛

【 M.奈良 】
- MAHOROBA 紅牛
- 大和榛原牛

【 I.滋賀 】
- 木下牛

【 J.京都 】
- 中勢以的熟成牛
- 龜岡牛
- 50 日熟成牛
- 荷斯登牛的熟成牛（野村牧場）

【 A.北海道 】
- 十勝香草牛
- 混種
- 熟成短角牛（北十勝牧場）
- 函館大沼牛

【 B.岩手 】
- 岩手短角和牛
- 娟珊牛

【 C.宮城 】
- 漢方和牛

【 D.山形 】
- 山形牛
- 黑毛和種 A3

【 E.茨城 】
- 常陸牛

【 F.栃木 】
- 足利 Marc 牛

【 G.群馬 】
- 娟珊牛（神津牧場）
- 熟成赤城牛

【 H.靜岡 】
- Sanoman 乾式熟成牛肉

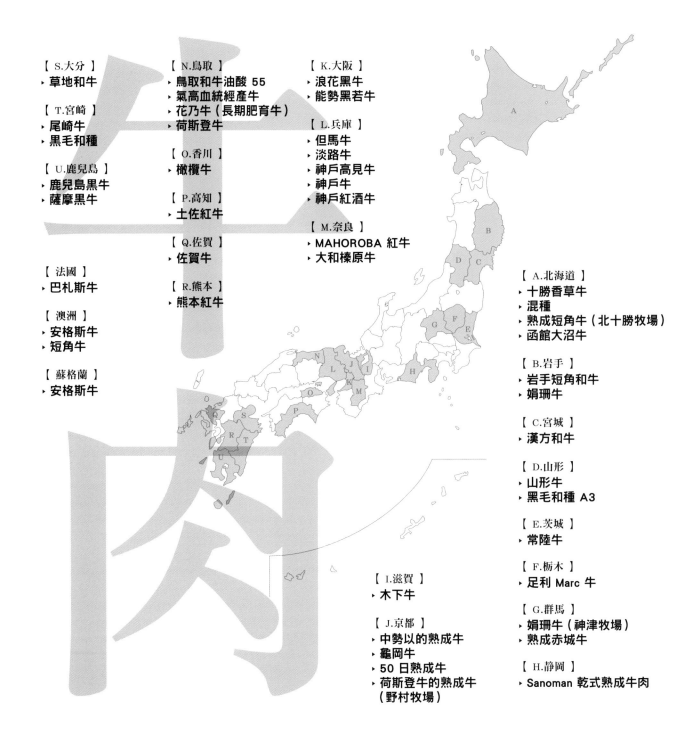

各店所使用的牛肉一覽

都道府縣	品牌名稱	店名
北海道	十勝香草牛	スブリム
北海道	十勝香草牛	ドンブラボー
北海道	十勝香草牛	ランベリー Naoto Kishimoto
北海道	十勝香草牛	レストランFEU
北海道	混種	ナベノ-イズム
北海道	熟成短角牛（北十勝牧場）	シュングルマン
北海道	函館大沼牛	コンヴィーヴィオ
岩手	岩手短角和牛	シュングルマン
岩手	岩手短角和牛	パッソ・ア・パッソ
岩手	岩手短角和牛	マルディグラ
岩手	岩手短角和牛	モンド
岩手	娟珊牛	パッソ・ア・パッソ
宮城	漢方和牛	オマージュ
宮城	漢方和牛	御田町 桃の木
山形	山形牛	シンシア
山形	山形牛	ポンテ デル ピアット
山形	山形牛	礼華 青鸞居
山形	黑毛和種 A3	スブリム
茨城	常陸牛	ドンブラボー
栃木	足利 Marc 牛	南青山エッセンス
群馬	娟珊牛（神津牧場）	フィオッキ
群馬	熟成赤城牛	老四川 飄香
靜岡	Sanoman 乾式熟成牛肉	イル・プレージョ
靜岡	Sanoman 乾式熟成牛肉	ランベリー Naoto Kishimoto
滋賀	木下牛	麻布長江 香福筵
滋賀	木下牛	マルディグラ
京都	中勢以的熟成牛	チェンチ
京都	中勢以的熟成牛	モンド
京都	中勢以的熟成牛	ランベリー Naoto Kishimoto
京都	龜岡牛	リストランテ キメラ
京都	50 日熟成牛	ディファランス
京都	荷斯登牛的熟成牛（野村牧場）	チェンチ
大阪	浪花黑牛	オルタナティブ
大阪	浪花黑牛	Chi-Fu
大阪	浪花黑牛	ディファランス
大阪	能勢黑若牛	ポンテベッキオ
兵庫	但馬牛	カンテサンス
兵庫	但馬牛	パッソ・ア・パッソ
兵庫	但馬牛	ラ・フェット ひらまつ
兵庫	淡路牛	オステリア オ ジラソーレ
兵庫	神戸高見牛	神戸北野ホテル
兵庫	神戸牛	神戸北野ホテル
兵庫	神戸紅酒牛	ラ・フェット ひらまつ
奈良	MAHOROBA 紅牛	リストランテ ナカモト
奈良	大和榛原牛	リストランテ ナカモト
鳥取	鳥取和牛油酸 55	アニエルドール
鳥取	鳥取和牛油酸 55	チェンチ
鳥取	氣高血統經產牛	マルディグラ
鳥取	花乃牛（長期肥育牛）	ディファランス
鳥取	荷斯登牛	オステリア オ ジラソーレ
香川	橄欖牛	麻布長江 香福筵
香川	橄欖牛	ポンテベッキオ
高知	土佐紅牛	トラットリア ピコローレ ヨコハマ
佐賀	佐賀牛	シュングルマン
佐賀	佐賀牛	ラ・トゥーエル
熊本	熊本紅牛	ポンテベッキオ
熊本	熊本紅牛	マルディグラ
熊本	熊本紅牛	マンサルヴァ
熊本	熊本紅牛	レストラン ラ・フィネス
熊本	熊本紅牛	ロクターヴ ハヤト コバヤシ
大分	草地和牛	インカント
宮崎	尾崎牛	マルディグラ
宮崎	黑毛和種	コンヴィヴィアリテ
鹿兒島	鹿兒島黑牛	リストランテ濱﨑
鹿兒島	薩摩黑牛	アドック
九州	黑毛和種	一碗水
九州	和牛	アドック
九州	和牛	ラ・フェット ひらまつ
日本	黑毛和種 A4	マダム・トキ
日本	黑毛和種	ラチェルバ
日本	經產牛	インカント
日本	混種	レスプリ・ミタニ ア ゲタリ
日本	國產牛	一碗水
日本	國產牛	中国旬菜 茶馬燕
法國	巴札斯牛	フルヤ オーガストロノム
澳洲	安格斯牛	ラ・フェット ひらまつ
澳洲	短角牛	インカント
澳洲		礼華 青鸞居
澳洲		レストランFEU
蘇格蘭	安格斯牛	イ・ヴェンティチェッリ

【 W.鹿兒島 】
- 六白黑豬
- 奄美島豬
- 鹿兒島黑豬　黑之匠
- 黑豬
- 純種白肩豬（福留小牧場）
- 茶美豬

【 X.沖繩 】
- 今歸仁阿古豬
- 阿古豬
- 島豬

【 法國 】
- 巴斯克豬
- 比戈爾豬（Le Noir de Bigorre）

【 義大利 】
- 尼祿・帕爾馬豬
- 席恩那-琴塔豬（Cinta Senese）
- 內布羅迪豬

【 西班牙 】
- 伊比利亞豬
- 加利西亞高級豬（栗豬）

【 匈牙利 】
- 曼加利察豬

【 R.奈良 】
- 鄉 Pork
- Baaku 豬
- 大和豬

【 S.鳥取 】
- TOTORIKO 豬

【 T.佐賀 】
- 酵素豬

【 U.熊本 】
- 大地恩惠豬

【 V.宮崎 】
- 霧島山麓豬
- 霧島純淨豬
- 桑水流黑豬（地瓜豬）
- 日南 Mochi 豬
- 南島豬

【 M.靜岡 】
- 富士夢幻豬

【 N.三重 】
- 松阪豬
- 伊賀豬
- 松阪 Pork

【 O.滋賀 】
- 藏尾 Pork

【 P.京都 】
- 京丹波高原豬
- 中勢以的熟成豬

【 Q.兵庫 】
- 淡路島豬（野家混種豬）
- 神戶豬
- 三田豬
- 香蕉鳳梨豬

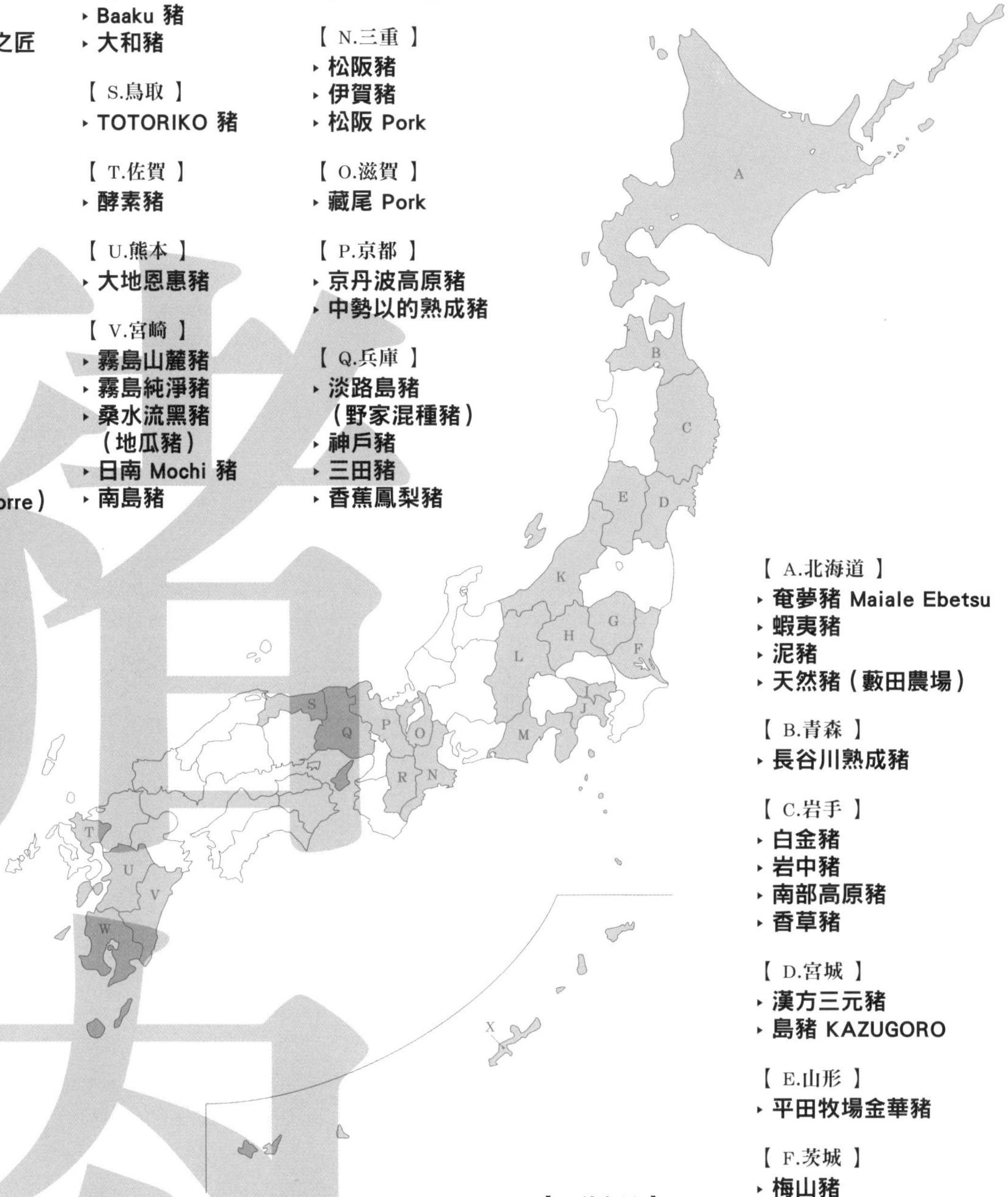

【 A.北海道 】
- 奄夢豬 Maiale Ebetsu
- 蝦夷豬
- 泥豬
- 天然豬（藪田農場）

【 B.青森 】
- 長谷川熟成豬

【 C.岩手 】
- 白金豬
- 岩中豬
- 南部高原豬
- 香草豬

【 D.宮城 】
- 漢方三元豬
- 島豬 KAZUGORO

【 E.山形 】
- 平田牧場金華豬

【 F.茨城 】
- 梅山豬
- 石上極豬

【 G.栃木 】
- asano 豬

【 H.群馬 】
- 和豬 Mochi 豬
- 入口即化的加藤豬

【 I.東京 】
- TOKYO X

【 J.神奈川 】
- 大和豬
- 山百合豬

【 K.新潟 】
- 津南豬
- 越後 Mochi 豬

【 L.長野 】
- 千代夢幻豬
- 信州豬

各店所使用的豬肉一覽

都道府縣	品牌名稱	店名
北海道	奄夢豬 Maiale Ebetsu	シュングルマン
北海道	蝦夷豬	イル・プレージョ
北海道	泥豬	フィオッキ
北海道	天然豬（藪田農場）	フィオッキ
青森	長谷川熟成豬	パッソ・ア・パッソ
岩手	白金豬	南青山エッセンス
岩手	白金豬	老四川 飄香
岩手	岩中豬	マルディグラ
岩手	南部高原豬	オマージュ
岩手	香草豬	ナベノ-イズム
宮城	漢方三元豬	御田町 桃の木
宮城	島豬 KAZUGORO	インカント
山形	平田牧場金華豬	インカント
山形	平田牧場金華豬	トラットリア ピコローレ ヨコハマ
茨城	梅山豬	茶禅華
茨城	梅山豬	シュングルマン
茨城	梅山豬	ドンブラボー
茨城	石上極豬	オステリア オ ジラソーレ
栃木	asano 豬	礼華 青鸞居
群馬	和豬 Mochi 豬	御田町 桃の木
群馬	和豬 Mochi 豬	レスプリ・ミタニ ア ゲタリ
群馬	入口即化的加藤豬	ポンテ デル ピアット
東京	TOKYO X	シエル・ドゥ・リヨン
神奈川	大和豬	茶禅華
神奈川	山百合豬	中国旬菜 茶馬燕
新潟	津南豬	パッソ・ア・パッソ
新潟	津南豬	リストランテ濱崎
新潟	越後 Mochi 豬	インカント
長野	千代夢幻豬	麻布長江 香福筵
長野	千代夢幻豬	ランベリー Naoto Kishimoto
長野	信州豬	ディファランス
靜岡	富士夢幻豬	麻布長江 香福筵
靜岡	富士夢幻豬	マンサルヴァ
三重	松阪豬	オルタナティブ
三重	松阪豬	ドンブラボー
三重	伊賀豬	一碗水
三重	松阪 Pork	ナベノ-イズム
滋賀	藏尾 Pork	アニエルドール
京都	京丹波高原豬	リストランテ キメラ
京都	中勢以的熟成豬	ランベリー Naoto Kishimoto
兵庫	淡路島豬（野家混種豬）	イル・プレージョ
兵庫	淡路島豬（野家混種豬）	ポンテベッキオ
兵庫	神戶豬	一碗水

都道府縣	品牌名稱	店名
兵庫	三田豬	ラ・フェット ひらまつ
兵庫	香蕉鳳梨豬	神戸北野ホテル
奈良	鄉 Pork	リストランテ ナカモト
奈良	Baaku 豬	リストランテ ナカモト
奈良	大和豬	ラ・フェット ひらまつ
鳥取	TOTORIKO 豬	チェンチ
佐賀	酵素豬	ロクターヴ ハヤト コバヤシ
熊本	大地恩惠豬	レストランFEU
宮崎	霧島山麓豬	アドック
宮崎	霧島純淨豬	マダム・トキ
宮崎	桑水流黑豬（地瓜豬）	ロクターヴ ハヤト コバヤシ
宮崎	日南 Mochi 豬	一碗水
宮崎	南島豬	老四川 飄香
鹿兒島	六白黑豬	Chi-Fu
鹿兒島	六白黑豬	フルヤ オーガストロノム
鹿兒島	奄美島豬	マルディグラ
鹿兒島	鹿兒島黑豬　黑之匠	スブリム
鹿兒島	黑豬	ディファランス
鹿兒島	純種白肩豬（福留小牧場）	コンヴィーヴィオ
鹿兒島	茶美豬	ラチェルバ
沖繩	今歸仁阿古豬	シュングルマン
沖繩	今歸仁阿古豬	シンシア
沖繩	今歸仁阿古豬	チェンチ
沖繩	今歸仁阿古豬	マルディグラ
沖繩	阿古豬	ラチェルバ
沖繩	島豬	礼華 青鸞居
法國	巴斯克豬	フルヤ オーガストロノム
法國	巴斯克豬	レストラン ラ・フィネス
法國	比戈爾豬（Le Noir de Bigorre）	アニエルドール
義大利	尼祿・帕爾馬豬	イ・ヴェンティチェッリ
義大利	尼祿・帕爾馬豬	インカント
義大利	席恩那-琴塔豬（Cinta Senese）	ラチェルバ
義大利	內布羅迪豬	インカント
西班牙	伊比利亞豬	ディファランス
西班牙	伊比利亞豬	マルディグラ
西班牙	伊比利亞豬	マンサルヴァ
西班牙	伊比利亞豬	礼華 青鸞居
西班牙	伊比利亞豬	ラ・トゥーエル
西班牙	伊比利亞豬	リストランテ キメラ
西班牙	加利西亞高級豬（栗豬）	コンヴィヴィアリテ
西班牙	加利西亞高級豬（栗豬）	フルヤ オーガストロノム
西班牙	加利西亞高級豬（栗豬）	モンド
匈牙利	曼加利察豬	モンド

雞肉

【 S.佐賀 】
- 三瀨雞

【 T.熊本 】
- 天草大王

【 U.大分 】
- 大分冠地雞

【 V.宮崎 】
- 日向雞
- 宮崎地頭雞

【 W.鹿兒島 】
- 黑薩摩雞
- 薩摩地雞
- 薩摩若軍雞

【 N.奈良 】
- 大和肉雞
- 大和黑雞

【 O.和歌山 】
- 紀州紅雞
- 紀州雞

【 P.鳥取 】
- 大山雞
- 大山產 Gaina 雞
- 鳥取地雞 Piyo

【 Q.愛媛 】
- 媛子地雞

【 R.高知 】
- 土佐 Hachikin 地雞

【 J.三重 】
- 熊野地雞

【 K.滋賀 】
- 近江軍雞

【 L.京都 】
- 地雞　丹波黑雞
- 七谷地雞
- 鄉村雞（少爺）
- 奧丹波雞
- 丹波美味雞

【 M.兵庫 】
- 但馬美味雞
- 但農雞
- 丹波地雞

【 A.青森 】
- 青森軍雞 Rock

【 B.岩手 】
- 阿部雞
- 南部雞
- 陸奧清流美味雞

【 C.秋田 】
- 比內地雞

【 D.福島 】
- 川俣軍雞

【 E.茨城 】
- 法國紅牌雞
- 牛奶雞

【 F.東京 】
- 香雞
- 東京軍雞

【 G.山梨 】
- 健味雞

【 H.靜岡 】
- 駿河軍雞
- 美味雞

【 I.愛知 】
- 名古屋九斤雞

各店所使用的雞肉一覽

都道府縣	品牌名稱	店名
青森	青森軍雞 Rock	イル・プレージョ
青森	青森軍雞 Rock	オマージュ
岩手	阿部雞	南青山エッセンス
岩手	南部雞	茶禅華
岩手	陸奧清流美味雞	礼華 青鸞居
秋田	比內地雞	コンヴィヴィアリテ
福島	川俣軍雞	インカント
福島	川俣軍雞	コンヴィーヴィオ
福島	川俣軍雞	マンサルヴァ

都道府縣	品牌名稱	店名
福島	川俣軍雞	モンド
福島	川俣軍雞	ラ・トゥーエル
茨城	法國紅牌雞	フィオッキ
茨城	法國紅牌雞	リストランテ濱崎
茨城	牛奶雞	マルディグラ
東京	香雞	麻布長江 香福筵
東京	香雞	中国旬菜 茶馬燕
東京	東京軍雞	レストラン ラ・フィネス
山梨	健味雞	礼華 青鸞居

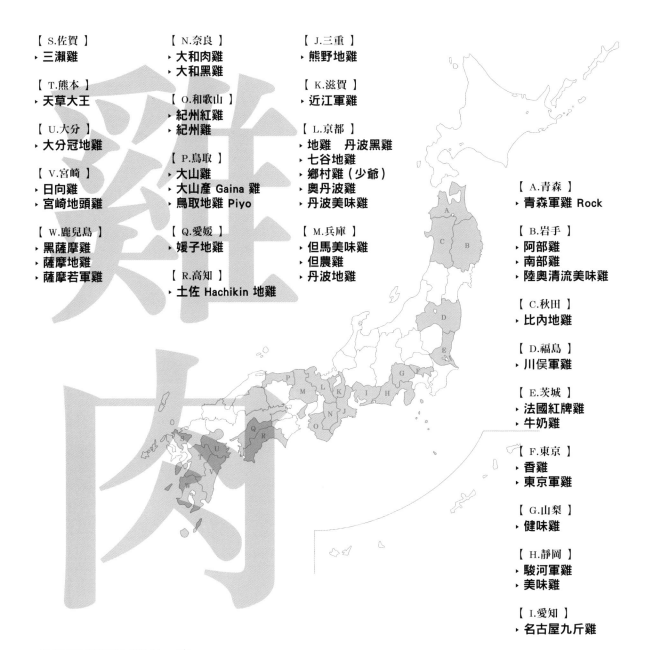

都道府縣	品牌名稱	店名
静岡	駿河軍雞	老四川 飄香
静岡	美味雞	ポンテ デル ピアット
愛知	名古屋九斤雞	スブリム
三重	熊野地雞	御田町 桃の木
滋賀	近江軍雞	シンシア
京都	地雞　丹波黑雞	Chi-Fu
京都	地雞　丹波黑雞	シュングルマン
京都	七谷地雞	アドック
京都	七谷地雞	チェンチ
京都	鄉村雞（少爺）	リストランテ ナカモト
京都	奧丹波雞	ラ・フェット ひらまつ
京都	丹波美味雞	コンヴィヴィアリテ
兵庫	但馬美味雞	ディファランス
兵庫	但農雞	神戸北野ホテル
兵庫	丹波地雞	ラチェルバ
奈良	大和肉雞	Chi-Fu
奈良	大和肉雞	御田町 桃の木
奈良	大和肉雞	ラチェルバ
奈良	大和黑雞	一碗水
和歌山	紀州紅雞	ラ・フェット ひらまつ
和歌山	紀州雞	ラチェルバ
鳥取	大山雞	麻布長江 香福筵
鳥取	大山雞	シュングルマン
鳥取	大山雞	ナベノ-イズム
鳥取	大山雞	礼華 青鸞居
鳥取	大山雞	ランベリー Naoto Kishimoto
鳥取	大山雞	レストランFEU
鳥取	大山產 Gaina 雞	オステリア オ ジラソーレ
鳥取	鳥取地雞 Piyo	オステリア オ ジラソーレ
愛媛	媛子地雞	パッソ・ア・パッソ
高知	土佐 Hachikin 地雞	アニエルドール
高知	土佐 Hachikin 地雞	トラットリア ビコローレ ヨコハマ
佐賀	三瀬雞	シュングルマン
熊本	天草大王	インカント
熊本	天草大王	マルディグラ
熊本	天草大王	南青山エッセンス
大分	大分冠地雞	老四川 飄香
宮崎	日向雞	中国旬菜 茶馬燕
宮崎	宮崎地頭雞	ディファランス
鹿兒島	黑薩摩雞	リストランテ濱崎
鹿兒島	薩摩地雞	イ・ヴェンティチェッリ
鹿兒島	薩摩若軍雞	マダム・トキ
美國		シエル・ドゥ・リヨン

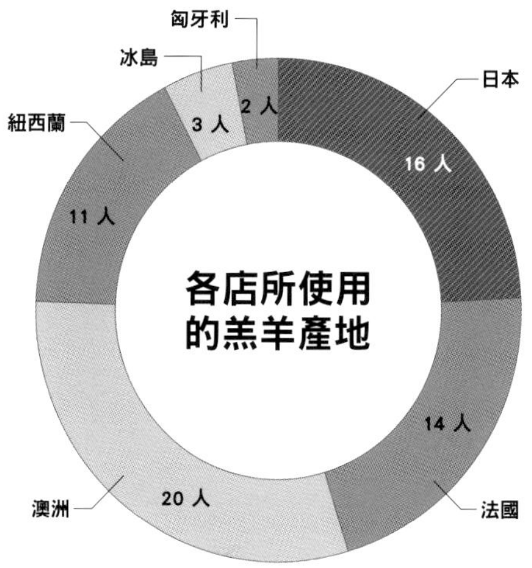

主要產地與品牌

【北海道】‣ 茶路綿羊牧場 3 人

‣ 全羊研究所 3 人

‣ BOYA FARM 3 人

其他

【北海道】‣ 石田綿羊牧場、薩福克羊（帶廣）、小型羊、紅酒羔羊（Wine lamb）

【岩手】‣ 綿羊谷葛卷牧場

【山形】‣ 米澤綿羊

【法國】‣ 洛澤爾省 9 人

‣ 西斯特隆 2 人

其他

【法國】‣ 凱爾西（Quercy）、庇里牛斯（Pyrénées）

【澳洲】‣ 海濱藜羔羊（Saltbush Lamb） 6 人

向協助問卷調查的 50 位主廚
詢問「關於肉的想法」

【法式料理】

アドック　高山龍浩

雖然只要對於品質很講究的生產者增加，市場上能穩定地供應各種食用肉就行了。但事實上，會遇到人才不足、天氣、氣候、禽流感等問題，我認為這些問題會變得很難解決。我認為，將既安全又美味的國產食材告訴大家，也是我們這些料理人的義務。雖然目前鴨肉和蝦夷鹿只能直接向生產者採購，但今後我打算增加採購量。

アニエルドール　藤田晃成

我正在尋找牛肉的瘦肉。雖然採購了許多肉，但味道不一，所以我放棄了。熟成牛肉的確很美味，但我認為和醬汁不搭。因此，我在尋找本身就很美味的肉，但卻遲遲找不到。現在，牛肉主要用於前菜，若能找到好牛肉，我也想將牛肉用於主菜。另外，我想早點使用法國產的鴨肉。這是因為，雖然日本產鴨肉也很好，但還是和法國產鴨肉的強烈味道不同。

オマージュ　荒井 昇

我希望透過食材來讓生產者們、料理人、用餐者產生更廣更深的連結。我並不會特別想要某種食材，也不會特別想把食材做成某種形式。身為料理人，在與自己相遇的食材當中，我想要好好地面對各種食材，仔細地將其做成料理，讓食材以料理的形式離世。

オルタナティブ　斉藤貴之

我認為，光靠肉品業者，很難確保能讓我滿意的商品。我覺得，今後直接與生產者進行交流，好處會比較多。

カンテサンス　岸田周三

目前，我還沒找到特別中意的豬，正在進行各種嘗試。即使一開始的品質很好，差不多從第 3 次採購開始，就會送來品質不好的食材，這種情況太常發生了。除了再次開放進口的法國產羔羊以外，我希望政府能夠盡快放寬進口限制，讓我們在日本也能使用到法國產的美味肉品。由於日本的主廚與其烹調技術是某種寶貴的資源，為了日本料理界的發展，希望政府能讓我們使用到各種食材。

神戸北野ホテル　山口 浩

關於牛肉、豬肉、雞肉，我會時常留意以兵庫・神戶為主的資訊，包含來自生產者、眼光很好的仲介商，我也會購買名牌雞、地雞等。在鴨肉方面，目前還沒找到能超越法國夏隆產的鴨子，處於原地踏步的狀態。在法國產羔羊中，我會購買洛澤爾省產、西斯特隆等，並比較日本產鴨和法國鴨的優點，兩者都會使用。

コンヴィヴィアリテ　安尾秀明

我不在意日本產或外國產，希望市場上有更多內臟類商品。舉例來說，像是腦髓、血、頭等。不過，不同的縣會有不同的法規……。順便一提，雖然我想要使用東北短角牛等瘦肉很美味的牛肉，但在本店所在的關西地區（尤其是神戶、大阪），重視的卻是肉中帶有多少大理石紋脂肪，因此，我使用的是，脂肪甜味讓人覺得高雅的宮崎縣黑毛和種。

シエル・ドゥ・リヨン　村上理志

我盼望夏隆產的鴨腿肉能再次開放進口。這是因為，夏隆鴨＝窒息式屠宰法（étouffée），具備其他鴨肉沒有的味道。另外，在雞肉方面，由於我將腿肉使用在 1100 日圓的午餐中，所以我使用價格、尺寸都恰到好處，供應量也很穩定的美國產雞肉。由於使用的是帶骨肉，所以日本產的尺寸不適合。

シュングルマン　小池俊一郎

在牛、豬內臟的採購方面，希望政府能想辦法處理。沖繩也開始禁止豬血，我變得不能將豬血用於製作黑血腸（Boudin noir）、紅酒燉肉醬汁（civet sauce）。希望有人專門經營牛血與鹿血等替代品。在肉方面，我會依照類別來使用各種品牌，尤其是牛肉，我會依照當天的肉品狀況來靈活運用。基於想回饋家鄉的心情，我也會使用老家的佐賀牛。

シンシア　石井真介

舉例來說，雖然我現在使用的是山形牛，但比起接受統一管理的山形牛，我更想要與個人生產者交流，使用他們的產品。目前，在魚和蔬菜方面的情況較多，本店也會與個人生產者交流。我個人偏愛的千葉縣花悠乳豬和生產岩手縣珠雞的石黑農場，都是小農場。我希望能有更多可以直接進行交流的生產者。

スブリム　加藤順一

雖然我只使用日本產食材，但還沒找到令我滿意的鴨肉。我想要的不是容易入口的鴨肉，而是帶有扎實味道，適合用於餐廳料理的鴨肉。

ディファランス　藤本義章
老實說，如果有獨佔食材（只有本店會使用）的話，就會成為優勢，但那是不可能的事。由於我自己還沒接觸過國內外的所有食材，所以我想要不斷地使用優質食材。令我感到苦惱的是，如何將優質食材做成優質料理，端到客人面前呢？正因為不能親手浪費食材，所以才會感到苦惱。

ナベノ-イズム　渡辺雄一郎
已前有店家專門在賣雞中生蠔（Sot-l'y-laisse），我也經常購買。希望也有人專門販售日本產地雞的雞中生蠔（Sot-l'y-laisse）。

フルヤ オーガストロノム　古屋賢介
受到禽流感的影響，以鵝肝醬為首，優質家禽無法從歐洲進口到日本，這一點是目前最嚴重的問題。我自己曾在比利時修業，當地的「庫庫德瑪琳（ククー・ド・マリーン）」這種地雞很有名，品質不輸給布列斯雞，價格約為一半。我希望能進口這種雞。另外，還有白色小鴨（caneton blanc），肉質又白又柔嫩，非常美味。比起 Burgaud 家族養的夏隆鴨，我更喜歡這種鴨肉。在日本我也想要用用看。

マダム・トキ　髙嶋 寿
在牛肉方面，我會先和值得信賴的業者商量，考慮「大理石紋脂肪的分布情況、肉質、脂肪香氣」等事項後，採購比 A3 更高級的 A4 黑毛和種，不指定產地。所有日本產牛肉的價格都不是一般餐廳所負擔得起。另外，也有很難買到的肉。我希望使用更多內臟和頭部，也想要品質優良的日本產小牛肉。

マルディグラ　和知 徹
以前，因為雜誌的企劃，我有機會吃到全國各地的生肉，並進行比較。後來，在牛、豬、雞肉方面，我會分別使用各種不同產地、生產者的產品。我感受到，想要生產出美味的肉，飼料和水也很重要。熊本縣阿蘇・產山村的井信行先生的牧場培育出了熊本紅牛，那裡的水很美味，吃了肉之後，就會讓人聯想到「美味的高湯」。

ラ・トゥーエル　山本聖司
現階段，我沒有什麼不滿與要求（笑）。這是因為，我認為在被賦予的環境下，絞盡腦汁去做，就是我的工作。這樣說也不怕別人誤解，我不會過於講究食材，也不會去追求「非得這樣才行」的食材。在個人獨自經營的店內，「即使會破壞經濟上的平衡，也要去做」這種事是不可能的。

ラ・フェット ひらまつ　長谷川幸太郎
如同讓無角和種或和牛與安格斯牛交配那樣，雖然產量還很少，但我覺得如果能培育出新的主力品種就好了。在現在的食用肉業界，商業色彩很濃厚，正在遠離原本應該追求的味道，這一點是無法否認的。飼料會導致肉的味道產生很大差異，對於所有的肉來說，都能是如此的。我感受到，飼料費用的高漲也成為了問題，價格與品質之間的平衡變得很奇怪。

ランベリー Naoto Kishimoto　岸本直人
每年，到了某個時節，為了製作特別菜單，我會請業者採購一頭北海道產的白色羔羊（只喝奶長大的羔羊）。在這道料理中，可以品嚐到各種部位，許多顧客都很期待這道料理。以日本產羔羊來說，其品質真的很棒，魅力在於，柔軟的肉質與帶有牛奶風味的香氣。

レストランFEU　松本浩之
在雞、鴨等方面，由於有優質的日本產商品，所以沒有問題。嚴重的問題在於，受到禽流感的影響，所以無法進口鵝肝醬。我只希望鵝肝醬能盡快開放進口。目前，新鮮鵝肝醬使用的是加拿大產的商品，我認為品質還是比歐洲產來得差。

レストラン ラ・フィネス　杉本敬三
我希望市面上有多一點沒有經過真空包裝處理的肉。只要經過真空包裝處理，肉質本身就會產生很大的變化。因此，我認為，如果能透過「不用讓肉承受空氣壓力」的方法來運送肉品，市面上就會有更多美味的肉。畢竟目前的運送和包裝技術都很發達。為了有追求更加美味的肉，我希望大家能重新思考肉品的運送方式。

レスプリ・ミタニ ア ゲタリ　三谷青吾
在雞肉方面，由於法國產雞肉無法進口，所以現在幾乎不使用。雖然牛肉也不常用，但需要使用時，會使用帶有適度大理石紋脂肪的混種牛。

ロクターヴ ハヤト コバヤシ　小林隼人
在羔羊方面，會使用澳洲的海濱藜羔羊（Saltbush Lamb）。雖然新鮮羔羊肉的到貨期很短（11 月～1 月），但我會使用冰島產。兩者都很美味，讓我很喜愛。希望法國產的布雷莎羔羊（pré-salé）也能早日開放進口。

【　義式料理　】

イ・ヴェンティチェッリ　浅井卓司
與不久之前相比，目前的情況有很大差異，不管是哪種肉，品牌都非常多，反而會覺得很難挑選。我再次覺得，不要過度拘泥於品牌或產地是很重要的，而是要仔細地觀察送來的食材，思考關於料理的事。

イル・プレージョ　岩坪 滋
由於用來儲藏食材的冰箱容量的問題，所以只能買到「一半的胴體肉」或「1/4 的胴體肉」的日本產羔羊等並不好處理。話雖如此，由於這是店家的情況，所以我會重新研究菜單的組成等，在這方面多下一些工夫。

インカント　小池教之

在豬肉與小牛肉方面，也會使用義大利產商品，希望在日本也能買到更多義大利產的肉。另外，希望帶皮豬肉能夠變得更容易買到。雖然我目前使用的是沖繩縣產的帶皮豬腱肉，但我還是希望能在更多都道府縣買到這類商品。我最近在挑戰的是，自製熟成豬肉。我採購了一塊帶骨豬里肌肉，品種為在宮崎縣培育出來的沖繩島豬「島豬 KAZUGORO」。在冰箱內，一邊讓肉產生黴菌，一邊在中途用酒精來擦拭，讓肉熟成約 1 個月。

オステリア オ ジラソーレ　杉原一禎

由於「想要盡量使用國產食材的想法」逐年提升，所以我想要關於日本生產者的資訊。另外，雖然有許多料理人會親自前往產地，去感受某些事物，但在畜牧業和漁業人士當中，會親自到餐廳內品嚐自己商品的人卻不怎麼多。我認為，由大眾媒體來擔任生產者與餐廳之間的溝通橋樑，是有益處的。

コンヴィーヴィオ　辻 大輔

在不久之前，要在晚間全餐的主菜中採用豬肉，是很困難的。但是，我現在能很有自信地將鹿兒島純種白肩豬用於價格 1 萬日圓的晚間全餐中，讓客人品嚐。我希望這類雞肉也能增加。這是因為，我認為伴隨著高齡化社會，能透過較清爽的味道來獲得滿足感的肉是必要的。

チェンチ　坂本 健

日本主廚們正在苦惱的事，應該是鴨肉吧。目前，京都的七谷鴨成了搶手貨。我希望在日本也能培育出如同「Burgaud 公司的夏隆鴨」那樣的鴨肉。

トラットリア ビコローレ ヨコハマ　佐藤 護

舉例來說，牛肉使用的是高知的土佐紅牛。其魅力不僅是「品嚐時的口感、香氣、去油程度佳」這些味道，親自造訪產地，與生產者交談後，還能感受到生產者的強烈堅持。我認為，在日本全國各地還有很多自己不知道的肉。我想要繼續學習，收集資訊，或是親自前往產地，將美味的肉供應給客人。

ドンブラボー　平 雅一

我想要使用義大利的契安尼娜牛。在尋找肉的過程中，我造訪了日本國內的生產者，並感受到肩胛里肌肉等受歡迎的部位一下子就賣掉了，但不受歡迎的部位卻剩下很多（訂單偏重於某些商品）。身為料理人，同時也是為了生產者，我想要盡量使用各種部位，並且要磨練技術，讓自己能夠善用各個部位。

パッソ・ア・パッソ　有馬邦明

雖然在肉的販售中，這是很難的，因為依照個體，肉會有所差異，但如果能讓客人買到「最佳」狀態的肉，我認為，從生產者到消費者，感到開心的人應該會增加。我希望消費者能津津有味地吃到生產者細心培育出來的肉。

フィオッキ　堀川 亮

由於能從歐洲進口，所以今後我想要試著使用義大利的小牛、牛肉等各種食材。

ポンテ デル ピアット　忠内秀哲

我希望義大利的契安尼娜牛能開放進口。也希望市面上有更多帶骨鴨胸肉。另外，由於本店的儲藏空間較少，只能訂購小分量的肉，所以有些肉就算想用也沒辦法。因此，希望市面上也會出現小份量的無骨肉等。採購量較多時，會平均分配給午餐和晚餐，不過，每個月的晚間全餐都會變更內容，要找新的肉是件很辛苦的事。

ポンテベッキオ　山根大助

雖然在豬肉等方面，有品質優良的外國產商品，但運送花費時間與價格昂貴是無法否定的。關於這一點，本店所使用的淡路島豬（野家混種豬）擁有媲美外國豬的品質，而且價格較便宜。

マンサルヴァ　髙橋恭平

我希望市面上有更多帶皮乳豬。我曾在義大利和西班牙工作，在那裡可以理所當然地吃到乳豬，所以乳豬料理的種類也很豐富。相對地，拿手菜也會增加。順便一提，在本店內，由主廚決定的全餐中，主菜之前會有 6～7 道料理，所以我擔心帶有大理石紋脂肪的黑毛和種會給人油膩的印象，所以選用熊本紅牛。在熊本紅牛中，我使用的是甲誠牛的尾根肉，這種肉鮮味強烈，即使分量少，也能帶給人飽足感。

モンド　宮木康彥

歸功於料理人與採購者的網路社群，讓我有更多機會能發現東京沒有販售，而且數量很少的豬肉與牛肉。再加上，由於我想要認識各種肉，所以只要肉品能被《專門料理》等刊物廣泛地介紹，就會有更多機會能認識更好的食材等，這讓我感到很開心。

ラチェルバ　藤田政昭

老實說，以本店的價格範圍來看，跟不上品牌牛的價格高漲情況……。因此，在尋找用於高湯、燉煮、蔬菜燉肉（ragù）的牛肉時，我只指定日本產的黑毛和種，不會講究產地、品牌、等級，並會依照料理內容、成本等各個時期的狀況來請對方交貨。小牛為義大利產。試著使用過北海道、法國等各種不同產地的小牛後，我覺得義大利小牛的肉質柔嫩多汁，帶有牛奶風味，是其他小牛肉難以取代的。

リストランテ キメラ　筒井光彥

現在的和牛，無論是哪一家，生產技術都很好，也很美味，所以我使用的是本地產的京都牛肉。其中，我訂購的是母牛肉。我希望有業者能夠培育、販售花嘴鴨和尖尾鴨。

リストランテ ナカモト　仲本章宏

在肉方面，想要找到有較多芯玉，且換肉率良好的優質肉品，是相當困難的事。我希望日本產羊肉能變得更容易取得。由於本店是小店，所以在必須採購會成為庫存的大塊肉時，會利用網路上的同業社群，進行合購。如此一來，即使不冷凍也無妨，且能使用到狀態良好的肉品。

リストランテ濱﨑　濱﨑龍一

我使用北海道 BOYA FARM 的羔羊已有將近 15 年的時間，由於睽違 16 年再次開放進口，所以我最近也使用了法國洛澤爾省產的羊肉。

【　中華料理　】

麻布長江 香福筵　田村亮介

我還是希望帶皮豬肉能夠變得更加容易取得。另外，也希望能進口香港的龍崗雞與亞洲地區的雞、鴨、家鴨。此外，我還想到「牛內臟的流通系統的明確化」這一點。自己所飼養的牛的內臟，連自己也無法輕易取得，對於這種非常不可思議的現況，我感到疑惑。

一碗水　南 茂樹

基本上，我不講究品牌、產地、名牌。舉例來說，牛肉使用的是，以九州產為主，由與我交易的肉店所挑選的黑毛和種。可以依照菜色來請對方準備各種部位（也包含內臟）。若要講究的話，就會沒完沒了。「減去過多的部分，補充不足的部分」依照這種方式來烹調眼前的食材。另外，只要是符合料理風格的肉，什麼樣的肉都可以用。

茶禪華　川田智也

我正在尋找能讓我滿意的牛肉和羔羊肉。我想要瘦肉很美味的牛肉與日本產的優質羔羊肉，也想試試看北海道產的羔羊肉。

Chi-Fu　東 浩司

我使用的日本產牛是如同澳洲和牛那樣，經過超長期的肥育，階段性地餵食牛乳、牧草、穀物，並確實地讓牛運動。該牧場似乎也有販售牛內臟。在羔羊部分，我使用的是澳洲產的海濱藜羔羊（Saltbush Lamb）。香氣穩定，適合供應給各種客人，口感柔滑，餘韻十足。除了這些以外，我認為農場的培育情況、屠宰場的衛生條件、產銷履歷（traceability）也都很棒。

中国旬菜 茶馬燕　中村秀行

希望有販售帶皮豬肉的都道府縣能增加。即使遇到了喜愛的肉，由於本州禁止「帶皮肉品的加工」，所以無法使用。另外，整體上，在中國吃到的肉大多很美味。豬肉的肥肉很彈牙，雞肉的皮有彈性，味道有如地雞。尤其是雞肉，並非是先在工廠經過加工後再上市，而是直接在市場上販售活雞，當顧客訂購後，再處理雞，所以很新鮮。在日本的話，由於有衛生層面的問題，那樣做是禁止的。不過，若單純從美味程度來看的話，現宰會比較美味。當中國人和法國人在日本超市的雞肉區，看到主要擺放的商品是肉雞時，應該會覺得「這個國家的雞肉還不夠好」吧。

御田町 桃の木　小林武志

牛肉和豬肉的飼料都是使用中藥調配而成，兩種肉的油脂熔點都很低，且很美味。另外，在雞肉方面，使用了 2 種品牌，而且都是訂購母雞。三重縣的熊野地雞的美味程度當然不用說，米色的外皮也很漂亮。另外一項令我喜愛的優點在於，尺寸是固定的，而且很仔細地切除了食道與氣管。

南青山エッセンス　薮崎友宏

在關於肉的願望方面，我想要使用一整年都買得到的日本產烏骨雞。也希望有更多都道府縣能夠販售帶皮豬肉。我希望在購買日本產品牌肉時，連內臟部位都能指定。願望就是這 3 點。另外，本店自己經營了一個位於栃木縣足利市的菜園，牛肉也是使用該市的足利 Marc 牛，其堆肥也能運用在田地上。牛吃的是「Coco Farm & Winery」這間公司的葡萄渣，另一方面，其堆肥則能成為 Winery 公司的葡萄肥料。葡萄酒與自家菜園的蔬菜很契合，且又美味，不僅如此，作為「對環境友善的循環型農業的一環」，也很有魅力。

礼華 青鸞居　新山重治

由於目前只有一部分的縣能販售帶皮豬後腿與帶皮豬肉等，所以希望其他都道府縣也能販售。雖然使用頻率不怎麼高，但我會使用羔羊排與羔羊里肌肉等，主要為紐西蘭與澳洲產。最大的理由在於成本上的考量。目前市面上有很多冷藏肉，與以前相比，也開始出現狀態良好的肉，讓我很珍惜。另一方面，我覺得日本產肉品的上市數量太少了。

老四川 飄香　井桁良樹

希望有更多都道府縣能販售帶皮豬肉。在羔羊方面，我使用的是北海道的酒井伸吾先生（全羊研究所）所培育的羊。完全沒有令人討厭的腥味，其細緻的肉質與香氣令人喜愛。我會採購半隻羊，有時也會使用帶有內臟的肉，能夠將其烹調成各種料理，也是魅力所在。

用語解說

當一個詞彙有多種涵義時，只會刊載本書中所使用的涵義。

五分熟（法）	à point	加熱程度恰到好處的狀態
油淋法（法）	arroser	在煎烤途中，將煎烤肉汁、融化奶油等淋在肉上。
讓香氣轉移（法）	infuser	熬煮出味道。
濃稠小牛高湯（法）	glace de viand	將小牛高湯或雞高湯煮到收汁，使湯汁呈現光澤。用於增強醬汁的味道。
牧草肥育（英）	grass fed	主要以粗飼料（青草、青貯飼料、乾草等）來進行肥育的家畜。一般來說，比較容易長出瘦肉。
燒烤（法）	griller	將魚或肉放在烤網上，使用炭火、瓦斯爐、紅外線等直火來烤。
穀物肥育（英）	grain fed	主要以穀物來進行肥育的家畜。一般來說，脂肪比較容易交雜。
油封（法）	confit	用油脂來煮肉，並直接將肉放在油脂中保存。
肉汁（法）	jus	含有食材本身味道與鮮味的水分。
拌炒、炒出水分（法）	suer	只利用食材本身的水分來慢慢地加熱。主要用於蔬菜。
鍋底精華（法）	suc	將肉等食材加熱後，附著在鍋子或平底鍋上的食材精華。加入液體，讓鍋底精華溶解（déglacer），然後再加到醬汁中。
三分熟（法）	saignant	肉的熟度，雖然表面已經熟了，但裡面接近生肉的狀態，血會滴出來。三分熟（rare）。
索夫利特醬（義）	soffritto	將洋蔥、大蒜、胡蘿蔔、西洋芹等芳香蔬菜切碎，用橄欖油等慢慢炒製而成。
使……融化	déglacer	透過紅酒、酒醋、水等液體來讓附著在煎烤過肉的鍋子、烤盤上的美味精華（suc）融化。
全熟（法）	bien cuit	肉的熟度，全熟狀態（well-done）。

法國香草束（法）	bouquet garni	用細繩將西洋芹的莖、月桂葉、百里香等芳香蔬菜和香草綁起來。用來為肉汁清湯或燉煮料理增添香味。
法式白香腸（法）	boudin blanc	用雞、小牛、豬等白肉做成的香腸。
奶油麵糊（法）	beurre manié	混入了麵粉的奶油。用來提升醬汁的濃稠度。
高湯（法）	fond	用來當成醬汁與燉煮料理基底的液體。包含了小牛高湯等褐色高湯、雞高湯等白色高湯、魚高湯等。
調整形狀（法）	brider	將雞等的腳拉長或彎曲，然後用料理針和風箏線縫起來，調整形狀。
鹽之花（法）	fleur de sel	鹽田內最先浮現的大顆粒鹽。鹽之花。
肉汁清湯（義）	brodo	肉或蔬菜的高湯。在法文中，叫做 bouillon。
燉湯（法）	mijoter	用文火花時間來煮。
只喝奶（英）	milk fed	透過母乳或其他乳製品來進行肥育的小牛與羔羊等家畜。
將表面煎烤到上色，鎖住美味（法）	rissoler	使用已鋪上了油的鍋子或平底鍋，用大火將肉的表面煎烤到上色。
靜置（法）	reposer	讓料理休息。
玫瑰色（法）	rosé	粉紅色的。後來引申為肉的熟度，指的是中心呈現粉紅色的五分熟狀態。
燒烤、串烤（法）	rôtir	用烤箱或平底鍋來烤肉等。或是以串烤的方式，用直火來烤。
經產牛	けいさんぎゅう	有生產過的母牛。以前，很少被當成食用牛。不過，近年來，有些人會先對經產牛進行最後的肥育後，再出貨。
鑄鐵	ちゅうてつ	鐵製的鑄造物。鑄造物的作法為，將融化的金屬倒入模具中，等到冷卻凝固後，再從模具中取出。

TITLE

肉饗宴

STAFF

出版 瑞昇文化事業股份有限公司
編著 柴田書店
譯者 李明穎

總編輯 郭湘齡
文字編輯 徐承義 蔣詩綺 李冠緯
美術編輯 孫慧琪
排版 菩薩蠻電腦科技有限公司
製版 明宏彩色照相製版股份有限公司
印刷 龍岡數位文化股份有限公司

法律顧問 經兆國際法律事務所 黃沛聲律師

戶名 瑞昇文化事業股份有限公司
劃撥帳號 19598343
地址 新北市中和區景平路464巷2弄1-4號
電話 (02)2945-3191
傳真 (02)2945-3190
網址 www.rising-books.com.tw
Mail deepblue@rising-books.com.tw

初版日期 2019年5月
定價 880元

ORIGINAL JAPANESE EDITION STAFF

撮影 天方晴子、大山裕平、合田昌弘、
越田悟全、高見尊裕、髙橋栄一、東谷幸一
表紙撮影 合田昌弘
デザイン 荒川善正（hoop.）
編集 丸田 祐

國家圖書館出版品預行編目資料

肉饗宴：頂級主廚的「火候」掌控與「調味」秘訣 / 柴田書店編著；李明穎譯. -- 初版. -- 新北市：瑞昇文化, 2019.05
272面；21 x 25.7公分
譯自：肉料理：絶対に失敗しない「焼き方」「煮込み方」55
ISBN 978-986-401-334-0(精裝)
1.肉類食物 2.烹飪
427.2 108005347